Historia de la divulgación científica en la Argentina

Diana Cazaux

Historia de la divulgación científica en la Argentina

aaPC
Asociación Argentina
de Periodismo Científico

Cazaux, Diana
 Historia de la divulgación científica en la Argentina. - 1a ed. - Buenos Aires : Teseo; Asociación Argentina de Periodismo Científico, 2010.
 348 p. ; 20x13 cm. - (Historia)

 ISBN 978-987-1354-66-5

 1. Historia de las Ciencias. I. Título
 CDD 509.82

© Editorial Teseo, 2010
Buenos Aires, Argentina

ISBN 978-987-1354-66-5

Editorial Teseo
Hecho el depósito que previene la ley 11.723

Para sugerencias o comentarios acerca del contenido de esta obra,
escríbanos a: info@editorialteseo.com
www.editorialteseo.com

aaPC

Esta edición recibió el apoyo
de la **Asociación Argentina de Periodismo Científico**

Índice

Introducción
¿Cuándo comenzó la divulgación científica?...................15

Capítulo I
**La historia de la Argentina
y el desarrollo de la actividad científica**...........................21

1.1. División de la Historia
de la Divulgación Científica en la Argentina......................23

Capítulo II
Bajo el Imperio español (1600-1810)..............................41

2.1. La colonización jesuítica (1600-1775).........................43
2.2. Bajo el Virreinato ilustrado (1776-1809).....................50

Capítulo III
Bajo la primera descolonización (1810-1861).................61

3.1. En la nación naciente (1810-1820)...............................63
3.2. Primeros intentos de asimilación (1821-1828) 68
3.3. La ciencia desarraigada (1829-1851) 73
3.4. La ciencia en recuperación (1852-1861).......................76

Capítulo IV
Bajo la República liberal (1862-1942).............................83

4.1. Hacia la aclimatación de la ciencia (1862-1879)...........83
4.2. Ciencia del progreso (1880-1905).................................102
4.3. Los albores de la investigación científica (1906-1915)....131

4.4. La ciencia renovada (1916-1931).....................139
4.5. Esbozos de una política científica (1932-1942)...........163

Capítulo V
Bajo la segunda descolonización (1943-1966)...............181

5.1. La ciencia desatendida (1943-1954)............................181
5.2. La recuperación frustrada (1956-1966).......................193
5.3. Las dictaduras militares (1966-1983)..........................218

Capítulo VI
Bajo la democracia (1983 a la actualidad).....................233

6.1. La socialdemocracia (1983-1989): Raúl Alfonsín........237
6.2. La democracia neoliberal (1989-1999):
Carlos Saúl Menem 250
6.3. Bajo la socialdemocracia (1999 a la actualidad).........265
6.4. La socialdemocracia crítica
(por la crítica situación del país)...270

Conclusión 323

Bibliografía...327

Recursos electrónicos consultados......................................336

Nota: Este libro es parte de una obra mayor, mi tesis doctoral. El doctorado lo curso en la Facultad de Comunicación de la Universidad Austral bajo la dirección del Dr. Pedro Luis Barcia.

*A los doctores Jacobo Brailovsky
y Manuel Calvo Hernando*

El gran viaje

¿Quién será, en un futuro no lejano,
el Cristóbal Colón de algún planeta?
¿Quién logrará, con máquina potente,
sondear el océano,
del éter y llevarnos de la mano
allí donde llegarán solamente
los osados ensueños del poeta?
¿Quién será, en un futuro no lejano,
el Cristóbal Colón de algún planeta?
¿Y qué sabremos tras el viaje augusto?
¿Qué nos enseñaréis, humanidades
de otras orbes que giran
en la divina noche silenciosa,
y que acaso, hace siglos que nos miran?

Espíritus a quienes las edades,
en su fluir robusto
mostraron ya la clave portentosa
de lo Bello y lo Justo,
¿cuál será la cosecha de verdades
que deis al hombre, tras el viaje augusto?

¿Con qué luz nueva escrutará el arcano?
¡Oh la esencial revelación completa
que fije nuevo molde al barro humano!
¿Quién será, en un futuro no lejano,
el Cristóbal Colón de algún planeta?

Amado Nervo
(1870-1919)

Introducción
¿Cuándo comenzó la divulgación científica?

Hasta mediados del siglo XVII la comunicación de informaciones científicas de un investigador a otro dependía de la correspondencia particular o de la publicación ocasional de libros o folletos.

La creación de sociedades científicas tuvo y tiene como objeto primordial la organización de reuniones donde se discutieran los problemas científicos o se realizaran algunas experiencias. Como consecuencia de estas reuniones, empezaron a publicarse resúmenes de los trabajos presentados como forma de mantener la memoria de sus participantes o informar a quienes no habían estado presentes.

La revista científica tuvo una importancia mucho mayor que cualquier otra iniciativa de las sociedades científicas. La ventaja de una publicación regular es que proporciona una difusión rápida y garantizada de los resultados de un gran número de investigaciones que tomadas separadamente no tendrían gran significación.

La fecha del nacimiento de la divulgación de la ciencia ha sido objeto de especulación y de distintas interpretaciones. Algunos la sitúan en el siglo XVII, cuando empezó a surgir la ciencia moderna. Calvo Hernando (2003) destaca:

> Representativo del esfuerzo de difundir la ciencia seria fue el libro de Fontenelle *Entreriens sur la pluralité des mondes*, publicado en 1686. Este hombre singular, sobrino de Corneille, fue nombrado Secretario de la Academia de Ciencias y así entró en contacto con los principales sabios de su

tiempo, especialmente con los entonces llamados 'filósofos naturales', cuyas ideas absorbió y procuró difundir (Calvo Hernando, 2003: 27).

Para Jack Meadows (1986) sus orígenes se encuentran en los finales del Siglo XVII, cuando el enfoque cuantitativo matemático de la obra de Isaac Newton *Philosophiae naturalis principia matemática*, más conocida como los *Principia*, se hizo incomprensible para el público culto de la época.

En el siglo XVIII, el siglo de las luces, la "Enciclopedia" de Denis Diderot y Jean d'Alembert intentó recopilar todo el conocimiento y *know-how* acumulado por la humanidad y ponerlo al alcance de todos aquellos que pudieran leer (los llamados "hombres honestos"). Ésa fue la primera gran empresa de la *Public Communication Science and Tecnologique* según Pierre Fayard (1988), e implicó a centenares de filósofos de toda Europa. Para ser realmente accesible, la "Enciclopedia" utilizaba el lenguaje vulgar (el francés, que era la lengua de comunicación en Europa) en lugar de la lengua de élite (el latín). La imprenta fue la tecnología que posibilitó su realización, de forma clandestina sobre todo, ya que la lucha contra el despotismo motivaba a los filósofos.

Otros historiadores (Beltrán Marí, 1997) consideran el *Dialogo sopra i due massimi sistemi del mondo tolemaico e copernicano* (*Diálogo sobre los principales sistemas del mundo*), obra en la que Galileo Galilei en Florencia en 1632 hace hablar a sus personajes, Salviati, Simplicio y Sagredo, sobre dos visiones opuestas del universo, la ptolemaica y la copernicana, como el primer antecedente de divulgación de la ciencia.

El *Diálogo* –que fue escrito en italiano y no con el latín usual de la bibliografía académica de la época– no sólo provocó una polémica que condenó a su autor a la reclusión, sino que además condujo el libro directamente al Index de publicaciones prohibidas.

Cualquiera de las obras que consideremos como piedra fundadora de la divulgación científica es valiosa y marcó ese puntapié inicial que llevó luego a que el conocimiento continuara comunicándose.

Es sólo en el Siglo XIX, a raíz del acelerado desarrollo teórico y la creciente especialización de las ciencias, que la divulgación se convierte en una actividad específica. La divulgación masiva de ciencia a través de la prensa tiene su inicio en los años veinte del Siglo XX. Panoramas históricos de divulgación de los acontecimientos científicos particulares o de períodos presentan los trabajos de Imán Kuritz (1981), John Burnham (1987), Ashely Kelly (1981). En muchos ámbitos franceses pueden mencionarse los *Cahiers d'histoire et de Philosophie de Sciences* (Calvo Hernando, 1992).

La sociología muestra interés por la problemática. La serie *Impact of science on society* de la UNESCO ha dedicado dos números al tema en los que pueden encontrarse distintas contribuciones de enfoque sociológico y periodístico. La serie *Social Sciences Informations sur les Sciences Social* (SAGE) incluye un número especial sobre divulgación de la ciencia: se destaca el trabajo de Cloitre and Shinn (1986) y el de Hilgartner (1990), donde los autores encuentran la visión tradicional de la divulgación de ciencia un tanto distorsionadora del conocimiento científico genuino que producen los científicos y sostienen que la importancia de la divulgación reside en colocar los descubrimientos científicos en un contexto social; son, en cambio, escépticos en cuanto a la capacidad del lenguaje (corriente) para transmitir conocimiento científico.

La problemática de la divulgación de la ciencia a través de los medios masivos también ha recibido atención por parte del periodismo especializado. Dentro de estos trabajos cabe mencionar los trabajos de S. Dunwoody y M. Ryan (1984 y 1985), S. Dunwoody y B. Scott (1982), L. Lievrouw (1990). En Alemania hay también estudios al respecto: S. Russ-Mohl, Martina Lehmann, E. Roloff, K. Hansenm y W.Holmberg, son algunos nombres importantes en el ámbito *Wissenschftsjournalismus* (Calvo Hernando, 2002).

En ámbitos iberoamericanos la difusión de la ciencia a través de la prensa ha recibido atención, especialmente en los últimos treinta años, en México, Brasil, Colombia, Venezuela, Costa Rica y Argentina, países que se destacan en este campo.

Sobre este punto le ha cabido a la revista española *Arbor* de Ciencia, Pensamiento y Cultura editada por el Consejo Superior de Investigaciones Científicas de España, interesarse por esta temática.

Una mención aparte, destacada y agradecida, debemos brindarle también a un español, el Dr. Manuel Calvo Hernando, pionero en la publicación de libros sobre periodismo científico que según consta en su biografía ha escrito más de treinta libros sobre esta especialidad, además de numerosas publicaciones en revistas especializadas, ensayos, conferencias y notas periodísticas. La calificación de agradecida la aplico porque este investigador se ha ocupado con sumo interés por realizar una Historia de la Divulgación Científica Iberoamericana en muchos de sus libros: "Periodismo científico" (1971: 113-125), "Periodismo científico" (1977: 114-117), "Civilización y Tecnológica" (1982: 13-19); "Ciencia y periodismo" (1990: 36-38), "Periodismo científico" (1992: 170), "El nuevo periodismo de la ciencia" (1999: 229-237), "Divulgación y periodismo científico: entre la claridad y la exactitud" (2003: 171-183), "Diccionario de términos usuales en el periodismo científico" (2004: 105-106) y "Periodismo científico y divulgación de la ciencia" (2005: 143-155). En todos ellos es permanente el reclamo de este autor de realizar una historia de la divulgación científica iberoamericana, pues la considera una actividad pendiente.

En lo referente a la Argentina Calvo Hernando ha abordado también esta historia,[1] pero su trabajo al igual que otros intentos, cubre algunos hitos de manera rápida y sin profundidad.

Entre nuestros autores se han realizado trabajos dispersos, discontinuos o como enumeración dentro de otras obras más globales como *Historia del Periodismo Argentino*, *Historia de la Radio*, o *Historia de la Televisión*. Desde la legendaria, en lo referente al periodismo gráfico, *Historia del Periodismo Argentino* de Juan Rómulo Fernández de1943, hasta la más reciente *Historia del Periodismo Argentino* de Miguel Ángel de Marco de 2005, pasando por los numerosos volúmenes que se ocupan de épocas puntuales de su desarrollo presentados por la Academia Nacional de Periodismo; o, en lo referente a la historia de la radio, de Carlos Ulanovsky *Días de radio (1920-1995), Historia de los medios de comunicación en la Argentina* del 2004; o, en lo atinente a la historia de la televisión, el libro de Luis Buero de 1999 *Historia de la televisión argentina contada por sus protagonistas*, en todas ellas, insisto, la historia del periodismo científico en la Argentina ha sido solamente algún dato aislado y al pasar, sin detenerse en su desarrollo.

De reciente factura es el intento del ingeniero químico y divulgador científico Ricardo Pasquali quien publicara en el 2007 una "Introducción al periodismo científico", en un breve trabajo de 82 páginas.

Si no se ha elaborado aún un trabajo completo sobre esta temática, tampoco se lo ha hecho sobre la disciplina que lo abarca: la divulgación científica.

---

[1] Siempre dentro de la Historia de la Divulgación Científica o del Periodismo Científico en Iberoamérica y en los textos ya mencionados.

Por lo que al comprometerme con la realización de este capítulo dentro del trabajo de mi tesis doctoral tuve que recurrir a esos antecedentes y tratar de profundizarlos.[2] Mi trabajo fue esforzado y me llevó a entender el por qué de la errática historia de la divulgación científica en la Argentina. Ella no ha podido escindirse, naturalmente, del devenir cíclico de la actividad científica en nuestro país.

---

[2] Sin duda ha contribuido el hecho de que desde el año 1982, a raíz de una beca obtenida por la CIESPAL/OEA, comencé a dictar cursos y seminarios de la especialización, primero en el seno del Centro de Ex Becarios de la OEA en la Argentina y luego, al ser secretaria general y luego presidente, a través de la Asociación Argentina de Periodismo Científico y de la Asociación Iberoamericana de Periodismo Científico. Por lo que gran cantidad de la documentación que presento corresponde a mi archivo personal y a mi propia experiencia basada en el desarrollo de mi actividad, tanto dentro de la docencia universitaria como de investigadora y conferencista internacional sobre esta temática.

Capítulo I
La historia de la Argentina
y el desarrollo de la actividad científica

Al recorrer el desarrollo de la actividad científica argentina a lo largo de su historia (Babini, 2007) queda en evidencia que éste estuvo influido por los acontecimientos políticos y sociales que se produjeron en nuestro país, ya que afectaron a las ciencias tanto en sus posibilidades como en sus manifestaciones exteriores.

Esta influencia se tradujo en períodos, siguiendo la calificación de Babini,[3] introvertidos y extravertidos; períodos en los que el país parece, respectivamente, cerrarse en sí mismo y abrirse hacia el mundo, y a los que corresponden épocas de inactividad y actividad científicas. En la Introducción de su obra este autor destaca que:

> La ciencia en la Argentina raramente encontró un ambiente propicio. Su suerte corrió pareja con las dificultades que enfrentaron los intentos de implantar un régimen político que no fuera autoritario. [...]. Cabría hablar de la existencia de dos países: la Argentina insular ajena al mundo y la otra Argentina, abierta a las ideas que impulsaban y siguen impulsando el desarrollo de las naciones avanzadas [...]. Dada la desproporción entre ellas –más de dos siglos una, apenas ocho décadas la otra–, cabría más hablar de la ciencia como de una especie exótica, de difícil aclimatación en un

---

[3] José Babini fue un historiador de la ciencia argentina, ingeniero y matemático. Punto de referencia cuando se habla de la historia de la ciencia en nuestro país donde tuvo el mérito de lograr que ésta fuera considerada como una disciplina independiente.

suelo y un clima poco favorables. [...]. Como las especies exóticas que, además de suelo y clima favorables, necesitan que su propagación no sufra altibajos, la subsistencia de la investigación científica necesita un sostenido apoyo institucional que, salvo contadas excepciones, le fue negado por los gobernantes de turno. Esa recurrente falta de estímulo y de continuidad justifica que el relato de la evolución de la ciencia en la Argentina se encuadre en las etapas que atravesó la evolución política del país. (Babini, 2007: V-VI).

Empero aparecen, así como oasis en un desierto, los jesuitas estudiosos del siglo XVIII, los profesores italianos posnapoleónicos de Rivadavia (1825-1835), los científicos alemanes de Gutiérrez y Sarmiento (1865-1875), la generación truncada del 18 (1915-1945) y la generación postergada del 45 (1955-1966). Hubo también, en algunos casos, intentos fallidos o infructuosos de políticas de Estado como las que comenzaron a alentarse durante los gobiernos de Agustín P. Justo (1932-1938) y de Pedro E. Aramburu (1955-1958) que tropezaron luego con las vicisitudes propias de los tiempos turbulentos que las sucedieron.

Es de destacar la preocupación del actual gobierno[4] por darle impulso a la investigación científica y al desarrollo de la ciencia, como consideraremos oportunamente.

Estas características del desarrollo de la actividad científica argentina marcado por las políticas científicas impuestas desde el Estado en los distintos períodos de su historia, también dejaron su huella en el desarrollo de la divulgación científica en nuestro país. Además, es indiscutible que ambos desarrollos estuvieron y están insertos en el contexto mundial de los acontecimientos.

---

[4] La Dra. Cristina Fernández Kirchner ha comenzado su mandato presidencial en diciembre del 2007 y su período constitucional termina en el 2011.

1.1. División de la Historia de la Divulgación Científica en la Argentina

Por tal motivo, en primer lugar, siguiendo a Sergi Cortiñas (2006), vamos a dividir el proceso histórico de la divulgación científica en cuatro tradiciones: 1) la Tradición ítalo-renacentista; 2) la Tradición francesa; 3) la Tradición prusiano-alemana y 4) la Tradición anglosajona, para, luego, analizar cómo cada una de estas tradiciones se manifestaron en nuestro país, influidas además por los acontecimientos políticos y sociales propios de la Argentina.

Tradición ítalo-renacentista de la divulgación científica

- **Limitación geográfica:** Península italiana, centrada en la Toscana, especialmente Florencia y Pisa. En un sentido amplio se puede extender a otros países europeos.
- **Lengua:** En los textos de divulgación se abandona por primera vez el latín. Una lengua vulgar, el italiano antiguo, pasa a ser la lengua de la divulgación del conocimiento.
- **Sujetos divulgadores:** El mismo científico es el divulgador.
- **Líder o máximo exponente de la tradición:** Galileo Galilei.
- **Otros destacados autores:** Casi todos los genios del Renacimiento van a tratar a la ciencia de una manera u otra. Entre estos, sobresale Leonardo da Vinci quien dejó algunos textos cercanos a lo que hoy entendemos por divulgación.
- **Texto fundamental de la tradición:** *Diálogo* (1632) de Galileo.

- **Antecedentes y precursores:** Los clásicos griegos y latinos.
- **Temáticas principales de la divulgación:** El tema principal es la astronomía, así como otras ramas de la física. Secundariamente, otras disciplinas científicas.
- **Limitación temporal:** El Renacimiento, estrictamente hablando, abarca del 1400 al 1600. Los mejores años de la tradición, sin embargo, llegan a unas décadas más tarde, hasta el siglo XVII, coincidiendo con la plena producción literaria y científica de Galileo.
- **Contexto histórico y social:** Monarquías autoritarias en toda Europa. Italia es un mosaico de pequeños estados con una economía fuerte, pero débiles políticamente. Aumento de las libertades individuales. Comienza a desarrollarse la circulación de la moneda a gran escala y las bases del sistema capitalista. La reforma religiosa se opone a los beneficios de las altas jerarquías del clero y triunfará en el norte y el centro de Europa. Época de grandes descubrimientos astronómicos (heliocentrismo), físicos, médicos y geográficos (descubrimiento de América).
- **Contexto literario y/o filosófico:** Retorno a los clásicos grecolatinos. La filosofía del Renacimiento se basa en el estudio de la naturaleza y del hombre. Se desarrolla el espíritu crítico del ciudadano, se exaltan los valores individuales. Alejamiento del teocentrismo y de los valores y la estética de la Edad Media. El hombre es el centro del universo. Afán de perfeccionamiento técnico, atracción general por el saber científico y las leyes de la ciencia. La literatura del renacimiento presenta las mismas características. Los temas de la literatura se paganizan y los escritores olvidan la muerte y los terrores apocalípticos medievales para centrarse en el amor.

- **Características generales de la tradición:** Es la tradición fundacional de la divulgación científica. Más que una tradición completa, organizada y articulada es una primera meta. Identificación plena de ciencias y letras en un todo. Voluntad manifiesta de aproximarse al pueblo a través, por ejemplo, de textos en lenguas vulgares. Consolidación del método científico. Aplicación satisfactoria de determinadas técnicas retóricas en beneficio de la divulgación científica –texto en forma de diálogo, experimentos de pensamiento, las analogías, la ironía–, que luego serán imitadas en el resto de las tradiciones.

Fuente: Cortiñas, Sergi (2006)

Tradición francesa de la divulgación científica

- **Limitación geográfica:** Francia. La ciudad de París actúa de epicentro de la tradición. Pocos autores nacen en París, pero la mayoría se traslada allí, se establece hasta su muerte y edita los principales textos. También tienen cierta importancia otros países francófonos, como Bélgica (la parte sur) o Suiza (la parte este).
- **Idioma:** Francés.
- **Sujetos divulgadores:** Diferenciación del científico y divulgador. Existe y predomina la figura del divulgador más vinculado a las letras que a las ciencias. Aparición del periodista científico.
- **Líder o máximo exponente de la tradición:** No se puede hablar de un líder claro y único de la tradición. Tal vez Fontenelle, Buffon y Diderot en el siglo XVIII y Flammarion el siglo XIX sean los autores más significativos.
- **Otros autores destacados:** Marquesa de Châtelet, Voltaire, Verne, Meunier, Moigno, Figuier, Tissandier.

- **Textos fundamentales de la tradición:** *Entretiens sur la pluralité des mondes* (1686), de Fontenelle; *Historia natural* (1749-1788), de Buffon; la *Enciclopedia* (1751-1780), de Diderot, y *Astronomie populaire* (1879), de Flammarion.
- **Antecedentes y precursores:** Se remontan a Bernard Palissy.
- **Temáticas principales de divulgación:** La astronomía, la naturaleza y la física de Newton al Siglo XVIII. En general, durante la Ilustración se puede hablar de un interés extraordinario por las ciencias fisicoquímicas y biológiconaturales. En el Siglo XIX, se tocan todos los temas, con predominio de la astronomía, el evolucionismo y los avances técnicos.
- **Limitación temporal:** Larga en el tiempo, el período de mayor influencia abarca dos siglos: el XVIII y el XIX. Decae visiblemente en el XX.
- **Contexto histórico y social:** La Revolución Francesa de 1789 es el momento histórico más determinante del período. Significa el fin del absolutismo. El conocimiento se universaliza. El despotismo ilustrado deja paso al constitucionalismo. Los descubrimientos científicos y técnicos viven una época de gran esplendor. Los súbditos pasan a ser considerados ciudadanos y la monarquía queda subordinada a la nación. Triunfan las ideas republicanas y anticolonialistas.
- **Contexto literario y/o filosófico:** La Ilustración es el movimiento cultural fundamental del siglo XVIII. Es un movimiento social de origen burgués que propugna la transformación de la sociedad según principios racionales. Aspira a una nueva concepción del mundo y del hombre. Los enciclopedistas le dan cuerpo ideológico. Se critican los dogmatismos de todo tipo, las supersticiones y las formas religiosas tradicionales. También se ataca frontalmente el concepto de

autoridad. En filosofía, se destacan las corrientes racionalistas y empirista.
- **Características generales de la tradición:** Se prefiere el término vulgarización La obra científica de los divulgadores ocupa un lugar menor que la literaria. Es una tradición con un fuerte componente social. La divulgación sirve también como instrumento de poder. Son los primeros escritores plenamente conscientes de estar haciendo divulgación de las ciencias, en el sentido moderno del término. La tradición francesa muestra una gran preocupación por el texto, por los aspectos retóricos. Algunas veces esta preocupación desemboca en un lirismo excesivo Es una escuela influyente y poderosa, imitada y admirada en toda Europa.

Fuente: Cortiñas, Sergi (2006)

Tradición prusiano-alemana de la divulgación científica

- **Limitación geográfica:** Berlín, Munich, Göttingen, Leipzig, Kiel, de la actual Alemania; Viena, en Austria; Zúrich, en la Suiza de habla germánica, y Copenhague, en Dinamarca.
- **Idioma:** Alemán, ocasionalmente el inglés en el Siglo XX, o el francés, en el Siglo XVIII.
- **Sujetos divulgadores:** El mismo científico es el divulgador. Identificación del científico y el divulgador.
- **Líder o máximo exponente de la tradición:** Einstein.
- **Otros autores destacados:** Schrödinger, Heisenberg, Planck, Bohr, entre otros en el Siglo XX. Goethe y Humboldt, a caballo entre los siglos XVIII y XIX. Helmholtz y Boltzmann, en el XIX.
- **Textos fundamentales de la tradición:** *Sobre la teoría de la relatividad especial y general* (1917), de Einstein,

y *¿Qué es la vida?* (1944), de Schrödinger. Son muy importantes también las conferencias de Einstein, pronunciadas en todo el mundo.
- **Antecedentes y precursores:** Goethe y Humboldt.
- **Temáticas principales de divulgación:** Física, la física del átomo, la mecánica cuántica, así como las implicaciones filosóficas y éticas de la física.
- **Limitación temporal:** La tradición se inicia en el Siglo XVIII con Goethe y Humboldt. El período de mayor esplendor es corto en el tiempo y abarca desde finales del XIX hasta la II Guerra Mundial.
- **Contexto histórico y social:** El contexto histórico, muy convulso políticamente (I Guerra Mundial, República de Weimar, el nazismo, II Guerra Mundial), es fundamental para comprender su génesis, su crecimiento y su final.
- **Contexto literario y/o filosófico:** Romanticismo alemán, en la literatura, y pensamiento antirracionalista y abandono del positivismo, en filosofía.
- **Características generales de la tradición:** La escuela alemana pone el énfasis en la dimensión intelectual de la ciencia. La divulgación de esta escuela tiene un fuerte componente filosófico y ético. Recupera el espíritu de la tradición integral del Renacimiento, sin separación entre ciencias y letras. La tradición está centrada en las universidades, que se convierten en centros de investigación y de divulgación. Existe una gran interactividad entre los divulgadores de esta escuela, que se reúnen constantemente para debatir o poner temas en común.

Fuente: Cortiñas, Sergi (2006)

Tradición anglosajona de la divulgación científica

- **Limitación geográfica:** Gran Bretaña y Estados Unidos. Londres actúa como metrópoli de la tradición antes del Siglo XX. A partir del Siglo XX, Estados Unidos pasa a ser el centro de la escuela anglosajona.
- **Idioma:** Inglés.
- **Sujetos divulgadores:** En el Siglo XVIII, es fundamental la figura del conferenciante como divulgador. En el Siglo XIX, se identifica bien un nuevo sujeto divulgador: el periodista científico. En general, los sujetos divulgadores principales de la tradición son a la vez científicos punteros.
- **Líder o máximo exponente de la tradición:** Darwin es el máximo exponente de la tradición anglosajona en el Siglo XIX. Faraday, también en el XIX, sobresale en las conferencia científicas y culmina la rica tradición conferenciante del XVIII. En el Siglo XX norteamericano, se destaca además un conjunto de autores más que un solo nombre: George Gamow, Isaac Asimov, Carl Sagan, James Watson o Stephen Jay Gould.
- **Otros autores destacados:** Thomas Henry Huxley, James Clerk Maxwell, Lewis Carroll y los periodistas Robert Chambers y Edward Newman, en el XIX británico. Herbert George Wells, Rachel Carson, Martin Gardner, Philip Morrison, Edward O. Wilson, Steven Weinberg, Lynn Margulis, Daniel C. Dennett, Timothy Ferris o Lewis Thomas, entre muchos otros, en el riquísimo Siglo XX norteamericano.
- **Textos fundamentales de la tradición:** *The Origin of the Species* (1859), de Charles Darwin, y *The Chemical History of a Candle* (1860), de Michael Faraday, del XIX al XX, es más difícil resumir la tradición en títulos concretos. Algunas obras que tuvieron una influencia extraordinaria fueron *Cosmos*, de Carl Sagan, como

serie televisiva y como libro; *The Double Helix* (1968), de James Watson; *One Two Three... Infinity: Facts and speculations of Science* (1947), de George Gamow; y *The Panda's Thumb: More Reflections in Natural History* (1980), de Stephen Jay Gould.

- **Antecedentes y precursores:** Durante el Siglo XVIII se dibujan lentamente las líneas y los principios básicos de la tradición. La divulgación anglosajona se desarrolló durante el Siglo XVIII a partir del *boom* creado por las teorías de Newton. Isaac Newton (1642-1727), uno de los más grandes científicos británicos de todos los tiempos, a pesar de ser, sin embargo, un pésimo divulgador.
- **Temáticas principales de divulgación:** En el Siglo XIX, predomina la física (electricidad y mecánica) y la naturaleza (historia natural y darwinismo). En la primera mitad del Siglo XX, la física atómica. En la segunda mitad del Siglo XX, la biología molecular.
- **Limitación temporal:** El período de mayor esplendor dura dos siglos: el XIX y el XX. Su importancia en el contexto mundial crece a medida que avanzan los años. Incipiente en el XVIII, se consolida en el XIX y se convierte en hegemónica en el Siglo XX y principios del XXI.
- **Contexto histórico y social:** En general, la tradición se destaca por una larga tradición democrática, tanto en Gran Bretaña como en Estados Unidos. El Siglo XIX, el siglo del Imperio Británico y la dorada época victoriana, es un período de agitación social y política, entre progresistas y conservadores. Gracias al colonialismo, existe una gran curiosidad de la metrópolis por conocer los vastos territorios de la corona, así como su gente, los animales, la vegetación, etc. En el Siglo XX, Estados Unidos se presenta como un país joven, con riquezas naturales, nacido libre, republicano, muy favorable

a la difusión de los conocimientos y a la libertad de prensa, domina el mundo, sobre todo después de sus intervenciones cruciales en las dos guerras mundiales. Con la debilidad europea, Estados Unidos pasa a dominar la ciencia y su difusión, al tiempo que se beneficia de la fuga de cerebros europeos hacia Estados Unidos (Einstein, Gamow, entre otros).

- **Contexto literario y/o filosófico:** La Ilustración, el movimiento cultural fundamental del Siglo XVIII, tiene un impacto moderado en Gran Bretaña. En filosofía, la tradición reposa sobre las corrientes empirista y, en menor medida, racionalista. El empirismo inglés tuvo mucho peso en todo el mundo occidental. En la primera mitad del XIX, fue visible una gran influencia de la filosofía de Kant. A medida que pasan los años, el determinismo en filosofía va arraigando en los círculos eruditos, tendencia que culmina con la aceptación de las teorías del determinismo biológico de Darwin (visión mecanicista de la naturaleza). En literatura, el Siglo XIX es brillantísimo con autores del talento de Charles Dickens, Thomas Hardy, Oscar Wilde, Joseph Conrad, Sir Arthur Conan Doyle o Robert Louis Stevenson. El romanticismo inglés es uno de los movimientos literarios más importantes en el XIX, con obras estrechamente relacionadas con la ciencia como el *Frankenstein* (1818), de Mary Shelley.
- **Características generales de la tradición:** Se prefiere el término popularización. Proximidad del divulgador respecto del objeto a divulgar La tradición se vale de un lenguaje muy funcional y versátil, como es el inglés. La escritura se basa en un estilo sencillo, práctico, claro y preciso, que ha cautivado. El texto es muy cercano y de fácil conexión con el público. En muchos casos, sobre todo en el Siglo XIX, el texto en inglés redactado por un científico se confunde con el redactado

por un divulgador. Multiplicidad y diversificación de los canales de divulgación (ensayo, novela, poesía, conferencias, literatura infantil, piezas periodísticas, productos audiovisuales). Tanto en el Siglo XIX como en el XX, los esfuerzos divulgadores cuentan con el valioso aporte de un periodismo científico poderoso y prestigioso. Será la tradición que más imitadores tendrá en el Siglo XX en todo el mundo.
Fuente: Cortiñas, Sergi (2006).

También, simultáneamente con esta división en tradiciones científicas, para comprender el proceso institucional por el que pasó nuestro país y que, sin duda, influyó, de acuerdo con las políticas científicas implementadas por cada uno de ellos, en su desarrollo científico-tecnológico y, por ende, en la divulgación de la ciencia llevada a cabo, iremos considerando la división de la historia argentina en etapas. Para esta división se suelen utilizar diferentes criterios, según los distintos historiadores consultados (Cosmelli Ibáñez, José, 1961; Levene, Ricardo, 1943; López, Vicente Fidel, 1949). No obstante la habitual división suele ser:

1. Tiempos coloniales primeros: 1516-1776 o **Tiempos coloniales primeros:** 1516-1714 (por Dinastía Habsburgo) y **Tiempos coloniales segundos:** 1714-1776 ó 1810 (por Dinastía Borbónica)

1.1. Tiempos coloniales Virreinato del Río de La Plata: 1776-1806

2. El virreinato, la autonomía, y la independencia de España: 1806-820

3. Las guerras civiles: 1820-1852

3.1.1826-1827. Bernardino Rivadavia (renuncia)

3.2. 1829-1852. La confederación rosista o el régimen rosista (por la gran hegemonía política de Rosas y los caudillos)

4. El proceso de organización nacional: 1852-1880
1854-1860. Justo José de Urquiza (concluye)
1860-1861. Santiago Derqui (renuncia)
1862-1868. Bartolomé Mitre (concluye)
1868-1874. Domingo Faustino Sarmiento (concluye)
1874-1880. Nicolás Avellaneda (concluye)

5. La república conservadora fraudulenta: 1880-1912 (por la no Ley Electoral)

5.1. La república conservadora primera: 1880-1906 (la más exitosa según datos económicos)
1880-1886. Julio Argentino Roca (concluye)
1886-1890. Miguel Juárez Celman (renuncia)
1890-1892. Carlos Pellegrini (concluye)
1892-1895. Luis Sáenz Peña (renuncia)
1895-1898. José E. Uriburu (concluye)
1898-1904. Julio Argentino Roca (concluye)
1904-1906. Manuel Quintana (fallece)

5.2. La república conservadora segunda: 1906-1912
1906-1910. José Figueroa Alcorta (concluye)

6. La república conservadora semifraudulenta: 1912-1916 (por esa ley)
1910-1914. Roque Sáenz Peña (fallece)
1914-1916. Victorino de la Plaza (concluye)

7. El radicalismo: 1916-1930
1916-1922. Hipólito Yrigoyen (concluye)
1922-1928. Marcelo T. de Alvear (concluye)
1928-1930. Hipólito Yrigoyen (depuesto)

8. La década infame: 1930-1943
1930-1932. José Félix Uriburu (normalizador)
1932-1938. Agustín P. Justo (concluye)
1938-1942. Roberto M. Ortiz (renuncia)

1942-1943. Ramón S. Castillo (depuesto)
1943-1943. Arturo Rawson (renuncia)

9. El peronismo: 1943-1955
1943-1944. Pedro Pablo Ramírez (depuesto)
1944-1946. Edelmiro Farell (normalizador)
1946-1951. Juan Domingo Perón (concluye)
1951-1955. Juan Domingo Perón (depuesto)

10. Gobiernos militares y democracias restringidas: 1955-1973
1955-1955. Eduardo Lonardi (depuesto)
1955-1958. Pedro E. Uriburu (normalizador)
1958-1962. Arturo Frondizi (depuesto)
1962-1963. José María Guido (normalizador)
1963-1966. Arturo Humberto Illia (depuesto)
1966-1970. Juan Carlos Onganía (depuesto)
1970-1971. Roberto Levingston (depuesto)
1971-1973. Alejandro Lanusse (normalizador)

11. El nuevo peronismo: 1973-1976
1973-1973. Héctor José Cámpora (renuncia)
1973-1974. Juan Domingo Perón (fallece)
1974-1976. María E. Martínez de Perón (depuesta)

12. El proceso dictatorial de reorganización nacional: 1976-1983
1976-1981 Jorge Rafael Videla (concluye)
1981-1981 Roberto E. Viola (depuesto)
1981-1982 Leopoldo F. Galtieri (renuncia)
1982-1983 Reynaldo B. Bignone (normalizador)

13. La democracia: 1983 a la actualidad

13.1. La socialdemocracia: 1983-1989
1983-1989. Raúl Ricardo Alfonsín (renuncia)

13.2. La democracia neoliberal: 1989-1999
1989-1995. Carlos Saúl Menem (concluye)
1995-1999. Carlos Saúl Menem (concluye)

13.3. La socialdemocracia crítica: 1999-a la actualidad (por la crítica situación del país)

1999-2001. Fernando de la Rúa (renuncia)
2001-2001. Ramón Puerta (concluye)
2001-2001. Adolfo Rodríguez Saa (renuncia)
2001-2001. Eduardo Caamaño (concluye)
2002-2003. Eduardo Duhalde (concluye)
2003-2007. Néstor Kirchner (concluye)
2007. Cristina Fernández

Además, para evaluar las interrupciones de los gobiernos democráticos por gobiernos de facto que influyeron en el desarrollo de la ciencia argentina, es interesante presentar este cuadro donde los gobiernos *de facto* aparecen grisados:

Presidente	Período	Fin	Nac-Fall	Vicepresidente
FERNÁNDEZ Cristina	2007		1953 -...	COBOS Julio César
KIRCHNER, Néstor	2003-2007	Concluye	1950 -...	SCIOLI, Daniel
DUHALDE, Eduardo	2002-2003	Concluye	1941 -...	* Provisional (Presidente del Senado)
CAAMAÑO, Eduardo	2001-2001	Concluye	1946 -...	* Provisional (Presidente de Diputados)
RODRÍGUEZ SAA, Adolfo	2001-2001	Renuncia	1947 -...	Interino (Elegido por Asamblea Constituyente)
PUERTA, Ramón	2001-2001	Concluye	1951 -...	* Provisional (Presidente del Senado)
DE LA RUA, Fernando	1999-2001	Renuncia	1937 -...	ÁLVAREZ, Carlos
MENEM, Carlos Saúl	1995-1999	Concluye	1930 -...	RUCKAUF, Carlos
MENEM, Carlos Saúl	1989-1995	Concluye	1930 -...	DUHALDE, Eduardo
ALFONSÍN, Raúl Ricardo	1983-1989	Renuncia	1927-2009	MARTÍNEZ, Víctor
BIGNONE, Reynaldo B.	1982-1983	Normalizador	1928 -...	
GALTIERI, Leopoldo F.	1981-1982	Renuncia	1926-2003	

Presidente	Período	Fin	Nac-Fall	Vicepresidente
VIOLA, Roberto E.	1981-1981	Depuesto	1924-1994	
VIDELA, Jorge Rafael	1976-1981	Concluye	1925 -...	
MARTÍNEZ de Perón, María E.	1974-1976	Depuesto	1931 -...	
PERÓN, Juan Domingo	1973-1974	Fallece	1895-1974	MARTÍNEZ de Perón, M. E.
LASTIRI, Raúl Alberto	1973-1973	Normalizador	1915-1978	
CAMPORA, Héctor José	1973-1973	Renuncia	1909-1979	SOLANO LIMA, Vicente
LANUSSE, Alejandro	1971-1973	Normalizador	1918-1996	
LEVINGSTON, Roberto	1970-1971	Depuesto	1920-...	
ONGANIA, Juan Carlos	1966-1970	Depuesto	1914-1995	
ILLIA, Arturo Humberto	1963-1966	Depuesto	1900-1981	PERETTE, Humberto
GUIDO, José María	1962-1963	Normalizador	1910-1975	
FRONDIZI, Arturo	1958-1962	Depuesto	1908-1995	GÓMEZ, Alejandro
ARAMBURU, Pedro E.	1955-1958	Normalizador	1903-1970	ROJAS, Isaac
LONARDI, Eduardo	1955-1955	Depuesto	1896-1956	ROJAS, Isaac
PERÓN, Juan Domingo	1951-1955	Depuesto	1895-1974	TEISSAIRE, Alberto
PERÓN, Juan Domingo	1946-1951	Concluye	1895-1974	QUIJANO, Hortensio
FARRELL, Edelmiro	1944-1946	Normalizador	1887-1980	PERÓN, Juan Domingo
RAMÍREZ, Pedro Pablo	1943-1944	Depuesto	1884-1962	FARREL, Edelmiro
Rawson Arturo	1943	Renuncia	1885-1952	

Presidente	Período	Fin	Nac-Fall	Vicepresidente
CASTILLO, Ramón S.	1942-1943	Depuesto	1873-1944	
ORTIZ, Roberto M.	1938-1942	Renuncia	1886-1942	CASTILLO, Ramón S.
JUSTO, Agustín P.	1932-1938	Concluye	1876-1943	
URIBURU, José Félix	1930-1932	Normalizador	1868-1932	SANTAMARINA, Enrique
YRIGOYEN, Hipólito	1928-1930	Depuesto	1852-1933	MARTÍNEZ, Enrique
de ALVEAR, Marcelo T.	1922-1928	Concluye	1868-1942	GONZÁLEZ, Elpidio
YRIGOYEN, Hipólito	1916-1922	Concluye	1852-1933	LUNA, Pelagio
de la PLAZA, Victorino	1914-1916	Concluye	1840-1919	
SÁENZ PEÑA, Roque	1910-1914	Fallece	1851-1914	DE LA PLAZA, Victorino
FIGUEROA ALCORTA, José	1906-1910	Concluye	1860-1931	
QUINTANA, Manuel	1904-1906	Fallece	1835-1906	FIGUEROA ALCORTA, José
ROCA, Julio Argentino	1898-1904	Concluye	1843-1914	QUIRNO COSTA, Roberto
URIBURU, José E.	1895-1898	Concluye	1831-1914	
SÁENZ PEÑA, Luís	1892-1895	Renuncia	1822-1907	URIBURU, José Evaristo
PELLEGRINI, Carlos	1890-1892	Concluye	1846-1906	
JUÁREZ CELMAN, Miguel	1886-1890	Renuncia	1844-1909	PELLEGRINI, Carlos
ROCA, Julio Argentino	1880-1886	Concluye	1843-1914	MADERO, Francisco B.
AVELLANEDA, Nicolás	1874-1880	Concluye	1837-1885	ACOSTA, Mariano
SARMIENTO, Domingo F.	1868-1874	Concluye	1811-1888	ALSINA, Adolfo

Presidente	Período	Fin	Nac-Fall	Vicepresidente
MITRE, Bartolomé	1862-1868	Concluye	1821-1906	PAZ, Marcos
DERQUI, Santiago	1860-1861	Renuncia	1809-1867	PEDERNERA, Juan E.
de URQUIZA, Justo José	1854-1860	Concluye	1801-1870	DEL CARRIL, Salvador M.
RIVADAVIA, Bernardino	1826-1827	Renuncia	1780-1845	

Fuente: Presidencia de la Nación.

Atendiendo a que Manuel Calvo Hernando (2004: 104) reconoce que "conocer y divulgar la historia de la ciencia constituye una parte del cometido del divulgador científico", y que "esta disciplina nos permite acercarnos a las situaciones y problemas que han interesado a la historia cultural y científica y al conocimiento de los investigadores a lo largo de la historia" acudimos, para contar con un modelo que contribuya a nuestro ordenamiento de la divulgación científica en nuestro país, a la división cronológica de la historia de la ciencia y la técnica en la Argentina configurada por Babini (2007).

Este historiador realiza esta división en cuatro grandes etapas, que, a su vez, incluyen subetapas:

1. Bajo el imperio español (1600-1810)
   a) La colonización jesuítica (1600-1775)
   b) Bajo el Virreinato ilustrado (1776-1809)

2. Bajo la primera descolonización (1810-1861)
   a) En la nación naciente (1810-1820)
   b) Primeros intentos de asimilación (1821-1828)
   c) La ciencia desarraigada (1829-1851)
   d) La ciencia en recuperación (1852-1861)

3. Bajo la República liberal (1862-1942)
   a) Hacia la aclimatación de la ciencia (1862-1879)
   b) La ciencia del progreso (1880-1905)
   c) Albores de la investigación científica (1906-1915)

d) La ciencia renovada (1916-1931)
   e) Esbozos de una política científica (1932-1942)

4. **Bajo la segunda descolonización** (1943-1983)
   a) La ciencia desatendida (1943-1954)
   b) La recuperación frustrada (1956-1966)
   c) Las dictaduras militares (1966-1983)[5]

5. **Bajo la democracia (1983-a la actualidad)**
   a) Bajo la socialdemocracia (1983-1989)
   b) Bajo la democracia neoliberal (1989-1999)
   c) Bajo la socialdemocracia (1999-a la actualidad)

De cada una de estas etapas Babini (2007) describe los acontecimientos científicos y tecnológicos que se produjeron.

Ajustándonos al planteamiento propuesto, nosotros, para esta *Historia de la Divulgación Científica en la Argentina,* seleccionaremos las manifestaciones de cada etapa que se vinculen con la comunicación de la ciencia destacando los libros de divulgación; la actividad académica; los órganos de difusión de las universidades y de las asociaciones, sociedades fundaciones, centros, institutos y academias de ciencias; los congresos; la creación de museos; las exposiciones; los planetarios; los observatorios; los jardines botánicos y los jardines zoológicos. También hemos considerado, simultáneamente, los intentos de comunicar la ciencia a través de diarios, periódicos, revistas, programas de radio y de televisión. Sin olvidar los cafés científicos, las olimpíadas de ciencia, los campamentos científicos, el cine y el teatro científico, las ferias de ciencia y todas las actividades vinculadas con su divulgación que hemos rastreado en la documentación disponible.

---

[5] A partir de este período se continúa con la clasificación de la historia argentina realizada por los historiadores anteriormente mencionados.

Capítulo II
Bajo el Imperio español[6] (1600-1810)

Se corresponde con la Tradición Ítalo-renacentista de la divulgación científica y el comienzo de la Tradición Francesa de la divulgación científica.

Mientras el espíritu renacentista[7] impulsa a los hombres de los siglos XV y XVI a intentar y realizar la gran aventura del descubrimiento, de la conquista y de la colonización, el nuevo mundo, con el asombro que provoca, estimula a aquel espíritu y lo acompaña y penetra. "América, por su sola presencia y existencia, y el descubrimiento, con todo lo que significó de aporte geográfico, histórico y étnico, ofrecieron a la cultura occidental nuevos campos donde extender e irradiar su acción; motivos y acción que, a su vez, impregnan a esa cultura con matices jamás conocidos." (Babini, 1963: 176).

En el campo de la ciencia, este proceso se revela claramente. Los viajes de descubrimiento son posibles gracias a los conocimientos, nuevos unos, otros renovados,

---

[6] Para desarrollar estas etapas se sigue la obra de José Babini (2007), "La otra Argentina. La ciencia y la técnica desde 1600 hasta 1966", *Saber y Tiempo*, Revista de Historia de la Ciencia de la UNSAM.

[7] Renacimiento es el nombre dado al amplio movimiento de revitalización cultural que se produjo en Europa Occidental entre los siglos XV y XVI. Sus principales exponentes se hallan en el campo de las artes, aunque también se produjo la renovación en la literatura y las ciencias, tanto naturales como humanas. El Renacimiento es fruto de la difusión de las ideas del humanismo, que determinaron una nueva concepción del hombre y del mundo.

que el Renacimiento posee sobre astronomía, náutica y cartografía.

Pero al mismo tiempo, el incremento científico europeo lleva ya el sello americano. Si al principio no se hace ciencia en América, Europa hace ciencia con América.

Es en el área de las ciencias naturales donde la cosecha es más abundante. El estudio de la fauna, la flora y la geología que contienen los nuevos continentes y los nuevos mares; las posibilidades del intercambio mutuo entre las especies indígenas de ambos mundos; las aplicaciones de especies americanas a la farmacia y a la medicina; el perfeccionamiento de los métodos de los minerales en las explotaciones americanas; son otros tantos progresos que la ciencia debe al nuevo mundo.

Por lo tanto, reconoce De Asúa (2010), al finalizar el Siglo XVIII y durante la primera década del Siglo XIX, se desenvolvió en el Río de la Plata una cultura científica que, si bien naturalmente participaba de aquella común a otros territorios españoles en América, poseyó un perfil propio derivado de la situación peculiar de la región.

> La escala muy reducida, la tenue institucionalización, la necesidad de arreglárselas con los recursos locales por sobre aquellos vehiculizados desde la Península y una atmósfera protocosmopolita podrían ser considerados como rasgos peculiares de la cultura científica rioplatense. Por "cultura científica" entendemos las instituciones, los discursos, los instrumentos y los códigos asociados con la obtención y transmisión del saber sistemático que denominamos "ciencia moderna". En otras palabras: la suma de la cultura simbólica, la cultura material y sus intersecciones en el ámbito de la ciencia. [...] en el Río de la Plata virreinal, lo que hoy podemos llamar ciencia y técnica consistía en una configuración de muchos elementos: los saberes profesionales de médicos, ingenieros y farmacéuticos, el discurso sobre filosofía de la naturaleza transmitido en los establecimientos de enseñanza, la disponibilidad y el uso de aparatos de medición, los

declamados proyectos de aplicación de principios científicos a actividades productivas como la agricultura, la navegación y las artes e industrias, el interés por el conocimiento de la historia natural, las colecciones de libros especializados, en fin, el cultivo de las ciencias por aficionados y su difusión entre el público letrado. Todos estos son ingredientes de la cultura científica característica del Río de la Plata, entendida en sentido amplio y en sus múltiples dimensiones (De Asúa, 2010: 13).

2.1. La colonización jesuítica (1600-1775)

La colonización española del actual territorio argentino comenzó en el Siglo XVI y se prolongó hasta comienzos del Siglo XIX. En ese período de más de doscientos años esa colonización tuvo una fuerte impronta cultural con el carácter de una empresa de evangelización católica, puesta bajo el signo de la Contrarreforma.[8] Uno de sus instrumentos fue la Compañía de Jesús que, en esa época, y hasta la expulsión de la orden en 1767, incluyó entre sus fines la enseñanza de las primeras letras y los colegios preparatorios del ingreso a la carrera eclesiástica.

Algunos de sus miembros, pertenecientes a las misiones de la llamada Provincia del Paraguay, que entonces comprendía también parte de la actual provincia argentina de Misiones, fueron protagonistas de las primeras actividades que podrían llamarse propiamente científicas, al mismo tiempo que en los centros de formación como en la

---

[8] La Reforma Católica o Contrarreforma fue la respuesta a la reforma protestante de Martín Lutero, que había debilitado a la Iglesia. Denota el período de resurgimiento católico desde el pontificado del Papa Pío IV en 1560 hasta el fin de la Guerra de los Treinta Años, en 1648. Sus objetivos fueron renovar la Iglesia y evitar el avance de las doctrinas protestantes (Gombricth, 2005).

Universidad de Córdoba que Gregorio XV autoriza en 1622 a conferir grados, la enseñanza permanecía poco menos que impermeable a los autores modernos de la revolución científica (Copérnico,[9] Galilleo,[10] Newton[11]).

Es en la labor de los jesuitas donde deben verse los primeros rudimentos de las ciencias en la Argentina. La geografía, la lingüística, la etnografía, la historia y las ciencias naturales inician su aparición en las relaciones y crónicas de los numerosos viajes y exploraciones que los jesuitas realizaron, principalmente con fines evangelizadores. Fueron jesuitas los primeros en explotar las tierras conquistadas y en describir a los habitantes, la fauna y la flora de ese mundo hasta entonces desconocido por los europeos. Cabe recordar que la Compañía de Jesús contaba con algunos de los miembros más preparados de la Iglesia Católica, debido, en gran parte, a su papel de consultores del Papa, inicialmente en la materia astronómica y matemática de determinación de las fechas móviles del calendario litúrgico.

---

[9] Nicolás Copérnico (1473-1543) fue el astrónomo que formuló la primera teoría heliocéntrica del Sistema Solar. Su libro, *De revolutionibus orbium coelestium* (*De las revoluciones de las esferas celestes*), es usualmente concebido como el punto inicial o fundador de la astronomía moderna, además de ser una pieza clave en lo que se llamó la Revolución Científica en la época del Renacimiento. Copérnico pasó cerca de veinticinco años trabajando en el desarrollo de su modelo heliocéntrico del universo. En aquella época resultó difícil que los científicos lo aceptaran, ya que suponía una auténtica revolución.

[10] Galileo Galilei (1564-1642) fue astrónomo, filósofo, matemático y físico. Estuvo relacionado estrechamente con la revolución científica. Eminente hombre del Renacimiento sus logros incluyen la mejora del telescopio, gran variedad de observaciones astronómicas, la primera ley del movimiento y un apoyo determinante para el copernicanismo.

[11] Sir Isaac Newton (1643-1727)) fue un físico, filósofo, inventor, alquimista y matemático inglés, autor de los *Philosophiae naturalis, principia mathematica*, más conocidos como los *Principia*, donde describió la ley de gravitación universal y estableció las bases de la mecánica clásica mediante las leyes que llevan su nombre.

Fue también un jesuita, Buenaventura Suárez, nacido en Santa Fe, quien alternó su labor de misionero con sus observaciones científicas y fue así el primero en dar a conocer aspectos inéditos del cielo de estas latitudes. Inició sus observaciones en 1706 con instrumentos fabricados por él mismo. Hizo observaciones de los satélites de Júpiter (que fueron remitidos a Europa) y su trabajo de mayor valor científico fue la observación de los eclipses. Por su trabajo es considerado el primer astrónomo argentino ya que construyó, ayudado por los indios, telescopios y otros instrumentos para formar el observatorio de San Cosme y San Damián, cerca de la actual ciudad paraguaya de Encarnación, en la margen occidental del Río Paraná en 1706:

> Su obra más conocida es el *Lunario de un siglo que comenzaba en su original por enero del año 1740, y acaba en diciembre del año 1841* (sic) que consiste en una colección de efemérides de aspectos del cielo durante un siglo. Cuenta además con un apéndice que permite extender el *Lunario* hasta 1903 mediante "sencillas reglas", según afirma su propio autor (García y Taboada, 1985: 2).

Recordemos además al hermano Pedro Montenegro, cuyo libro *Historia Médica Misionera*, de 1710, con 148 láminas, es considerado el primer tratado de materia médica del Río de la Plata.

El continente americano accede al saber científico (Jorge, 2004) en una época en la que sus objetos de conocimiento forman parte de ese universo macro condensado en el saber filosófico, por lo que ciencia, filosofía y letras se mezclaban en un horizonte discursivo común, difícil de analizar en su especificidad. El "racionalismo"[12] del Siglo

---

[12] El racionalismo es la tendencia filosófica que considera la realidad gobernada por un principio inteligible al que la razón puede acceder y que, en definitiva, identifica la razón con el pensar.

XVII avanza en la diferenciación entre el sujeto del conocimiento y el objeto a conocer, mientras el "empirismo"[13] de Francis Bacon (1561-1626), Thomas Hobbes (1588-1679) y John Locke (1632-1704) establece una neta separación entre el encuadre subjetivo y las materialidades que pueden ser observadas por los sentidos y sometidas a experimentación.

Como un paso fundamental hacia esta división entre las áreas de conocimiento y los objetos de estudio aparece en Francia en el siglo XVIII la "ilustración"[14] o "enciclopedismo", movimiento que vendrá a ratificar y fundamentar esos avances y a minar las bases de la filosofía escolástica[15] que había hegemonizado la enseñanza hasta esos años.

En España se hace más difícil vencer las resistencias que el movimiento genera; sin embargo, a fines del siglo ya resulta imposible contener su penetración en tertulias y ámbitos académicos que luchan contra los prejuicios y el fanatismo, como lo hace el padre Benito Feijoo, quien desde su posición de católico comienza a compenetrarse y difundir los nuevos aportes científicos. Esta apertura, sostiene Lilia Jorge (2004), hacia las "nuevas ideas", alcanza mayor desarrollo durante el reinado de Carlos III de Borbón (1716-1788), quien con la ayuda de sus "ilustrados"

---

[13] Empirismo es la tendencia filosófica que considera la experiencia como criterio o norma de verdad en el conocimiento.

[14] Se denomina Ilustración o Siglo de las luces a una corriente intelectual de pensamiento que dominó Europa, en especial Francia e Inglaterra, durante el Siglo XVIII. Abarcó desde el Racionalismo y el Empirismo del Siglo XVII hasta la Revolución Industrial del Siglo XVIII, la Revolución Francesa y el Liberalismo. Los pensadores de la Ilustración sostenían que la razón humana podía combatir la ignorancia, la superstición, la tiranía, y construir un mundo mejor. La expresión estética de este movimiento intelectual se denominará Neoclasicismo. La Ilustración tuvo una gran influencia en aspectos económicos, políticos y sociales.

[15] La escolástica es el movimiento teológico y filosófico que intentó utilizar la filosofía grecolatina clásica para comprender la revelación religiosa del cristianismo. Su máximo representante fue Santo Tomás de Aquino (1225-1274).

ministros Floridablanca y Campomanes comienza en la metrópoli un proceso de renovación que también se extenderá a América.

Las Colonias muestran un gran retraso en los conocimientos científicos, con excepción de los estudios geográficos, cartográficos y antropológicos que venían realizándose desde la época de la conquista con el fin de tener un conocimiento detallado de las tierras descubiertas. Podría decirse, en palabras de Jorge (2004: 52) "que estos primeros pasos 'científicos' son los del observador que consigna en sus informes lo que la realidad le ofrece, y al hacerlo está dando nacimiento a las primeras manifestaciones escritas que se producen en estas tierras."

Estas producciones discursivas, conocidas como *Crónicas de Indias*, conservan la indefinición y mezcla entre los escritos científicos y literarios, como se puede comprobar en la obra del primer "cronista" de estas regiones, Ulrico Schmidel, que viene con la expedición de Pedro de Mendoza y escribe *Viaje al Río de la Plata* (1567), obra que describe situaciones y seres más cercanos al imaginario de esos años que a la realidad observada. Algunos años más tarde, Martín del Barco Centenera compone en octavas reales el poema "La Argentina" (1602), que dará el nombre al país, mientras Ruy Díaz de Guzmán retomará la prosa en 1612 en *La Argentina manuscrita*.

Cuando comienza la penetración de las ideas "iluministas" o "ilustradas", se reproducen aquí, aunque en escala mucho menor, similares conflictos a los desarrollados en el escenario europeo entre las órdenes religiosas y los científicos. Mientras en los claustros resuenan tenues debates en torno a las nuevas teorías, los jesuitas avanzan en el camino abierto por los "cronistas de Indias" con el estudio de las características geográficas, arqueológicas y culturales de las zonas que van recorriendo con fines evangelizadores, de los que dejarán constancia en las

Cartas Anuas que envían regularmente a la sede central de la Congregación en Roma.

En su estado naciente y en tierras donde todo estaba por ser conocido, la ciencia comenzó a ser cultivada en su fase primaria de descubrimiento, descripción y clasificación. Además de los escritos jesuíticos, abundan los relatos de viajeros, las memorias de expediciones, los testimonios de curiosos y observadores que serán luego fuente inapreciable para los futuros investigadores.

Como en el caso de las actividades científicas, fueron también los jesuitas quienes introdujeron, a fines del Siglo XVII, las primeras técnicas novedosas: el primer trapiche de azúcar tucumano y el primer taller de imprenta, que se trasladó a Buenos Aires después de la expulsión de la orden.

Desde los primeros tiempos de la conquista y colonización, Perú y México fueron los centros principales de la atención hispánica. La región del Plata, en cambio, acaso por su carencia de riquezas minerales, ocupó un lugar secundario en el ordenamiento de Indias. Y si esto es así en el aspecto económico, político y jerárquico, necesariamente debe serlo también en el plano cultural. Durante un extenso período, el Plata careció de vida intelectual propia, y sus pobladores se orientaron hacia otros centros educativos cuando pretendieron instruirse. En 1538, cuarenta y seis años después del descubrimiento, fue fundada en Santo Domingo la primera universidad del continente, a la que siguieron, durante ese mismo Siglo XVI, las de México, Lima y Bogotá; y desde 1613 hasta 1791, Córdoba, Charcas, San Carlos de Guatemala, Caracas, Santiago de Chile, La Habana y Quito. Al promediar el Siglo XVIII, Buenos Aires carecía de universidad y de institutos públicos que impartieran enseñanza media y superior; los más próximos quedaban en Córdoba y Charcas. Sólo ciertos conventos mantenían cursos de teología o filosofía, sobre todo la orden de los jesuitas, que desde 1617 dictaba, privadamente, una docencia elemental. Alrededor 1654, el Cabildo solicitó a esa misma orden que asumiera plenamente la educación de la juventud, a cuyo efecto le cedió un solar en la Plaza Mayor para que edificase su convento y sus aulas. El 25 de mayo de 1661 los jesuitas se trasladaron a un nuevo local ubicado en el mismo sitio que hoy ocupa el Colegio Nacional de Buenos Aires entre las actuales calles Bolívar, Moreno, Perú y Alsina; donde, gracias al legado del padre Juan de Alquizalete y a la generosidad de otros vecinos, habían construido, hacia 1767, el edificio en que proyectaban instalar un colegio Convictorio, es decir, con internado: el Colegio Grande de San Ignacio. Pero el 2 julio de ese año, el monarca Carlos III dispuso la expulsión de la orden. En 1769 creó la Junta de Temporalidades, a efectos de administrar y dar destino a los cuantiosos bienes de los expulsos. La urgencia de contar con una casa de estudios superiores era entonces tan grande, que en algún momento se pensó en trasladar la Universidad de Córdoba a Buenos Aires. El Cabildo así lo propuso, pero ante la protesta levantada en Córdoba, la medida no se concretó (Sanguinetti, 1984).

La fundación de la primera universidad en territorio argentino en la ciudad de Córdoba (1613), la instalación de dos colegios preparatorios universitarios (el de Monserrat en Córdoba -1659- y el San Carlos en Buenos Aires -1773-), la introducción de la imprenta por la Compañía de Jesús (1765), la creación del Virreinato del Río de la Plata (1776), la organización en 1780 en Buenos Aires de la Imprenta de los Niños Expósitos, dieron los impulsos decisivos a la producción cultural. La educación colonial se realizó en los conventos de franciscanos, dominicos o mercedarios, donde se dictaban las primeras letras, y en los colegios universitarios y universidades que funcionaban como seminarios. Hasta 1800, sin embargo, no hubo en el Plata periódicos ni asociaciones literarias (Rojas, 1924).

El 1700 es la fecha del primer libro impreso en la imprenta de Misiones. De interés científico, sólo podrían consignarse algunos trabajos menores de la imprenta, como las *Tablas astronómicas* y los *Calendarios* del padre Suárez.

En 1747 la imprenta misionera deja de dar señales de vida, y para encontrar nuevos impresos argentinos debe llegarse hasta 1766, fecha de las primeras publicaciones de la imprenta cordobesa del Colegio Montserrat, de los jesuitas. Esta imprenta, enmudece poco después a raíz de la expulsión de la orden, pero reaparece, más tarde, en 1780, en Buenos Aires, gracias al celo del Virrey Vértiz, con el nombre de Real Imprenta de los Niños Expósitos.

Como explica Aníbal Ford (1997), el periodismo escrito surgió en el Siglo XVI con las noticias manuscritas, a las que Gutenberg les dio un gran espaldarazo con su imprenta de tipos móviles, y transformó en "hojas impresas", que difundían desde Maguncia y hacia toda Europa noticias políticas y económicas.

Un siglo más tarde vinieron las gacetas, con contenidos más desarrollados y volcados a lo literario, que desembocaron en el siglo de los diarios, el XVIII. Necesitaron para ello de algunos adelantos técnicos, pero por sobre todo de una situación política particular: la libertad de palabra. La ausencia más o menos constante de censura permitió el desarrollo de un periodismo politizado, crítico, pero también le dio lugar a la obra de ficción.

2.2. Bajo el Virreinato ilustrado (1776-1809)

La creación del Virreinato del Río de la Plata por la monarquía borbónica en 1776 acarreó cambios que influyeron en la suerte de la ciencia y se prolongaron más allá de la caída del último Virrey en 1810. Dentro de las limitaciones propias de la época, hubo menos trabas para las nuevas ideas. Manuel Belgrano pudo editar su traducción de un libro de economía política, se comenzó a enseñar medicina y, gracias a la escuela de náutica del Consulado, se pudieron impartir nociones de matemática.

Los estudiosos jesuitas continuaron produciendo sus obras en el destierro sobre la historia natural y política de sus antiguas posesiones. Prosiguió la exploración de las tierras australes y chaqueñas y la Universidad de Córdoba comenzó a perder su papel exclusivo de formación eclesiástica.

En Buenos Aires se instaló, como ya dijimos, la imprenta que había sido de los jesuitas.

En 1779 el Virrey Juan José de Vértiz y Salcedo[16] crea el Protomedicato del Río de la Plata, dando así origen a la primera calificación médica y a las instituciones destinadas a atender la salud pública.

El Dr. don Miguel O'Gorman es nombrado Real Protomédico. A O'Gorman se le debe la introducción del método de inoculación contra la viruela, y también ser el autor de uno de los primeros textos médicos, un folleto de educación sanitaria, justamente sobre inoculación de la vacuna a la población, que circuló en Buenos Aires y Montevideo (Puga, 2002).

El protomedicato pudo comenzar su función docente, para la cual se le facultó en 1793, aunque los cursos recién se iniciaron en 1801. Estos cursos fueron los primeros de carácter universitario que se dictaron en Buenos Aires y los primeros de esta índole en la Argentina, considerándose por esto, la primera Escuela de Medicina. En ese plan aparecía, por primera vez en los estudios argentinos, la química y la botánica, que se estudiarían por el texto de Lavoisier. Estos estudios fueron impartidos en 1802, por Cosme Argerich, médico argentino secretario del protomedicato que había

---

[16] Vértiz ocupó el Virreinato del Río de La Plata entre 1778-1784.

estudiado en España y una de las figuras próceres de la medicina argentina.

A la sazón, Juan José Vértiz fue designado gobernador y elevado a la jerarquía de Virrey. Hombre ilustre y progresista, de inmediato se abocó a la tarea de organizar un establecimiento educativo, inaugurando en 1783: el Real Colegio de San Carlos. En él los estudios más importantes eran de teología, filosofía y gramática, realizándose semanalmente torneos dialécticos. Los profesores, por lo común, fueron designados en concursos de oposición. El Colegio nunca tuvo atribución para otorgar grados académicos, privilegio que sólo el rey podía conferirle. Pero las universidades americanas reconocieron validez oficial a los exámenes aprobados en el mismo, con lo cual el problema de los títulos quedó parcialmente resuelto. En 1778 se reformó el plan de estudios. Los de filosofía se extendieron a tres años, y a cuatro los de teología; fue habilitada la biblioteca que había pertenecido a los jesuitas, y aumentó el rigor disciplinario.

Mucho se ha discutido sobre la utilidad y méritos del Colegio en esta época, citando sus detractores el juicio del Dr. Manuel Moreno, quien en el examen sobre la vida y escritos de su hermano Mariano manifiesta que los alumnos llevaban una vida "monástica, según el gusto del que la preside son educados para frailes y clérigos y no para ciudadanos", criterio que compartieron Korn, Salvadores, Ravignani y otros estudiosos, afirmando que se perdía mucho tiempo útil y que no existía autonomía académica, pese al variable liberalismo de algunas autoridades y profesores: Maciel, Paso, Chorroarín, etc. Los males del Colegio fueron, en todo caso, los de su época y condición histórica. El absolutismo monárquico no toleraba mayor libertad. En cambio, es notorio que allí se educó la generación de mayo, y casi todos los hombres que contribuyeron a nuestra independencia. Entre ellos, seis de los nueve miembros de la Primera Junta: el presidente Saavedra, los secretarios Moreno y Paso, y los vocales Belgrano, Castelli y Alberti; y otras prominentes personalidades como los escritores José Antonio Miralla, Juan Cruz Varela, Esteban de Luca; los hombres públicos, Feliciano Chiclana, Domingo French, Manuel J. García, Valentín Gómez, Manuel Moreno, Bernardo Monteagudo, Martín Miguel de Güemes, Nicolás Rodríguez Peña, Manuel Dorrego, Antonio Balcarce, Julián S. de Agüero, Saturnino Somellera, Hipólito Vieytes, Diego Zavaleta, Mariano Necochea, Tomás Guido; nueve de los veintiún diputados de la Asamblea del año XIII; el presidente del Congreso de Tucumán Francisco N. Laprida; el Director Supremo Juan Martín de Pueyrredón, el primer presidente de la República, Bernardino Rivadavia, y su interino Vicente López y Planes, autor del himno nacional (Sanguinetti, 1984).

En 1787 el fraile dominico Manuel Torres desentierra, en las barrancas del Río Luján, el primer esqueleto completo de un megaterio[17] y lo envía a Europa. Este megaterio es el síntoma de la extraordinaria riqueza arqueológica de la región.

En 1799 el Consulado crea la Escuela de Náutica, que funciona hasta 1806.

Desde 1801 se organizan diversos tipos de sociedades de corte liberal sobre el modelo de las sociedades filantrópicas europeas. La primera de ellas fue la Sociedad Patriótica y Literaria (1801) fundada por Francisco Cabello y Mesa, quien funda el mismo año el *Telégrafo Mercantil, Político-Económico e Historiográfico del Río de la Plata*.

---

[17] El megaterio o *Megatherium* (del griego "gran bestia") era un enorme perezoso terrestre que habitaba en América del Sur desde comienzos del Plioceno (hace 5,3 millones de años) hasta finales del Pleistoceno (últimos 12.000 años). Los megaterios llegaban a medir 6 metros de longitud. Eran mamíferos, parecidos a los marsupiales.

El *Telégrafo Mercantil* surgió ya en un siglo marcado por los avances técnicos en la impresión en papel, y el creciente establecimiento del diario como medio masivo de comunicación, difusión de la información y discusión de las ideas (la "tribuna de doctrina" de Mitre, setenta años más tarde).

En su primer número *El Telégrafo* manifiesta su intención de contribuir "a las luces" en las palabras de Cabello y Mesa:

> Salga *El Telégrafo* y en breve establézcase la Sociedad Patriótica, Literaria y Económica que ha de adelantar las ciencias, las artes y aquel espíritu filosófico que analiza al hombre, lo inflama y saca de su soportación que lo hacen diligente y útil. Fúndense aquí nuevas escuelas, donde para siempre cesen aquellas voces bárbaras del escolasticismo, que aunque expresivas en los conceptos, ofuscaban y muy poco o nada transmitían las ideas del verdadero filósofo (Facsímil, 1914).

En octubre de 1802, es clausurado por orden virreinal. En sus artículos se trataron cuestiones de educación, agricultura, medicina, etc. y entre sus colaboradores asiduos figuró el naturalista Tadeo Haenke, quien había llegado de España como integrante de la expedición científica de Malaspina a fines del Siglo XVIII.

Las ciencias que se desarrollaban durante el momento histórico que se está considerando eran las ciencias naturales, y dentro de ellas, la botánica (en el sentido estricto), la zoología y la mineralogía.

Por lo tanto es importante destacar que tras la expulsión de los jesuitas, y en parte como consecuencia de ella, se produce en el Río de la Plata una considerable afluencia de técnicos y científicos –geógrafos, ingenieros, naturalistas– que llegan adscriptos a las comisiones encargadas de la demarcación de límites entre las colonias españolas y portuguesas. Civiles o militares, los "científicos" no harían, en parte, otra cosa que proseguir con método más riguroso los trabajos de investigación de los jesuitas, aparte, es claro, de los que atañen directamente a sus funciones técnicas. Algunos de ellos permanecieron años en estas regiones después de cumplida su misión. Es de interés entre ellos el nombre y la obra de don Félix de Azara (1746-1821), que permaneció veinte años, y fue entre todos el que mayor tributo rindió a la historia de la cultura rioplatense, con obras de permanente interés para el estudioso del Siglo XVIII y comienzos del XIX, como la titulada *Descripción del Paraguay y Río de la Plata*.

Es por esta llegada de técnicos y científicos a nuestra tierra que los artículos sobre ciencias que aparecieron el *El Telégrafo* trataban sobre sus aplicaciones tecnológicas. Así, por ejemplo, en la sección "Historia Natural" en el número 19 del 11 de octubre de 1801, se publicó una nota titulada "Materiales para fábricas de cristales", en la que se describían las distintas materias primas utilizadas en la elaboración del vidrio y su disponibilidad en la región (Pasquali, 2007). Pero sin embargo, rescata Puga (2002), *El Telégrafo* publica en 1802 el primer artículo científico aparecido en la Argentina: "Virtudes de la yerba del Paraguay", firmado por el médico y sacerdote jesuita Segismundo Asperger.

Otro artículo destacado que publicó fue el referido al descubrimiento de dientes y huesos fósiles que ocasionalmente afloraban en las barrancas de los ríos o en excavaciones, pero que ante la carencia de los conocimientos paleontológicos de la actualidad, se atribuían a humanos gigantes de pies descomunales o a que los huesos crecían... por las virtudes fertilizadoras de la tierra.

Una noticias publicada bajo el título de "Fenómeno", por ejemplo, decía:

> El terreno de la Villa de Tarija tiene la virtud de acrecentar excesivamente los huesos. Enterrado un cadáver de regular estatura si se saca después de algún tiempo, se encuentran los huesos sumamente crecidos, por lo cual están algunos

creídos que en aquellas tierras hubo gigantes [...]. Pero –prosigue– examinados bien por varios facultativos, es visto que estos gigantes nunca los produjeron estos Países, y que la magnitud de los huesos proviene de que aquella tierra tiene la secreta virtud de dilatarlos y engrosarlos [...]. De esta propia especie eran los huesos que trajeron a Buenos Aires de los confines de Luján, los cuales se remitieron a la Corte pocos años hace, y han dado ocasión a que se escriba que en las Provincias Argentinas abundaban Gigantes, y es falso (Facsímil, 1914).

El cirujano de exitoso ejercicio profesional y primer organizador de la sanidad militar argentina, Cosme Mariano Argerich (1758-1820), publicó en *El Telégrafo* un artículo donde recomendaba recurrir a la acción benéfica de la inoculación antirrábica.

También se publicaron notas sobre fitoterapia o herboristería como es el caso sobre el tratamiento para las picaduras de víboras, que toman de los métodos utilizados por los indios, y de los derrames venosos, primer antecedente de la flebología argentina.

Si el fundador del primer periódico del Río de la Plata fue un español, el que fundó el segundo periódico, con los auspicios del Virrey del Pino,[18] fue un hijo del país. Se llamó Juan Hipólito Vieytes, y había nacido en San Antonio de Areco, Provincia de Buenos Aires.

Vieytes realizó estudios de filosofía y jurisprudencia en el Real Colegio de San Carlos, y completó su instrucción con la lectura consciente de temas agronómicos y políticos, sobre todo de orígenes francés e inglés. Con esta preparación se dedicó al periodismo. Como militar, actuó como capitán en la legión de Patricios al producirse la primera invasión inglesa en Buenos Aires.

---

[18] Título con que se conoce generalmente a Joaquín del Pino y Rozas, antepenúltimo Virrey del Río de la Plata (Argentina).

Asociado a Nicolás Rodríguez Peña, Vieytes estableció una jabonería. En los interiores de dicha casa comenzaron a reunirse y a deliberar los precursores de la revolución emancipadora y en 1810 Vieytes fue designado para reemplazar a Mariano Moreno en la secretaría de Gobierno y Guerra.

Semanario de Agricultura, Industria y Comercio se llamó el periódico fundado por Vieytes, y cuyo primer número, con pie de la imprenta de Niños Expósitos, tiene fecha de 1 de septiembre de 1802. En su primer número enunció sus propósitos: "Se tratará de la agricultura en general y los ramos que le son anexos, como son cultivo de huertas, plantío de árboles, riegos, etc."

Como hombre profundamente comprometido con los avances de la ciencia, convierte su periódico en un instrumento de divulgación sobre temas referidos a la química, la física, la matemática y todo lo que contribuya a perfeccionar la agricultura, la industria, el comercio, la salud, la higiene, al conocimiento de los ríos y de las carreteras, y las características topográficas y antropológicas de las provincias. Para cumplir con el propósito de tratar la agricultura publicó unas lecciones elementales de agricultura en forma de preguntas y respuestas. Entendemos que fue una manera didáctica de presentar el tema.

Es de mencionar que Vieytes fue un defensor de la introducción de la vacuna contra la viruela y que se publicaron en su diario abundantes notas sobre los cuidados de la salud.

Su jabonería, que la historia hizo famosa, se convirtió también en laboratorio de prueba para demostrar la importancia de los avances científicos en su aplicación a la industria (Jorge, 2004: 54).

En el último número, que se publicó el 11 de febrero de 1807, y que fue el 118, dio cuenta de la rendición de Montevideo a los ingleses en su segunda tentativa de conquistar el Río de la Plata.

Desde la desaparición definitiva del Semanario hay que esperar tres años más para que surja un nuevo periódico en el Plata: el *Correo de Comercio* de Manuel Belgrano, donde los temas económicos y productivos tendrán un lugar preferencial.

El interés de Manuel Belgrano para imponer "las luces" se remonta a fines del Siglo XVIII, cuando desde la Secretaría del Consulado organiza una Escuela de Dibujo y una Escuela de Náutica para formar a los futuros marinos y desarrollar los estudios de la matemática. Durante su estadía en España había tenido oportunidad de saber sobre los avances del conocimiento científico –además de los cambios políticos provocados por la Revolución Francesa–, y cuando regresa, convencido de que la clave para los países americanos estaba en la adquisición de estos conocimientos y en la transformación del régimen económico, político e institucional desplegará todos los esfuerzos para introducir estas innovaciones, aun siendo consciente de que ellas deberían convivir con tendencias contrarias que no estaban dispuestas a ceder terreno (Jorge, 2004: 55).

El *Correo*, que contribuyó al despertar revolucionario, muere casi al año de vida.

Los tres periódicos de la etapa virreinal tienen en común la condición de órganos difusores de las nuevas ideas, las que son lanzadas al debate público como temas verdaderamente políticos o claramente económicos pero siempre estructurados sobre lo simbólico, esa dimensión que para la época se manifiesta "en las costumbres", en los niveles educativos, en los conocimientos científicos y en la producción ensayística y literaria (Jorge, 2004: 66).

Los periódicos coloniales publican habitualmente artículos sobre historia natural, geografía y cartografía redactados por Félix de Azara, quien se convierte en la figura científica más importante de la época, continuando la obra iniciada por los jesuitas Florián Paucke y Tomás Falkner.

Las notas de estas publicaciones se encuadran en lo que la prensa posterior define como género "editorial" o de "opinión" más que en lo específicamente "informativo". Lo que se considera "noticia" ocupa un lugar menor, limitándose a la condición de "servicio informativo" sobre temas útiles para la comunidad, como el tránsito marítimo o las medidas de gobierno. No interesa "el dato", el "hecho aislado" que alimenta lo cotidiano y que más tarde se transformará en materia esencial del discurso mediático, sino la visión global, la que lleva a percibir los acontecimientos en su devenir más que en sus resultados inmediatos.

Capítulo III
Bajo la primera descolonización (1810-1861)

En este período influyen tres tradiciones: la francesa, en su esplendor; la alemana y la anglosajona en su faz incipiente.

Las primeras décadas del Siglo XIX, a la vez que exponen el desarrollo de una intensa vida cultural, estimulada por la lucha contra el invasor inglés y el proceso de emancipación de España (entre 25 de mayo de 1810 y 9 de julio de 1816), revelan también una fuerte continuidad con la cultura colonial.

A lo largo del siglo comienzan a llegar al país naturalistas europeos que realizan una serie de estudios sobre las costumbres aborígenes, la fauna y la flora, y multiplican las publicaciones en los periódicos de la época con los resultados de sus estudios. Al trabajo de los europeos se suma el de algunos investigadores criollos, como Bartolomé Muñoz, quien confecciona cartas geográficas y reúne material para el Museo de Ciencias Naturales. Dámaso Antonio Larrañaga, encargado de la biblioteca pública, escribe *Memoria geológica sobre la formación del Río de la Plata, deducida de sus conchas fósiles*,[19] con lo que obtiene el reconocimiento de los naturalistas Aimé Bonpland y Augustin Saint Hilaire, quienes lo proponen como miembro de sociedades científicas europeas.

---

[19] Que se publicó en 1922.

Los periódicos ofrecen sus páginas para la publicación de este material enciclopédico intentando convencer a la opinión pública de la importancia e incidencia que tienen los conocimientos científicos en el desarrollo de la sociedad.

El decano de los historiadores del periodismo argentino, Juan Rómulo Fernández, concluía su obra *Historia del Periodismo Argentino*[20](1943) con estos párrafos que resumen su análisis sobre el significado del periodismo desde sus orígenes en tierra americana durante los años en que transcurría la II Guerra Mundial:

> El periodismo cuenta unos tres siglos de existencia –dos siglos menos que la imprenta– en el mundo y en la Argentina cuenta sólo ciento cuarenta años. Durante ese espacio de tiempo su evolución ha sido plena. Todos los adelantos de la ciencia y el arte –el vapor, la electricidad, la radiotelefonía– son hoy instrumentos del periodismo. Constituye, por tanto, la expresión más genérica en los dominios humanos. El hombre moderno, aunque intentara, no podría ya prescindir del periódico.
>
> Un diario es pensamiento y voz: pensamiento que concreta el de todos los hombres y voz que a todos los hombres llega simultáneamente. Más aún: por cuanto el pensamiento que se emite por la voz al aire pasa apenas articulada, el periodismo se ha hecho palabra escrita para adquirir fuerza y duración. Por eso el periodismo ha conquistado a la humanidad.
>
> Pero el periodismo es una institución esencialmente americana. En América ha adquirido el mayor desarrollo y en América es auténticamente órgano de opinión pública. Si los principios de la libertad, que son los que dignifican a la especie humana, se salvan en estas horas de guerra universal, ello se deberá en gran parte al periodismo (Fernández, 1943: s/n).

---

[20] Producto de haber ganado el Primer Premio del Concurso Organizado por el Círculo de la Prensa en 1941 con motivo de celebrarse el 50° aniversario de su creación.

3.1. En la nación naciente (1810-1820)

El año 1810 marca el punto de partida en la revolución que condujo a la independencia sudamericana. América, descubierta y colonizada por europeos, comprendió que debía segregarse de Europa para elaborar su destino y ser, por sí misma, un continente de libertad.

En 1806 y 1807 tuvieron lugar las invasiones inglesas. Los alumnos del Colegio de San Carlos defendieron la ciudad desde sus azoteas, y muchos de ellos prefirieron continuar la carrera de las armas en previsión de los acontecimientos que se presagiaban. Por eso fueron abandonando los estudios, en busca de "otros destinos", tal como oficiaba Luis José de Chorroarín[21] al gobierno. En el recinto tomó asiento el Regimiento de Patricios que, al mando de Cornelio Saavedra –graduado de la primera promoción–, influyó decisivamente en los sucesos de mayo, alejando a los regimientos españoles adictos a Cisneros. Los episodios posteriores y las sugerencias del momento despoblaron las aulas. Mariano Moreno escribía al respecto en *La Gaceta* (13 de septiembre de 1810): "Los jóvenes quisieron ser militares antes de ser hombres", y al lamentar la destrucción del establecimiento anticipaba que la Junta llamaría "hombres sabios y patriotas" para crear un nuevo centro de estudios (Universidad de Buenos Aires).

---

[21] Luis José de Chorroarín (1757-1823), sacerdote y educador argentino, destacado participante en la Revolución de Mayo y en los primeros gobiernos independientes del país. Hizo sus primeras letras en la escuela de los padres dominicos, y estudió luego en el Real Colegio de San Carlos. Se doctoró en filosofía en la Universidad de Córdoba. Se ordenó sacerdote en 1782 y se hizo fraile dominico. Desde 1783 dictó clases de filosofía y lógica en el Colegio de San Carlos, y fueron sus alumnos casi todos los jóvenes de la clase alta porteña que formaron la generación de Mayo. Fue el "maestro de la generación de Mayo". En 1786 fue nombrado rector del Colegio, reemplazando al canónigo Juan Baltasar Maciel.

Los propósitos de Moreno no pudieron cumplirse. Nuestros gobiernos patrios, absortos por la vorágine política y bélica, apenas atendían cuanto no tuviera relación directa con esas necesidades. Empero, en 1810 se fundó la Escuela de Matemáticas; en 1813 el Instituto Médico, de carácter militar, y en 1814 la Escuela de Dibujo y la Academia de Jurisprudencia, precursora de estudios universitarios.

El Colegio se fusionó con el Seminario Conciliar por orden de la Asamblea del Año 1813. En 1817 pasa a ser el Colegio de la Unión del Sud organizado por Honorio Pueyrredón.

El Colegio de la Unión del Sud –nombre significativo que acreditaba el propósito americanista proclamado en la Declaración de la Independencia de las Provincias Unidas en Sud América–, tuvo un espíritu bastante ágil y moderno, incluyendo el estudio de lenguas vivas (francés, inglés e italiano), y una posición liberal, contraria al escolasticismo. Por primera vez la docencia de filosofía estuvo a cargo de un laico, Juan Crisóstomo Lafinur; y se iniciaron estudios de ciencias naturales, dirigidos por el francés Aimé Bonpland.

El plan del Director Supremo, asesorado por sus ministros Vicente López y Planes y Domingo Trillo, era completar esta obra creando una Universidad. Pero las angustias políticas nuevamente difirieron la realización. Ni Pueyrredón, ni los breves y sucesivos gobiernos que lo siguieron, pudieron concretarla.

En medio de una gran inestabilidad política, la educación comenzó a pasar a manos laicas en todos sus niveles, Juan Crisóstomo Lafinur pudo enseñar nuevas doctrinas filosóficas, Felipe Senillosa dictó matemática, Cosme Argerich enseñó medicina y fundó un hospital. Hubo un primer intento de establecer una universidad en Buenos Aires y la de Córdoba, que fue provincializada, comenzó a renovarse, mientras los jefes de los ejércitos libertadores creaban escuelas en el interior. En Buenos

Aires comenzaron a proliferar los periódicos, en su mayor parte políticos, pero que solían traer notas y noticias de novedades científicas. Mariano Moreno creó la primera biblioteca pública y circuló una traducción de J. J. Rousseau, de lectura prohibida durante el período colonial.

El 7 de junio de 1810[22], aparece el primer número de la *Gaceta de Buenos Ayres*[23], y se constituye en el primer periódico posterior a la Revolución. Se inaugura de esta manera una nueva etapa en la prensa periódica argentina y la *Gaceta* se constituye en el "Órgano Oficial de la Primera Junta de Gobierno", y su redacción está a cargo de su Secretario, el Dr. Mariano Moreno. Su lema era la frase "Tiempos de rara felicidad, aquellos en los cuales se puede sentir lo que se desea y es lícito decirlo", del historiador romano Cornelio Tácito.

Entre sus líneas iniciales se destaca el artículo "Notas sobre enfermedades que se padecen en Buenos Ayres", escrito por Horacio Cayo. Éstas trataban sobre la influencia de las condiciones climáticas sobre la salud (García Nowak, 2008).

El 13 de septiembre de 1810 se crea la Biblioteca Pública de Buenos Aires –antecesora directa de la Biblioteca Nacional–. Su primera sede estuvo en la Manzana de las Luces, en la intersección de las actuales calles Moreno y Perú. La Junta pensó que entre sus tareas estaba la de construir modos públicos de acceso a la ilustración, visto esto como requisito ineludible para el cambio social profundo.

---

[22] Por este motivo el 7 de junio fue establecido como el Día del Periodista por el Primer Congreso Nacional de Periodistas celebrado en Córdoba en 1938.

[23] El término "gaceta" (Fernández, 1943: 27) es de origen italiano (durante el siglo XVII se pagaba con una moneda de cobre llamada *gazzette* cada ejemplar de hoja periódica); pero en España se llamó "gacetas" a los órganos de publicidad del gobierno, y así pasó la denominación a la América colonial.

Mariano Moreno, impulsó la creación de la Biblioteca como parte de un conjunto de medidas −la edición, la traducción, periodismo− destinadas a forjar una opinión pública atenta a la vida política y cívica. Así, la *Gaceta* y la traducción y edición del *Contrato Social* se hermanan en el origen con la Biblioteca. "Precisamente, el escrito estremecedor de la Gazeta titulado 'Educación', en donde se anuncia la creación de la Biblioteca en 1810, pieza muy relevante del pensamiento crítico argentino".

Pocos meses antes, el propio Moreno y Cornelio Saavedra firmaban la orden de expropiar los bienes y libros del obispo Orellana, juzgado como conspirador contra la Junta. Así se constituyó el primer fondo de esta Biblioteca, enlazada desde el comienzo con la lucha independiente y la refundación social. También integraron el primer acervo las donaciones del Cabildo Eclesiástico, el Real Colegio San Carlos, Luis Chorroarín y Manuel Belgrano.

Sus primeros bibliotecarios y directores fueron el Dr. Saturnino Segurola y Fray Cayetano Rodríguez, ambos hombres de la Iglesia. Luego, vendrían Luis José de Chorroarín y Manuel Moreno, hermano y biógrafo del fundador. Los nombres que se suceden son hilos de una trata histórica y cultural: Marcos Sastre, Carlos Tejedor, José Mármol, Vicente Quesada, Manuel Trelles, José Antonio Wilde. La Biblioteca significaba un cruce, que ya estaba en la vida de estos hombres, entre los compromisos políticos y las labores intelectuales. En estos nombres encontramos la huella de autores de obras que forma parte del memorial del lector argentino, como *El Tempe Argentino*, de Marcos Sastre, la novela *Amalia*, de José Mármol, o la obra historiográfica de Vicente Quesada.

Por otro lado las Sociedades continuaron siendo instituciones de aglutinación de ideas. La Sociedad Patriótica (1811), que se reunía en el café de Marcos y apoyaba la política de Mariano Moreno; la Sociedad del Buen Gusto en el Teatro (1817), destinada a fomentar la creación dramática bajo el lema "El teatro es instrumento de gobierno" e intentaba asociar, a través de la escena, los triunfos militares de la revolución con un público popular; la Sociedad Valeper de Buenos Aires (1821); la Sociedad de Amigos del País (1822), que publicó el periódico *El ambigú*, de Buenos Aires; la Sociedad Literaria de Buenos Aires (1822), editora del periódico *El Argos*, de Buenos Aires, y de la revista *La Abeja Argentina*. La emergencia de estas sociedades coincidió con una incesante producción de periódicos y revistas que, aunque de circulación efímera, acompañaban las diversas coyunturas políticas y, a la vez, creaban un canal de difusión para una emergente literatura nacional; sin hacer un catálogo de ellos, baste decir que entre las décadas del veinte y el treinta circularon en Buenos Aires casi dos centenares de hojas, diarios y periódicos.

Los acontecimientos militares y políticos, así como la escasez de material, hacen que los cursos del protomedicato se desarrollen irregularmente y languidezcan, de modo que en 1812 la escuela se cierra por falta de alumnos.

En 1812, el Primer Triunvirato, por inspiración de Bernardino Rivadavia, invitó a las provincias a reunir materiales para "dar principio al establecimiento en la Capital de un Museo de Historia Natural". Iniciativa que se concreta en 1823.

Entre 1815 y 1816 se edita *La Prensa Argentina* que publicó un informe sobre el eclipse total de Luna que ocurrió el 16 de junio de 1816.

En 1815 se funda el Instituto Médico que funciona hasta 1820, cuando en 1821 se crea la Universidad de Buenos Aires y los estudios médicos se incorporan a uno de sus departamentos.

El 20 de enero el gobierno de Álvarez Thomas promulga la erección de una Academia de Matemáticas y Arte Militar –en la que también se admiten civiles– que, bajo la dirección de Felipe Senillosa, y dependiendo de la Secretaría de Guerra (coronel Marcos Balcarce), abre sus puertas el 22 de febrero en la casa de "la comisión militar, frente al Hospital Belén" (Vereda oeste de la actual calle Defensa, entre Venezuela y México). La Asamblea del año 1813 aprueba un plan para crear un Instituto Médico, con carácter de cuerpo militar, que funcionó precariamente hasta 1820, fecha en la que murió su director Cosme Argerich, suprimiéndosele oficialmente al año siguiente. Con ese Instituto está vinculado otro gran naturalista extranjero residente en el Plata, Aimé Bonpland.

3.2. Primeros intentos de asimilación (1821-1828)

Si la primera década en la existencia independiente del país argentino se señala por hechos fundamentales y gloriosos, la segunda década (1820-1831) ofrece altibajos y desemboca en la anarquía (Babini, 2007).

El Congreso Nacional, a poco de jurar la Independencia en Tucumán en 1816, se trasladó a Buenos Aires y vio cómo fracasaba su constitución unitaria del año 1819. Fue porque los caudillos más o menos discrecionales en sus respectivos feudos o provincias rechazaban la idea de un gobierno central. Con cuartelazos que conmovían los cimientos de la organización política que se procuraba consolidar en el país se enfrentaban Buenos Aires y el interior. Mientras la primera tendía al centralismo el segundo pugnaba por la autonomía. De este enfrentamiento resultó que la autoridad nacional desapareció y las provincias, en el aislamiento, quedaron libradas a su propia suerte.

A pesar de todo, estimulados por el presidente de las Provincias Unidas del Río de la Plata, Bernardino Rivadavia y su esbozo de política científica de Estado, se afirmaron algunos logros anteriores.

Para entonces la prensa periódica había perdido su fuerza, o sea el idealismo de sus primeros tiempos.

En este período 104 periódicos, contando algunos boletines, nacen y mueren, respondiendo a instancias políticas y a intereses comerciales.

En 1821, bajo el gobierno de Martín Rodríguez, fue posible establecer la Universidad de Buenos Aires, gracias al esfuerzo de los ministros Esteban de Luca y Bernardino Rivadavia, y del primer Rector, Antonio Sáenz, todos ex alumnos del San Carlos.

Funcionó en la misma manzana que el Colegio ocupa en la actualidad; la cual congregaba además, la biblioteca pública, las escuelas de dibujo, la sala de Representantes, el Tribunal de Cuentas y el Archivo General; razón por la que un artículo publicado en *El Argos* el 19 de septiembre de 1821, la denominó "Manzana de las Luces".

Los estudios médicos se incorporan a la Universidad de Buenos Aires constituyendo, como ya dijimos, uno de sus departamentos. El gobierno funda, a principios de 1822, la Academia de Medicina, reuniendo en su seno a los más ilustrados profesores, nativos o extranjeros, que residían entonces en Buenos Aires. La Academia inicia sus secesiones en 1823 y a mediados de ese año publica, como fruto de su labor, el primer volumen de sus *Anales,* de casi 100 páginas, "el que puso en evidencia el alto nivel académico de algunos profesionales influidos por las publicaciones europeas" (Puga, 2005: s/n). En ese volumen, fuera de otros trabajos, figura un extenso "Discurso para servir de introducción a un curso de química", de Manuel Moreno, profesor de química en el Departamento de estudios químicos en la Argentina. La Academia de Matemáticas se incorpora a la Universidad de Buenos Aires bajo la forma de uno de sus departamentos, el de ciencias exactas, y se funda la Sociedad de Ciencias Físico-Matemáticas.

Por fin, en 1823, y bajo la égida de la flamante Universidad, el Colegio de la Unión del Sud se transformó en el de Ciencias Morales, dirigido por Manuel Belgrano. El Colegio de Ciencias Morales formó a los hombres de la nación de 1838: Esteban Echeverría, Vicente F. López, Juan M. Gutiérrez, Miguel Cané (padre), José Mármol, Félix Frías, Carlos T. Luis Domínguez, Marco Avellaneda, Antonino Aberastain, Marcos Paz, Juan Bautista Alberdi, inspiradores de la constitución de 1853 y promotores de la organización nacional.

Miguel Cané, en su libro *Juvenilia*, retrata con vivacidad el período que su autor cursó en las aulas del Colegio (1863-1868), recordando las travesuras del internado y la personalidad de profesores y condiscípulos. Esta institución ha inspirado otras expresiones literarias de mérito, como la "Elegía al viejo Nacional Central", de Baldomero Fernández Moreno.

En los años siguientes a 1821, y en especial a raíz de la fundación de la Universidad de Buenos Aires, surgen en Buenos Aires instituciones y periódicos más directamente vinculados a la ciencia y a la educación.

En 1821 aparece el diario *El Curioso*, que anunciaba en su presentación: "Al tratar las ciencias (v.g. la medicina) prescindiremos de su forma didáctica y polémica, y las tocaremos puramente por aquella parte que tiene de aplicación a nuestra utilidad. Daremos los secretos más importantes al auxilio de la química, y al análisis de la física." (Pasquali, 2007: 22).

En ese mismo año se edita el primer periódico considerado de divulgación científica, *La Abeja Argentina*. En efecto, *La Abeja Argentina*, de periodicidad mensual, editado por Antonio Sáenz y Manuel Moreno en Buenos Aires desde el 15 de abril de 1822 hasta el 15 de julio de 1823, puede considerarse la primera revista científica argentina (Cerutti, 2005). Fue uno de los órganos de expresión de la

Sociedad Literaria;[24] por su importante cantidad de notas sobre temas científicos puede considerarse como el germen de una revista científica. Por haber sido un medio muy importante en la expresión de las ideas de los hombres de los primeros años tras la Independencia, fue reimpresa en una edición facsímil por el Senado de la Nación en ocasión del Sesquicentenario de la Revolución de Mayo.

Concebida como uno de los medios de expresión de la Sociedad Literaria de Buenos Aires, *La Abeja Argentina*, "se ocupará con preferencia de cuanto tenga relación con la independencia de América", rezaba el prospecto redactado por Julián Segundo Agüero, publicado en el primer número. Pero también tendrían lugar "la industria, la agricultura y el comercio, que son los manantiales de riqueza y prosperidad pública sin descuidar proporcionar los conocimientos que estén a nuestro alcance en todos los demás ramos científicos." Se anunciaba que "bajo una sección 'Variedades' publicaremos cuantos descubrimientos consideremos de alguna utilidad en cualquiera rama" destacando que "al fin de cada número daremos un resumen de noticias, que al primer golpe de vista presente el estado político de cada uno de los diferentes gobiernos de América, y de las principales potencias de Europa." Concluía esta presentación afirmando que "convencidos por una experiencia tan cierta como funesta, que la mayor parte de los males que hemos sufrido en el curso de la revolución no ha tenido otro principio que la falta de ilustración pública, el mayor servicio que podíamos prestar a nuestro país, era contribuir a generar en él toda clase de conocimiento." (Cerutti, 2005: 32).

Con regularidad mensual, exceptuada la del número que correspondía al 15 de abril de 1823 que apareció el 15

---

[24] El otro fue *El Argos de Buenos Aires*.

de mayo, fue impresa en la Imprenta Independencia y se editaron quince números, el último el 15 de julio de ese año.

Se publicaron artículos relacionados con la salud pública y la higiene, con la matemática, con la química, con la economía, con las comunicaciones, que en conjunto permiten advertir en *La Abeja Argentina*, como dijimos, el germen de lo que actualmente denominamos revista científica.

En 1823 Rivadavia revive un decreto emanado de la asamblea del año 1812 y que no había tenido ejecución, creando un Museo Público en Buenos Aires en el que organiza un gabinete de historia natural que instaló en el convento Santo Domingo con los laboratorios, el observatorio del físico italiano Ottavio Mossotti y, más tarde, con una colección mineralógica y otra numismática.

Destacamos la tarea de divulgación científica realizada por *La Gaceta Mercantil*, fundada en 1823 y que se convertiría luego en férreo defensor de la política de Juan Manuel de Rosas hasta Caseros, que se ocupó de difundir trabajos científicos ya que no había entonces una revista de referato especial para científicos, según Pasquali (2007: 36).

La Gaceta contó con la colaboración de Francisco Javier Muñiz, médico destacado y primer sanitarista y paleontólogo argentino.

Alcides d'Orbigny recorrió los países de América del Sur desde 1826 hasta 1833. En su obra monumental *Voyage dans L'Amerique méridionale*, muchos capítulos traen noticias de interés para la geología, paleontología, botánica, zoología y antropología argentinas.

El 1° de abril se nombra a Carlos Ferraris encargado de los objetos de Historia Natural que fueron acopiando y se instala un naciente Museo de Ciencias Naturales en una de las celdas altas del Convento de Santo Domingo.

En 1826, Rivadavia, crea un Departamento de ingenieros arquitectos y organiza un Departamento topográfico y estadístico. Pero al finalizar el primer tercio del siglo, las instituciones culturales argentinas, sus dos universidades, su museo, su biblioteca, están aletargadas (Babini, 1949).

En 1827 Rivadavia renuncia. En el medio siglo que va de Vértiz a Rivadavia nace una nueva Argentina: la "primera Argentina" que despierta y se incorpora dirigiendo sus miradas a Europa en demanda de luces y de ilustración. Pero si el deseo es grande, el esfuerzo es débil y el efímero contacto con la ciencia europea no deja huella: todo ha sido un sueño.

Y en palabras de Babini (2007) "nuevamente, después de este breve e infecundo período extravertido, la Argentina se encierra en sí misma."

3.3. La ciencia desarraigada (1829-1851)

En 1829 Juan Manuel de Rosas es proclamado por la Legislatura de Buenos Aires como gobernador de Buenos Aires, honrándolo además con el título de "Restaurador de las Leyes e Instituciones de la Provincia de Buenos Aires".

Las actividades relacionadas con la ciencia tuvieron suerte dispar bajo el gobierno dictatorial de Juan Manuel de Rosas. A unos pocos años de la relativa bonanza, el endurecimiento del régimen, al que se agregó una difícil situación financiera, motivó el cierre de colegios y el cese del apoyo a la Universidad. Los protagonistas del intento anterior dejaron de actuar o se fueron del país. Algunos, como Domingo Faustino Sarmiento y Juan Bautista Alberdi, cultivaron en el exilio las ideas renovadoras que pondrían en práctica tras la caída de Rosas, no obstante Aimé Bonpland pudo proseguir sus investigaciones botánicas en Misiones.

En 1838, bajo el accionar de Rosas, desaparece la Universidad de Buenos Aires.

En el páramo científico en que se convirtió Buenos Aires se destacaron dos figuras solitarias: la del médico Francisco Javier Muñiz, que mantuvo su papel de primer paleontólogo y naturalista argentino, y la de Pedro de Angelis, que rescató valiosos documentos históricos del país naciente. Hubo también dos visitantes ilustres: Alcide d'Orbigny y Charles Darwin. Le correspondió a Muñiz brindarle a Darwin información sobre la fauna pampeana, material que será luego utilizado en su posterior teoría sobre el origen de las especies.

Darwin estuvo dos veces en territorio argentino: en 1833, después de haber navegado por las zonas australes con el *Beagle* se dirigió por la vía terrestre a Buenos Aires y luego a la Provincia de Santa Fe para regresar por el Río Paraná hasta el Río de La Plata donde volvió al *Beagle*; en 1835 cruzaría dos veces la Cordillera de los Andes al venir del lado de Chile. Los resultados de sus observaciones, que fueron la base de la teoría que lo haría famoso, se publicaron en su *Viaje de un naturalista alrededor del mundo* en 1849. Prácticamente la mitad de esta obra se refiere a su visita a la Argentina. A pesar de que Francisco Muñiz y Darwin se hallaban en Luján en 1833, no se conocieron personalmente, pero sí intercambiaron cartas y parte de ellas se publicaron en una segunda edición del Viaje, y en el *Origen de las especies* (1859).

La Gaceta Mercantil en estos años se interesó por difundir los trabajos científicos de Muñiz. En 1840 publica una nota sobre daguerrotipia y en 1843 una entrevista al primer daguerrotipista: Jean Elliot, cuando éste llega al país, quien ofrece el nuevo sistema de daguerrotipo y convoca a realizar vistas, un tema complicado para la época. "Creo que de las vistas que hacen los daguerrotipistas nace la fotografía documental. O sea: las vistas urbanas con estos primitivos sistemas son el testimonio más antiguo que tenemos de cómo era Buenos Aires, que era casi una aldea." (Alexander, 2006).[25]

En 1845 Domingo F. Sarmiento publica *Facundo: Civilización y Barbarie*, que entiendo debe ser considerada una obra de divulgación científica. *Facundo* se encuadra en los esquemas evolucionistas al asimilar la realidad local de la "barbarie" y enfatizar la necesidad de acceder a la "civilización" realizando grandes transformaciones que conduzcan a convertir "el desierto argentino en tierras productivas." Sarmiento trabaja este antagonismo en términos más metafóricos que reales, para remarcar la necesidad de alfabetizar, de desarrollar los conocimientos científicos, y de generar las condiciones para una estabilidad política que permita la marcha hacia "el progreso", prédica que se reproducirá a lo largo de los 52 volúmenes de sus obras completas (Jorge, 2004: 37).

Facundo se transforma en símbolo y síntesis de sus ideas y es una manifestación de su talento literario y de sus intuiciones filosóficas, sociológicas, históricas y antropológicas.

Cabe destacar que en este período, entre 1835 y 1836, aparece en nuestro país el primer periódico ilustrado *Museo Americano* fundado por José Rivera Indarte.

Por otro lado, según la Academia Porteña del Lunfardo, en 1845 Francisco Javier Muñiz publicó sus *Voces usadas con generalidad en las repúblicas del Plata*.

---

[25] Abel Alexander es argentino y nació 1943. Es investigador histórico, autor, fotohistoriador y restaurador fotográfico. Es descendiente en quinta generación del daguerrotipista alemán Adolfo Alexander (1822-1881). La cita transcripta pertenece a la conferencia que dictó el 24 de agosto de 2006 con motivo de la Segunda Bienal Argentina de Fotografía documental organizada por la Universidad Nacional de Tucumán.

3.4. La ciencia en recuperación (1852-1861)

El lapso va que desde Caseros[26] y que llega hasta la segunda década del Siglo XX, es de una fecundidad extraordinaria para el pensamiento científico argentino. Mas cabe distinguir en él dos períodos muy diferentes: el que comprende las presidencias de Bartolomé Mitre, Domingo F. Sarmiento y Nicolás Avellaneda; y el período posterior a la "crisis del 90" (Babini, 2007).

En las décadas que van de 1860 a 1890 la ciencia argentina logra sus primeros éxitos, ya en el sentido de la organización y de la enseñanza científicas, ya en el de la formación de hombres de ciencia, ya en el sentido de la producción original.

En ese período se fundan o se consolidan los focos de elaboración del saber y las instituciones en las que la labor científica cobra vida permanente, así como los centros que la estimulan y apoyan y los órganos de trasmisión y propagación del saber elaborado; en una palabra, es el período en que se fundan y se organizan universidades, museos, observatorios, academias, sociedades, congresos y publicaciones periódicas.

Es también en este lapso cuando actúan los primeros científicos, formados entre nosotros, con labor propia y original, en especial en el campo de las ciencias naturales.

Reconoce Babini (2007) que en gran parte tal éxito se debió a la visión e inteligencia de los hombres que rigieron los destinos culturales del país, pero también al "injerto cultural", es decir a la labor de los sabios extranjeros que cultivaron y enseñaron la ciencia en la Argentina durante

---

[26] El 3 febrero de 1852 se libra la Batalla de Caseros en la que las tropas al mando de Juan Manuel de Rosas son vencidas por las de Justo José de Urquiza, que termina con la dictadura. Rosas se retira del campo herido y se refugia en Buenos Aires en la casa del cónsul inglés, desde donde parte hacia Inglaterra.

ese período. Y en el campo de las ciencias naturales, en especial, el injerto tuvo éxito; sea por la bondad de la planta, por la fertilidad del suelo, o por factores circunstanciales del medio, el espíritu científico arraigó y fructificó, y sus frutos se llaman Moreno, Ameghino, Holmberg...

En los otros sectores científicos el éxito fue diferente: en las ciencias del hombre: historia, derecho, sociología, hubo grandes figuras pero en ellas no se dio la nota de universalidad; se cultivaron los estudios matemáticos, pero con ellos se formaron ingenieros; se realizaron muchas y excelentes observaciones astronómicas, pero no se formaron astrónomos; y el cultivo de la física, de la química y de la biología deberá esperar el Siglo XX para desarrollarse, destaca Babini (2007).

Las características del segundo período son muy distintas, pues en él se produce en la ciencia pura un estancamiento, vale decir un retroceso: las instituciones científicas y universitarias vegetan, sus publicaciones merman. En Buenos Aires Ameghino, desalentado, piensa abandonar la dirección del Museo, ante el continuo fracaso de sus gestiones tendientes a mejorar las instalaciones de un museo cada vez más abarrotado y por tanto cada vez más inservible. Y si el Observatorio de Córdoba no se resintió mayormente en esa época crítica, fue debido a los compromisos internacionales que había contraído.

El Congreso Científico Internacional organizado por la Sociedad Científica que no logra publicar sus trabajos, y las semidesiertas clases de física matemática de Camilo Meyer, son símbolos de tal estado de cosas. Y no menos simbólico es el contraste sintomático que representa el impulso con que surgen a fines de siglo instituciones y revistas técnicas.

Este contraste es el síntoma revelador del cambio producido. La crisis de 1890 fue interpretada como una crisis del progreso, por supuesto material, explicándose así cómo, al compás de un aluvión inmigratorio creciente (en 1906 entran al país más de un cuarto de millón de inmigrantes), se produce un incremento de las actividades técnicas en pos de un afán utilitario y de un interés material, que pospone o traba las preocupaciones por la ciencia pura o por las investigaciones desinteresadas.

A juzgar por Babini (2007) se cayó así en el error de adoptar y absorber las aplicaciones de la ciencia antes que la ciencia misma, y el de no advertir que detrás del excitante esplendor del progreso industrial y técnico se oculta ese trabajo puro y desinteresado que en gran medida ha contribuido a aquel progreso material.

Esta postura frente a la ciencia, de contemplar exclusivamente las necesidades inmediatas y de ver sólo los objetos próximos, y de carecer por tanto de una visión amplia del proceso, se modificará a mediados de la segunda década del Siglo XX.

Entre 1852 y 1861 el país estuvo dividido entre la Confederación Argentina, con capital en Paraná, y la Provincia de Buenos Aires, pero ambos gobiernos se esforzaron por restaurar un ambiente favorable a la ciencia.

En 1852, luego de la batalla de Caseros que pone fin al régimen rosista, Juan Bautista Alberdi concluye su obra de mayor influencia en el constitucionalismo argentino y americano: *Bases y puntos de partida para la organización política de la República Argentina*, tratado de derecho público que constituiría una de las principales fuentes de la Constitución de La Nación Argentina de 1853.

También Alberdi escribe *Fragmento preliminar a la historia del derecho* y centenares de ensayos sobre economía y filosofía del derecho que abren nuevos senderos a las ciencias políticas y jurídicas.

Vicente Fidel López y Bartolomé Mitre sientan las bases de la historiografía nacional y de la filosofía de la historia.

Juan María Gutiérrez inaugura el campo de los estudios literarios como recopilador, ensayista y poeta; es el creador de la primera *Antología poética latinoamericana* que produjo el Cono Sur[27] y se convierte en el crítico literario más importante de la época.

La Confederación nacionalizó la Universidad de Córdoba, creó y reabrió colegios secundarios y encomendó trabajos sobre la Argentina a geógrafos como Martín de Moussy o naturalistas como Alfred Du Graty.

En efecto, una contribución importante del entonces Presidente de la Nación, Justo José de Urquiza, al desarrollo de las ciencias naturales fue la publicación, que él contrató, de la obra del médico militar francés que actuaba como geólogo y geógrafo, Martin de Moussy, *Description physique, geographique et statistique de la Confederation Argentine* (1860), y un atlas escrito sobre la base de observaciones realizadas en el terreno.

En Buenos Aires, Bartolomé Mitre publicó su primer trabajo importante de historia y aparecieron asociaciones científicas de ciencias naturales –en apoyo del Museo, que cobró nueva vida– y de historia y geografía rioplatense, así como la primera asociación profesional de farmacéuticos.

En cuanto a las revistas, éstas comenzaron a publicarse en Buenos Aires a poco de la caída de Rosas (Fernández, 1943: 107), a medida que fue dándose la especialización en los planos de la cultura.

Entre las especializadas en temas científicos, se destaca de 1836 el *Semanario científico histórico y clínico de los progresos de la verdadera medicina curativa*, para propagar la medicina curativa del francés M. Le Roy, editada por la Imprenta Argentina y dirigida por Pedro Martínez. En 1854 apareció *El Plata científico y literario*, de Miguel Navarrio Viola, dedicada a cuestiones de legislación, jurisprudencia,

---

[27] Que publicó en Chile en 1846.

historia, economía política y literatura. Entre 1858 y 1874 se editó la *Revista farmacéutica*, órgano de la sociedad de farmacéuticos de Buenos Aires y "su vigencia actual la señala como decana de la prensa científica argentina." (Puga, 2002: 150). En 1864 la *Revista Médico-Quirúrgica*, de frecuencia quincenal y órgano de la sociedad de los intereses médicos argentinos. También una revista de ciencias médicas de Buenos Aires publicó en 1840 un trabajo de Celestino Jorge Lebrón sobre "Los albores de nuestro periodismo médico".

En 1854 Bartolomé Mitre reprodujo en Buenos Aires el Instituto Histórico y Geográfico del Uruguay que había sido fundado años antes por los proscriptos de Montevideo. Este desaparece hacia 1860 para reaparecer en 1893 como Junta Numismática Americana y convertirse a fin de siglo en Junta de Historia y Numismática Americana, editando libros raros e inéditos.

El despertar cultural que en la enseñanza secundaria dio lugar al advenimiento de los colegios nacionales, también se hizo sentir en la enseñanza superior. En 1854 la Confederación propone a la Provincia de Córdoba la nacionalización de la Universidad y del Colegio Montserrat. Con el posterior nacimiento de la Academia de Ciencias de Córdoba, la facultad de ciencias cordobesa se transformó en una casa de formación de ingenieros con nociones de ciencias exactas y naturales.

También en 1854 se declara fundada la Asociación de Amigos de la Historia Natural del Plata. Entre sus miembros fundadores figuraron Muñiz y quien fue su más activo promotor y secretario: Manuel Ricardo Trelles. Éste se encargó del Museo, y a él se deben los primeros catálogos de las colecciones, que desde entonces por adquisiciones y donaciones empezaron a crecer. El Museo es instalado en el edificio de la Universidad de Buenos Aires, situado en la calle Perú en la llamada Manzana de las Luces.

En 1857 el sabio alemán Herman Burmeister, pasa fugazmente por la ciudad de Buenos Aires, visita en los primeros días de febrero el Museo y asienta su impresión sobre el mismo.

En 1858 aparece una biografía de Manuel Belgrano escrita por Bartolomé Mitre en una colección titulada "Galería de celebridades argentinas". En nuevas ediciones cambia su título por la *Historia de Belgrano* y posteriormente *Historia de Belgrano y de la independencia argentina*, que se editan en 1876 y 1877, respectivamente.

En el mismo año nace el primer número del *Almanaque Agrícola e Industrial de Buenos Aires*, en cuyo pie de imprenta se lee: p. Morta, editor, Calle Bolívar, N° 54, frente al Colegio. Debajo del título de la portada anuncia su variado contenido: "Prontuario de agricultura, jardinería, economía doméstica e higiene, medicina casera, artes, oficios, variedades y lecturas amenas."

Además, se inicia el período de organización de las Facultades de la Universidad de Buenos Aires, se instaura el régimen de concursos docentes y se crean nuevas carreras por desprendimiento de las unidades académicas iniciales.

Capítulo IV
Bajo la República liberal (1862-1942)

En este período las tradiciones alemana y anglosajona se encuentran en su esplendor. De la tradición alemana destacamos que está centrada en las universidades, que se convierten en centros de investigación y de divulgación. De la tradición anglosajona, la multiplicidad y diversificación de los canales de divulgación: ensayo, novela, poesía, conferencias, literatura infantil, piezas periodísticas y productos audiovisuales.

4.1. Hacia la aclimatación de la ciencia (1862-1879)

La implantación de la República liberal en 1862 que comienza con el gobierno de Bartolomé Mitre y culmina con la renuncia en 1942 de Roberto M. Ortiz, fue un punto de inflexión que se reflejó en la relación de los gobernantes con la ciencia.

Al período comprendido entre 1862 y 1879 se lo denomina también Proceso de Organización Nacional, y abarca tres presidencias que concluyen sus mandatos: 1862-1868 Bartolomé Mitre, 1868-1874 Domingo Faustino Sarmiento y 1874-1880 Nicolás Avellaneda.

Durante todos estos años los distintos gobiernos impulsaron las ciencias básicas y la formación científica atrayendo especialistas extranjeros. Data de entonces la creación del Observatorio de Córdoba, que fue conducido por estadounidenses hasta 1936, y de la Academia de Ciencias que fue integrada por científicos alemanes; hubo también matemáticos italianos en la Universidad de Buenos Aires. Pero el período culminó con la aparición de los primeros investigadores locales de alto nivel: Florentino Ameghino, Francisco P. Moreno y Eduardo L. Holmberg. Se ampliaron los alcances científicos de la Universidad y cobraron importancia los históricos y geográficos. La expansión territorial y la conquista del desierto impulsaron las actividades de la Sociedad Científica Argentina, cuya creación por ingenieros civiles preanunció la orientación hacia los conocimientos prácticos que prevalecería en el período 1880-1905.

El Museo de Buenos Aires entra resueltamente en su trayectoria científica en 1862, cuando se hace cargo de su dirección Carlos Germán Conrado Burmeister, que no sólo organizó el Museo sino que fue un promotor de la ciencia argentina durante los treinta años que actuó en el país. También, Burmeister inicia este año la publicación de los *Anales* del Museo.

Gracias a los esfuerzos de Burmeister fue, entre todas las colecciones, la paleontológica la que logró un mayor incremento.

En palabras de Babini (1949) Burmeister no fue un maestro en sentido estricto, mas su obra de investigador y organizador fue para la Argentina tan importante como "la de un jefe de escuela que deja tras de sí un grupo de discípulos que continúan su obra." Como cabal resultado de este accionar están los *Anales del Museo Público de Buenos Aires*, la primera y más antigua publicación científica argentina del Museo, cuya publicación se inició en 1864, con descripciones de los mamíferos fósiles de la formación pampeana admirablemente ilustradas por él mismo y con sus trabajos sobre insectos, peces, aves y mamíferos. Su objetivo era dar a conocer las investigaciones originales de los naturalistas argentinos y el incremento de las colecciones del Museo, poniéndolas a la altura y compitiendo con las principales instituciones de todo el mundo.

Mientras tanto, en Buenos Aires, cuando no había aún pasado un mes desde la batalla de Caseros, el gobierno de la provincia dicta un decreto. Con este decreto se inicia la reorganización de la Universidad. Volvieron así a funcionar la Facultad de Jurisprudencia (la de medicina se separó de la Universidad por un decreto de 1852), y el Departamento de estudios preparatorios, al cual volvieron a incorporársele en 1854 los estudios de física experimental y de química; éstos a cargo de Miguel Puíggari, considerado "el fundador de la enseñanza de la química moderna" en la Argentina, para lo cual hubo que exhumar los aparatos del antiguo laboratorio y adquirir otros nuevos. Pero los estudios científicos carecían aún de facultad.

Ésta será la obra de uno de los más grandes promotores de la cultura argentina: Juan María Gutiérrez, rector de la Universidad de Buenos Aires desde 1861 hasta 1874. Por lo que destacamos de la gestión universitaria de Gutiérrez la creación del Departamento de Ciencias Exactas.

El Colegio Nacional de Buenos Aires es creado, bajo la presidencia de Bartolomé Mitre, por un decreto del 14 de marzo de 1863 que dice: "Sobre la base del Colegio Seminario y de Ciencias Morales y con el nombre de Colegio Nacional se establecerá una casa de educación científica preparatoria, en que se cursarán las letras y humanidades, las ciencias morales y las ciencias físicas y exactas [...]". Este es el decreto que se toma como iniciación de la actual enseñanza secundaria argentina, y los cinco colegios creados en 1864, junto con los de Buenos Aires, Córdoba y el Uruguay, constituyen el primer plantel de establecimientos para la educación de la adolescencia (Sanguinetti, 1984).

"La época comprendida entre 1862 y 1872 inaugura lo que podríamos llamar la edad de oro del libro nacional" (Buonocore, 1960). En ese breve lapso se fundan, año tras año, diversos establecimientos que habrían de subsistir, luego, como grandes emporios, modelos en el género.

Inicia la serie Carlos Casavalle –el librero de la patria como se lo reconoce– que funda, en 1862, la imprenta y Librería de Mayo, de la que salieron, "pulcramente impresos" (en palabras de Buonocore), centenares de volúmenes pertenecientes a Mitre, López, Gutiérrez, Zinny y Quesada, Lamas, Trelles, Avellaneda, Navarro, Viola, Pelliza, Saldías, Wilde, todos ellos, a la vez, asiduos concurrentes a la tertulia que se celebraba en la trastienda de su negocio. Casavalle, fue quien más trabajó en su tiempo por la difusión y el prestigio del libro argentino.

Lo sigue en orden cronológico, Pablo Emilio Coni, que establece, a principios de 1863, la imprenta que lleva su nombre, hoy la más antigua de las existentes en el país. Así como Casavalle fue el editor de las primeras publicaciones periódicas de carácter histórico y literario, Coni inició, igualmente, las primeras de índole científica y jurídica.

Pocos meses después, en mayo de 1864, proveniente de París, llega a nuestro país con una gran experiencia como editor el joven alemán Guillerno Kraft. Kraft ubica su editorial, un pequeño taller de impresiones, en Buenos Aires, en la calle Reconquista, punto de partida de un grandioso establecimiento de artes gráficas. Le cabe a Kraft el mérito de haber realizado las primeras láminas litografiadas con ilustraciones de botánica y zoología. Verdadero pionero introdujo la primera máquina litográfica y también las primeras rotativas. Hacia 1880 su actividad como litógrafo se destacó en trabajos como *Trofeos de la Reconquista de Buenos Aires* en 1806 y los *Atlas geográfico* y *Álbum militar de la República Argentina*. Sus talleres publicaron la obra de autores como Bartolomé Mitre, Carlos Burmeister, Otto Krause, Lucio V. Mansilla, Adolfo Saldías, Eduardo Holmberg y Salvador María del Carril, entre muchos otros.

Jacobo Peuser es otra figura que se vincula a la historia de nuestra cultura intelectual. "La Librería Nueva, tal era el nombre de la casa fundada por él, abrió sus puertas el 20 de abril de 1867 en un minúsculo local de la calle Cangallo 89. En 1881 se transformo en editorial [...]" (Buonocuore, 1960).

En 1864 se edita la *Revista Médico Quirúrgica*, por sugerencia de Pedro Gallo y Ángel Gallardo. En ella quedó historiada la medicina argentina de la segunda mitad del siglo pasado, por obra e inspiración de los profesionales más conspicuos (Puga, 2002).

En esos años circularon también *El Boletín homeopático*, *El homeópata*, así como los *Anales del Círculo Médico Argentino* dirigidos por José María Ramos Mejía.

En 1868 el bibliógrafo Antonio Zinny se ocupó especialmente de la bibliografía periodística, publicando dos Efemeridografías, una de los periódicos de Buenos Aires y otra de los del interior; y en 1875 los resúmenes de los contenidos de dos diarios porteños importantes: *La Gaceta de Buenos Aires*, desde 1810 a 1821 y *La Gaceta Mercantil de Buenos Aires*, de 1823 a 1852. También de 1875 es una útil *Bibliografía histórica de las Provincias Unidas del Río de la Plata*, desde el año 1780 hasta el de 1821. En 1869 se funda la *Revista de la Biblioteca Pública*.

El 27 de noviembre de 1869 nace la primera editorial argentina bajo el nombre Ángel Estrada & Cía. Fue la primera empresa Argentina en tener el registro editorial. Desde entonces ofrece libros de texto y material educativo y de divulgación. Le cabe el orgullo de establecer la primera fundición de tipos para imprenta y además ser agente de los más importantes fabricantes de maquinarias gráficas. La editorial Atlántida, creada y dirigida por Constancio C. Vigil, además de la legendaria edición de su libro de lectura *UPA*, cuyas inagotables ediciones recorrieron y recorren el país como uno de los clásicos entre los textos de primera lectura, aporta innumerables colecciones de libros de literatura informática y de divulgación. Una mención especial amerita la revista *Billiken* "que se ha mantenido por más de 70 años como la publicación infantil de mayor permanencia y tirada del país".

Domingo Faustino Sarmiento imaginó un país moderno y obró en consecuencia. Durante su presidencia (1868-1874), con un apoyo decidido a la educación, la ciencia y el trabajo, pilares de una nación fuerte: fundó el Observatorio Astronómico de Córdoba, la Facultad de Ciencias Físicas y la Academia de Ciencias de esa provincia. Ordenó realizar el Primer Censo Nacional de Personas, instrumento de gobierno y administración indispensable para determinar las reales necesidades de la población. En 1874, inauguró el primer servicio de cable transoceánico y amplió la red de ferrocarriles, interconectando distintas capitales de provincia, y promovió la inmigración extranjera, con políticas de colonización de vastas regiones del Interior.

Tan importante como poco conocida, es su faceta como promotor de la ciencia, divulgador y practicante de actividades científicas. Sarmiento comprendía que el conocimiento debía democratizarse y se muestra como un impulsor de la idea de la divulgación científico-técnica como herramienta para superar el atraso. A propósito, dirá: "Para la producción de un país no basta que media docena de personas aventajadas conozcan y practiquen los mejores sistemas de labores. Sus productos, por grandes que sean, no alterarán la cifra general de la producción" (Babini, 2007).

En un país donde no existía una tradición científica, Sarmiento importó "cerebros" para que sirvieran de basamentos de una ciencia nacional. Así, por ejemplo, llegó al país, además del naturalista Germán Burmeister a quien ya nos hemos referido, el astrónomo norteamericano Benjamín Arthorp Gould. Pero eso no le bastó y recuperó para la memoria nacional la obra de científicos como

Francisco Muñiz en el libro *Vida y escritos del Coronel Dr. Francisco Javier Muñiz*, terció a favor de Ameghino en sus disputas con Burmeister y abrazó con pasión la tarea de divulgar la teoría de la evolución propugnada por Darwin. Es famosa la conferencia que pronuncia en 1882 en la Sociedad Científica Argentina en honor de Charles Darwin.

La nacionalización de la universidad cordobesa no había logrado modificar su carácter tradicional. Tal situación se mantiene hasta la presidencia de Sarmiento, época en la que, por así decir, la ciencia irrumpe violentamente en los claustros cordobeses. En 1869 se aprueba una ley por la cual: "Autorízase al Poder Ejecutivo para contratar dentro o fuera del país hasta 20 profesores, que serán destinados a la enseñanza de ciencias especiales en la Universidad de Córdoba y en los Colegios Nacionales." Es esta la ley que da nacimiento a la futura Academia de Ciencias de Córdoba que, a su vez, deja como saldo en la universidad cordobesa una Facultad de ciencias (Babini, 1949). En 1870, por sugerencia de Herman Burmeister, se crea la Academia de Ciencias de Córdoba.

El espacio de tiempo que va de 1870 a 1914 ha sido llamado la edad de oro del periodismo. "Vigilante de su progreso en todos los órdenes, sin excluir el de la cultura, Europa vivió en paz, consagrada por entero al trabajo, durante esos años. La prensa periódica pudo adaptar a su desarrollo inventos y perfeccionamientos; pero sobre todo afirmó sus derechos a la libertad":

> Al amparo de esa libertad formóse un periodismo espectacular, sensacionalista, que a veces agrandaba los hechos hasta presentarlos en forma desproporcionada. El sistema puede explicarse en Estados Unidos, donde los núcleos urbanos son tan densos y la actividad general es siempre febril. Pero en América del Sur y desde luego en la Argentina, el periodismo, sin abandonar la línea de los adelantos que lo llevaron a gran prosperidad, ha sido positivamente sobrio.

Característica acentuada del periodismo argentino ha sido y es su espíritu universal, en la información y en el concepto. Ningún diario en el mundo supera a los grandes diarios argentinos en amplitud telegráfica. Un lector de Buenos Aires está informado, cada día, de lo que pasa en todos los lugares del globo. A veces el público rioplatense tiene noticias de lo que pasa en el Viejo Mundo antes que el público europeo. (Fernández, 1943: 113).

Dos diarios datan de esta época y ambos contuvieron noticias científicas: *La Prensa*[28] y *La Nación*.[29]

La Prensa fue fundado por el Dr. José C. Paz y con la dirección de Cosme Mariño; comenzó a publicarse, como diario de la tarde, el 18 de octubre de 1869.

El Dr. Paz, hombre de la aristocracia por su cuna, revolucionario en 1874, diputado en el Congreso y ministro plenipotenciario en París, fue esencialmente periodista. "Puede decirse que el creador de la profesión en el país" (Fernández, 1943:115). Cuando fundó el diario tenía 27 años.

El ideal de 1810, estructurado en el estatuto político de 1853, debía difundirse en el país para esclarecerse en la conciencia de las masas. Tal el germen que diera nacimiento al diario moderno de Paz que adoptó como divisa esta frase de Walter Williams, insigne hombre de prensa norteamericano: "Nadie debe escribir como periodista lo que no pueda sostener como caballero."

El 4 de enero de 1870 apareció en Buenos Aires el primer número de *La Nación*, fundado por el general Bartolomé Mitre, dos años después de haber terminado su mandato presidencial.

Los grandes presidentes argentinos debían bajar pobres del gobierno y dispuestos a seguir sirviendo al país desde

---

[28] Para realizar este trabajo se consultó el archivo del diario *La Prensa*.
[29] Se consultó el archivo del diario *La Nación*.

los planos de las ideas. Mitre, poeta, militar, parlamentario, historiador y periodista, era ya una figura consular de la república. Desde el sitio grande de Montevideo, durante el cual aprendiera la estrategia al lado del insigne general José María Paz, hasta la terminación de la guerra del Paraguay, Mitre había seguido una trayectoria ascendente cuyo punto culminante es la reorganización nacional (Fernández, 1943: 118-120).

Para cuando José C. Paz y Bartolomé Mitre sacaron al ruedo a sus diarios, el panorama de la prensa argentina era de un incipiente profesionalismo –como advierte Rivera (1994)–, sumamente competitivo. Junto con estos matutinos circulaban por Buenos Aires *La República, El Río de la Plata, La Tribuna, La Verdad, The Standard, El Nacional, Le Courrier de La Plata* y el vespertino *El Diario*, entre otros (Ulanovsky,1997).

No era fácil competir. Buenos Aires era una ciudad particularmente afecta a los diarios y a la cultura en general:

> [Con] un alto número de periódicos por ciudadano –en diez lenguas–, un número aún más alto de libros por vecino, de escuelas, de colegios e institutos, facultades, asilos, teatros (escuelas para adultos), centros de solidaridad con los sufrientes que las Europas arrojaban en su seno, clubes, ateneos (Vázquez Rial, 1996: 123).

En esta competencia, había que buscar el diferencial que ayudara a solventar los gastos de edición totales: el precio de la tapa y la publicidad amortizaban los sueldos y los pagos a la imprenta, y ya aparecían los primeros tanteos para conseguir el favor del público.

El 14 y 15 de marzo de 1896 *La Nación* se vanagloriaba de tener el servicio de noticias por telégrafo más rápido del país (76 minutos para que un cable llegara desde Londres, por ese entonces el centro sociopolítico mundial) y le explicaba a sus lectores que de esa manera era como lograban estar más informados. Por esa vía llegaba muchísima información referida a los avances tecnológicos y científicos (a fin de cuentas, Europa y Estados Unidos, eran las zonas donde se consideraba que se construía el Progreso).

Que tanto *La Nación* como *La Prensa* hayan tenido secciones periódicas sobre cuestiones científicas deja a las claras su interpretación de que los lectores se interesaban por esos temas, razón por la que adoptan ese tono predicativo e informativo del que habla Rivera (1994). Pero las secciones ("Variedades Científicas" en el diario de Paz, las "Crónicas Científicas" de José Echegaray en el matutino de Mitre) no eran las depositarias exclusivas de las noticias que tuvieran que ver con estos temas. Sobre todo en *La Nación*, muchas noticias científicas aparecían entre los telegramas, o como notas sueltas.

Las secciones especializadas salían sin periodicidad aparente: *La Prensa* las publicó irregularmente cada dos, cuatro, siete o diez días; *La Nación* hizo algo parecido con su sección, aunque de manera mucho más espaciada (tres a cuatro semanas).

Es interesante notar que Echegaray[30] firmaba las notas, lo que le indicaba al lector que era un periodista reconocido en lo suyo, un profesional del periodismo de ciencias (diríamos ahora), a juzgar por sus otras colaboraciones en el boletín de la Unión Industrial Argentina.

---

[30] José de Echegaray y Eizaguirre (Madrid, 1832-1916) fue un polifacético personaje de la España de finales del Siglo XIX. Ingeniero de Caminos, Canales y Puertos, por la Escuela de Madrid, matemático, dramaturgo, político. Obtuvo el Premio Nobel de Literatura en 1904 (el primero otorgado a España), y desarrolló varios proyectos en ejercicio de las carteras ministeriales de Hacienda y Fomento. Realizó importantes aportaciones a las matemáticas y a la física (Delibes, 1999). Por lo que no es de extrañar que realizara colaboraciones sobre temas científicos tanto en *La Nación*, como en la revista de la Unión Industrial Argentina.

Este uso particular del autor también le servía a *La Nación* para jerarquizar su sección; su periodicidad era menor que la de *La Prensa*, pero el lector tenía un referente con el que conectarse, por más que no supiera quién era efectivamente Echegaray.

El matutino de Mitre también era el más flexible, como ya dijimos, a la hora de publicar notas sobre ciencia y tecnología, sin circunscribirlas al ámbito de una sección en particular: entre los telegramas internacionales, o en las páginas interiores, aparecieron noticias de todo tipo: la frenología, una entrevista al astrónomo Percivall Lowell que explicaba los canales marcianos, la muerte del inventor de los fósforos o la galvanización de las flores, por ejemplo.

La ciencia y la tecnología estaban, si se quiere, más a flor de piel que en su principal competidor, más extendidas a todos los ámbitos de lo social. Por eso aparecen fuera de su zona de pertenencia (su sección): su influencia comienza a sentirse en todos lados, la tecnología es cada vez más un bien común en las casas adineradas.

Esto y el título de la sección dedicada a la ciencia le daban un perfil particular al diario: las "Crónicas Científicas" aluden a un relato presencial del hecho (sucedió esto, luego lo otro), mientras que las "Variedades" de *La Prensa* apuntan a la cobertura amplia de los temas científicos, a la diversidad, y al entretenimiento (en el sentido teatral del término, números vivos de corta duración, etc.). Fray Mocho (José S. Álvarez) hacía uso de un recurso similar y escribía "instantáneas metropolitanas" en el diario *La Mañana* durante 1894 (Rivera: 1994: 27), fascinado por los inventos de Thomas Edison.[31]

---

[31] Thomas Alva Edison (1847-1931) empresario e inventor. Entre sus inventos merecen destacarse el fonógrafo, el quinetoscopio y el vitascopio.

Es decir que cada diario apelaba a un contrato de lectura particular para lograr que sus noticias resonaran de manera singular en el lector, proponían una imagen de la realidad, y la apuntaban a quien creían que era compatible.

En ambos diarios había una voluntad pedagógica que les venía directamente del positivismo:[32] había un fenómeno nuevo, producto del avance de la humanidad, de su progreso material e intelectual; había que transmitir ese descubrimiento, para que todos lo pudieran conocer y utilizar y como no todos tenían los conocimientos para comprenderlos cabalmente había que explicar y, más que nada, "iluminar".

La luz que provenía de la Ciencia era perfecta e incontrastable; era la Verdad en palabras de los hombres. Por eso, quizá, la filiación con lo mágico: la ciencia extraterrena, casi religiosa, el mago / científico / sabio que muestra un saber perfecto y maravilla a los legos.

Aunque la nueva preceptiva profesional indicaba que las notas debían ser escritas con un lenguaje neutro, claro, conciso y objetivo, *La Nación* tildaba en alguna de sus informaciones sobre adelantos tecnológicos como

---

[32] El positivismo es una corriente o escuela filosófica que afirma que el único conocimiento auténtico es el conocimiento científico, y que tal conocimiento solamente puede surgir de la afirmación positiva de las teorías a través del método científico. El positivismo deriva de la epistemología que surge en Francia a inicios del Siglo XIX de la mano del pensador francés Augusto Comte y del británico John Stuart Mill y se extiende y desarrolla por el resto de Europa en la segunda mitad de dicho siglo. Según esta escuela, todas las actividades filosóficas y científicas deben efectuarse únicamente en el marco del análisis de los hechos reales verificados por la experiencia. Esta epistemología surge como manera de legitimar el estudio científico naturalista del ser humano, tanto individual como colectivamente. Según distintas versiones, la necesidad de estudiar científicamente al ser humano nace debido a la experiencia sin parangón que fue la Revolución Francesa, que obligó por primera vez a ver a la sociedad y al individuo como objetos de estudio científico.

"asombrosas", "sorprendentes" o "admirables". Cuando se realizaba una explicación (la iluminación) de un proceso de manera sencilla era para hacerla comprensible a los "profanos" (es decir, a quienes no tienen conocimientos, pero también los que no pertenecen a lo sagrado).

Dentro de este esquema publicó, el 2 de febrero de 1896, el tema del calor desde un punto de vista físico, y el 24 de ese mismo mes explicó el funcionamiento de los tranvías (*La Nación,* 1896).

Los diarios publicaban noticias entre las noticias científicas sobre los nuevos descubrimientos, como el de Edison, por varias razones. Porque respondían a las premisas básicas de la noticia (la novedad, sus consecuencias sobre la sociedad), porque formaban parte de la agenda que la prensa tenía en ese momento (los incesante avances de la ciencia), y porque la ciencia era la reina sagrada del progreso y la modernidad.[33]

La ciencia era el exponente más acabado de la gloria humana y por eso los medios periodísticos en general adoptaban una actitud servil y acrítica frente a las ciencias: se tomaban las afirmaciones de los científicos sobre su valor como ciertas e inobjetables; las propiedades del nuevo descubrimiento o invento implicaban siempre un bien para la humanidad, sin que se cuestionaran las consecuencias de su uso.[34]

La figura de la ciencia que proponían, en muchos casos, era de una "ciencia traducida".[35] Es decir: la ciencia

---

[33] Se sigue aquí la definición clásica de noticia, noticiabilidad y de agenda de prensa. Para un desarrollo de las primeras dos ver Rodrigo Alsina (1989).

[34] Es una suerte de protoperiodismo a la *Gee-whiz!,* una escuela de periodismo científico que surgió en Estados Unidos después de la II Guerra Mundial, deslumbrada por los avances técnicos que sucedían

[35] "La consigna de decodificación [...], traducción de la jerga, etc., puede ser eficaz, sin duda; pero la principal idea que transmite es, justamente,

existía en unos laboratorios mágicos, y los periodistas eran invitados especiales a los que el científico-mago permitía apreciar su último invento. Como buenos cronistas, pero también porque sabían algo del tema (porque cubrían siempre el género), traducían esa ciencia mágica para que los lectores comprendieran el fenómeno.

Eso no hizo más que agregarle una capa de magia y distancia a todo el asunto científico: en la medida en que el lector sentía que para llegar a la ciencia necesitaba un intermediario (y uno de peso, como un diario), la ciencia se hacía inaccesible, remota, imposible de transformar en propia.

Era complicado ser parte de la ciencia, por la poca disponibilidad de herramientas educativas, mucho menor que la actual, por más que la Ley 1420 de educación ya se hubiera votado en 1884 y Sarmiento, muerto cuatro años después, hubiera luchado por "la educación como una función de desarrollo industrial, [...] la escuela práctica, con sentido inmediato y progresivo para un país en desarrollo" (Almandoz, 2000).

La ciencia misma tampoco dejaba mucho resquicio para que alguien entrara y la tomara como propia. De esto último habla también, a su modo, Beatriz Sarlo (1992). Aunque su marco temporal es posterior (1920-1930), Sarlo propone ciertos conceptos que pueden ser útiles para el tratamiento de los descubrimientos y difusión. Analizando la difusión de revistas técnicas (de divulgación científica o que aconsejaban cómo armar un aparato de radio) y los mitos de la época sobre los inventores, Sarlo distingue entre el "saber" y el "saber hacer", entre quienes tienen un conocimiento profundo y sistemático sobre un tema (los científicos) y los *amateurs*, que aprenden de las revistas de

---

que la divulgación científica es la decodificación de un lenguaje y una actividad cerrada [...] posiblemente inaccesible." (Moledo y Polino, 1988).

divulgación y saben más cómo se maneja un equipo que el porqué de su funcionamiento.

El conocimiento de la técnica y el dominio de las herramientas no son lo mismo que la comprensión de los procesos que funcionan detrás,[36] como se comprobó con la difusión de la radio y los intentos pioneros para hacer un aparato de televisión casero: mientras que el armado de un receptor de radio podía hacerse en el hogar (salvo un par de conceptos de ciencia en juego, el resto podía resolverse de manera mecánica), un aparato de televisión requería de una tecnología mucho más compleja, ya alejada del taller barrial, ausente entre las piezas que se podían encontrar en un basurero o un desarmadero de los años 1920.[37]

Sarlo considera este momento, cuando la tecnología deja de ser una cuestión casera y pasa a requerir de la maquinaria industrial –cuando se vuelve obvio que no es posible fabricar un aparato de televisión casero, que la complejidad técnica y conceptual involucrada supera los saberes de un simple habilidoso–, como la cristalización de lo "maravilloso técnico" (*La Nación*) en *The Wizard*, es decir, en El hechicero: Edison, por ejemplo, está en la avanzada de la tecnología, pero justamente por eso está tan alejado de lo que el hombre común conoce, que lo que propone o fabrica es casi mágico, irreal, inverosímil. La gente no comprende la magnitud de lo técnico, sólo se maravilla por lo espectacular mágico.

---

[36] "La ciencia es remota, la técnica está próxima: por eso mismo, la ciencia tiene la autoridad a la que, finalmente, la técnica tiene que remitirse." (Sarlo, 1992: 122).

[37] Así como en los años 20 la oferta de cursos a distancia era para ser reparador de radios (que era estar, en cierto modo, en la cresta de la ola tecnológica), y más tarde lo que fue para recomponer televisores, hoy es para arreglar computadoras. En definitiva, un saber de electrodoméstico, saber hacer antes que tener un conocimiento profundo, pero de una tecnología que por su complejidad está cada vez más alejada del taller.

Surge así un esquema que se repetirá más tarde en la sociedad argentina: el interés maravillado del público por los avances científicos y tecnológicos más llamativos (sobre todo si hay demostraciones que estén en el límite del sentido común), el desinterés oficial -o, al menos, la falta de políticas y planes de desarrollo a largo plazo-, y los ocasionales logros de investigadores locales.

Entre otros diarios, que también publicaron noticias científicas, se pueden citar a *El Diario*, fundado el 28 de septiembre de 1881 por Manuel Láinez, quien ocupó una banca en el Senado de la Nación elegido por la capital, y el semanario *La agricultura*, que sale en estos mismos años como revista semanal.

En este año, Benjamín A. Gould inaugura el entonces llamado Observatorio Astronómico Argentino, (luego Observatorio Astronómico de Córdoba), que contaba con más de 7.000 estrellas que se publicaron en la *Uranometría argentina* de 1879, por lo que recibió en 1883 la medalla de oro de la Sociedad Real de Astronomía.

Además, el médico Eduardo Wilde publica *Lecciones de higiene* y *Lecciones de medicina legal y toxicología*.

En 1869 se funda en Balvanera el Colegio San José. Como en esa época no se concebía una edificación de importancia que no tuviera un mirador elevado, el colegio vio erigido el suyo a fines de 1870 en el centro de la manzana.

El 24 de octubre de 1871 se funda en la Provincia de Córdoba el Observatorio Nacional Argentino (ONA) y el 4 de octubre de 1872 se inaugura en él la Oficina Metereológica (posteriormente será el Servicio Metereológico Nacional), la tercera en el orden mundial, precedida por las de Hungría (1870) y Estados Unidos (1871).

También en 1872 se creó la Sociedad Científica Argentina en dependencias del Colegio Nacional de Buenos Aires, constituyéndose en el primer esfuerzo para coordinar el desarrollo científico en la Argentina al incluir estatutariamente a todas las manifestaciones científicas y tecnológicas de su momento. Como su presidente se designó al ingeniero Luis A. Huergo y, además, figuran como primeros miembros los investigadores más importantes del momento: Florentino Ameghino, Francisco P. Moreno, Eduardo Ladislao Holmberg y Estanislao Zeballos, entre otros. En 1876 comienza a publicar su órgano oficial, los *Anales de la Sociedad Científica Argentina*.

Ese mismo año, esta Sociedad auspicia una expedición a la Patagonia realizada por Francisco P. Moreno, que dejó sus frutos, pues despertó gran interés por los estudios geográficos que se tradujo algunos años después en la fundación del Instituto Geográfico Argentino y de su Museo cuyo primer director fue Moreno. También organiza un concurso de memorias y trabajos para promover el adelanto de las ciencias y su aplicación a la industria nacional, en especial mediante la utilización de las materias primas del país.

La Sociedad Científica Argentina es un centro totalizador de la promoción y divulgación de la mejor ciencia en la Argentina y ha sido generadora de otras instituciones científicas. En su ya casi siglo y medio de vida se constituyó en la institución científicas más importante de la Argentina; pertenecieron y actuaron en ella los hombres más relevantes de la ciencia nacional e internacional.

En ese mismo año el naturalista argentino Eduardo Ladislao Holmberg publica *Viajes por la Patagonia,* y en 1875 la novela con contenidos científicos *Dos partidos en lucha,* donde representa a los darwinistas *versus* los antidarwinistas tratando de tomar el poder, para fundamentar así las ideas de Darwin. También Holmberg, desde su cátedra de botánica de la recién creada Facultad de Ciencias Naturales y a través de conferencias y publicaciones científicas, difundió las nuevas ideas de Darwin (Camacho, 1971).

En 1874 la Sociedad Científica Argentina funda un periódico científico con el nombre de *Anales Científicos*

Argentinos, del que aparecieron cinco números. Desde 1876 ese periódico se convirtió en la publicación oficial de la Sociedad con su nombre actual: *Anales de la Sociedad Científica Argentina*; y desde entonces aparece por entregas mensuales (Babini, 1949).

En 1875 se crea la Facultad de Jurisprudencia en Tucumán.

También en ese año, el médico José María Ramos Mejía inicia los estudios psiquiátricos en la Argentina al hacer conocer su primer ensayo: "Las neurosis de los hombres célebres en la historia argentina", que completó en 1882 y funda el Círculo Médico Argentino. En 1883, crea y es el primer director de la Asistencia Pública de Buenos Aire y funda la cátedra de neurología, entonces llamada de "patología nerviosa", que inauguró en 1887. Dentro del mismo orden de ideas, pero sólo con referencias incidentales a la historia argentina, es su trabajo de 1905 *La locura en la historia*, aunque en este campo su obra más completa es *Rosas y su tiempo*, en dos volúmenes, aparecida en 1907. Como introducción a este último libro había publicado en 1899 *Las multitudes argentinas*, que es su trabajo más valioso desde el punto de vista sociológico y en el que realiza un estudio de psicología colectiva, bajo la influencia de las ideas expuestas por Le Bon en su célebre libro *Psychologie des foules* (1898) (Groussac, 1895).

En 1876 se editan en París las lecciones de higiene, en especial con carácter social y vinculado con el aspecto demográfico, del médico Guillermo Rawson aplicado a la Argentina, en particular a la ciudad de Buenos Aires. Ese mismo año también presenta al Congreso de Filadelfia un trabajo titulado "Estadística vital de la ciudad de Buenos Aires", que constituye el estudio más completo de carácter demográfico que hasta entonces se había escrito sobre el tema. De valor no inferior es su memoria sobre *Las casas de inquilinato en la ciudad de Buenos Aires*, en la que trata las condiciones de vida, desde el punto de vista higiénico, de los "conventillos" de su época.

Este año también Rawson inicia la publicación de la *Description Physique de la Republique Argentine* cuya parte final concluirá en 1886.

El Museo Arqueológico y Antropológico de Buenos Aires[38] fue fundado el 17 de octubre de 1877. En estos años también Francisco P. Moreno pasa a la historia como el "perito" que trabaja en la delimitación de fronteras con Chile y realiza una considerable tarea antropológica en la Patagonia, allí reúne una importante colección de muestras arqueológicas que dona al Museo Antropológico y Arqueológico de la Plata; esta donación se une a la del Parque Nacional Nahuel Huapi que le fuera entregado como pago por sus trabajos y la de colecciones conformadas por 15.000 ejemplares de piezas óseas y objetos. Posteriormente, Francisco Pascasio Moreno, es nombrado su director.

Ese mismo año la Universidad de Buenos Aires inicia sus publicaciones, editando los *Anales de la Universidad de Buenos Aires*, que aparecieron hasta 1902 con una interrupción entre 1878 y 1888.

Mientras tanto "El diario ha ido abandonando los objetivos pedagógicos que definieran a la prensa decimonónica para atender a los requerimientos del 'público lector', esa clase media lectora, cada más numerosa y cada vez más exigente de los medios" (Jorge, 2004: 118). En 1877 había en Buenos Aires un promedio de 148 diarios para 2.400.000 habitantes; en 1882 la Argentina ocupa el tercer lugar mundial en promedio de lectura por habitante.

---

[38] A partir de la federización de la ciudad de Buenos Aires en 1880 y la fundación de la ciudad de La Plata como nueva capital de la provincia en 1882, el gobierno provincial dispuso el traslado de las colecciones de Francisco Pascasio Moreno a esta ciudad en junio de 1884 y la construcción de un edificio que la alberga, hoy Museo de La Plata. Fue entonces cuando Moreno también donó 2.000 volúmenes de su biblioteca particular.

El año 1878 es rico en acontecimientos de divulgación científica:

- El zoólogo holandés H. Weyembergh fundó el *Periódico Zoológico Argentino*.
- Ameghino viaja a París para participar de la Exposición Internacional. Allí conoce personalmente a los científicos que representan la vanguardia del conocimiento de la época y realiza investigaciones.
- Eduardo Holmberg, junto con el entomólogo Enrique Lynch Arribálzaga funda la primera revista dedicada exclusivamente a la biología en la Argentina, *El Naturalista Argentino*. Sólo se publicó un número de ésta, pero la calidad del material llevó a que numerosas instituciones científicas de todo el mundo, entre ellas el *British Museum,* requiriese ejemplares.
- Lucio Vicente López da una visión panorámica de toda la historia argentina en sus *Lecciones de historia argentina*.

En 1879 Estanislao Zeballos funda el Instituto Geográfico Argentino, del que fue primer presidente. Desde esta posición gestiona una subvención a Florentino Ameghino para la publicación de sus estudios sobre los mamíferos fósiles y patrocina viajes exploratorios.

4.2. Ciencia del progreso (1880-1905)

Este período de nuestra historia, conocido también como la república conservadora primera, según datos económicos fue la más exitosa. Los presidentes fueron: 1880-1886, Julio Argentino Roca; 1886-1890, Miguel Juárez Celman; 1890-1892, Carlos Pellegrini; 1892-1895, Luis Sáenz Peña; 1895-1898, José E. Uriburu; 1898-1904, Julio Argentino Roca, y 1904-1906, Manuel Quintana.

Durante los últimos años del Siglo XIX se produce una gran renovación en las prácticas literarias y en las corrientes estéticas, cuyo principal escenario es Buenos Aires, que aceleradamente comienza a introducir los ritmos de la ciudad moderna. Momento de grandes cambios políticos, culturales y sociales que, originados en gran medida por las olas inmigratorias, producen un proceso de creciente urbanización y alfabetización, un desarrollo comercial y administrativo, y varias formas de democratización que van creando las bases del moderno público masivo. La existencia de este público, nacido de las campañas de alfabetización, se articula con el surgimiento de la prensa popular, cuyas primeras manifestaciones son el aumento decisivo de la oferta periodística y la proliferación de revistas. En esta expansión de la prensa se ubica el nacimiento de la revista *Caras y caretas* (1898), dirigida por José Sixto Álvarez (1858-1903) –más conocido como Fray Mocho–, cuyo gran hallazgo es la mezcla miscelánea de caricaturas e ilustraciones junto con gran cantidad de temas nacionales y extranjeros que abarcan desde noticias sociales, notas de interés general, pastillas sobre la moda, hasta consejos sanitarios. Junto a esta mezcla de notas, la revista publica textos literarios, provenientes también de estéticas diferentes: modernismo, literatura costumbrista, realista o rural (Jorge, 2004).

El período de luchas y de divergencias políticas que siguió a la derrota de Rosas llegó a su término el 21 de septiembre de 1880, cuando un congreso en minoría, reunido en el pueblo de Belgrano, sancionó una ley que declaraba a la cercana ciudad de Buenos Aires capital de la República Argentina. Había llegado a su fin un viejo pleito entre porteños y provincianos y se iniciaba una nueva época en nuestra evolución histórica, con grandes cambios en el panorama material y cultural. Ese mismo año ocupó la presidencia el joven militar Julio Argentino Roca que dispuso asentar al país sobre nuevas bases.

Desde esa época el crecimiento de Buenos Aires fue asombroso. En la década comprendida entre 1880 y 1890, la población de la capital aumentó en el 84%, mientras que en el resto del país, sólo creció en el 29%. La gran ciudad absorbió riquezas y derechos en perjuicio de las provincias y dio origen a un desequilibrio que es visible en la época actual. Las sucesivas oleadas de inmigrantes se detuvieron en Buenos Aires, mientras que sólo en escasa proporción esos europeos avanzaron sobre la desolada campaña para poblarla.

El gobierno y los cargos públicos de importancia fueron ocupados por una minoría con capacidad ejecutiva y mentalidad semejante al antiguo despotismo ilustrado, que se propuso engrandecer al país sin que el pueblo participara con sus decisiones. De ideología liberal y progresista, partidaria de la cultura europea, la minoría dirigente emprendió su labor con el lema de paz y administración para fomentar el desarrollo en todas sus manifestaciones, desde la conquista del desierto en poder de los indios y el trazado de vías férreas, hasta la radicación de capitales extranjeros (Babini, 2007).

En torno a la época de la federalización de Buenos Aires, un grupo de escritores se destaca en este período de la nación organizada, al lado de las personalidades sobrevivientes de la proscripción. Casi todos ellos participaron en política por medio de la pluma o en importantes cargos públicos y otras veces, su actividad literaria fue un mero pasatiempo. Se los conoce como integrantes de la generación del 80 porque sus principales figuras alcanzaron la madurez a partir de ese año de profundos cambios, que convirtieron a la "gran aldea" de Buenos Aires, en una ciudad cosmopolita.

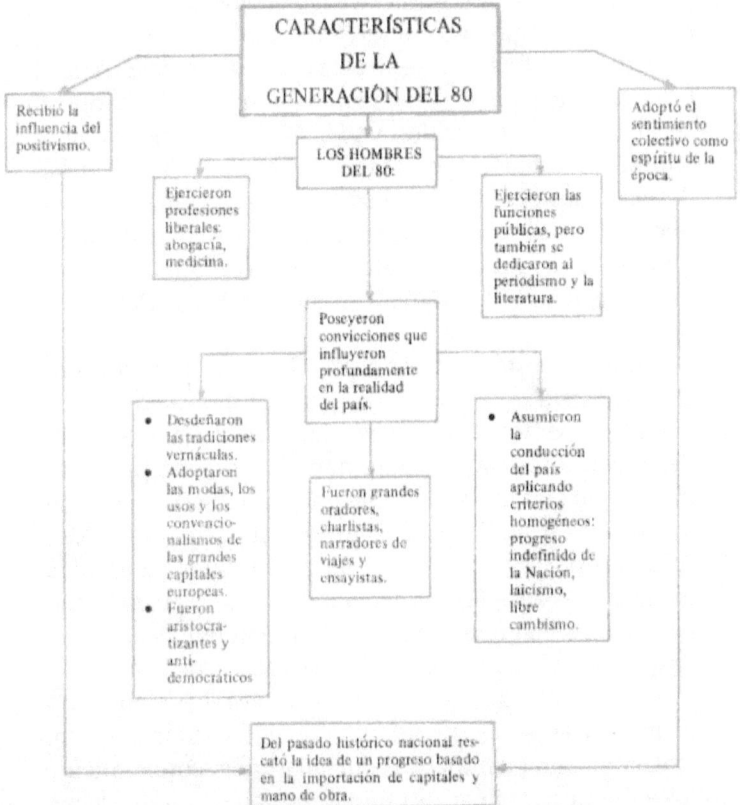

Fuente: Halperin Donghi, T. (2000)

A fines del Siglo XIX han llegado a nuestra patria el teléfono, la luz eléctrica, las redes sanitarias y el frío artificial que permite congelar la carne dándole a esta industria un potencial inusitado. Las leyes del mercado no dejan resquicios a consideraciones de orden humanístico, frente a la estupefacción de una intelectualidad que no puede dejar de valorar el avance económico y el bienestar social que proporciona, pero que no deja de manifestar su preocupación por las consecuencias ideológicas y culturales que no habían previsto (Jorge, 2004: 117).

Ante la influencia masiva de inmigrantes y las repercusiones que esa Babel tiene sobre el lenguaje, los hábitos, las costumbres, los valores y todo lo que se conoce como "cultura nacional", surgen las más diversas interpretaciones, desde las posiciones xenófobas de la derecha ultramontana que ve con horror la desarticulación de la sociedad argentina, hasta las más integradoras de los sectores liberales que consideran el fenómeno como parte esencial de las políticas de desarrollo.

Además, esta situación se ve reforzada por la corriente "positivista" que provee Europa cuando establece una drástica separación entre las sociedades antiguas y la modernidad, tomando a esta última época como punto de partida para los análisis sociales, para establecer desde allí la concepción unidireccional de desarrollo progresivo. Estas "ciencias positivas" ejercen una gran influencia entre la intelectualidad argentina, generando fuertes y mayoritarias adhesiones y algunos severos cuestionamientos por parte de quienes se interesan en evaluar sus consecuencias éticas.

A la fascinación que provocan los avances científicos, técnicos y tecnológicos se suma la inquietud frente a un "racionalismo cientificista" que aparta del conocimiento los enfoques ontológicos y éticos. También inquieta la paradojal situación de una "modernidad" que genera nuevas formulaciones del hombre ante sí, mientras lo somete al proceso de masificación, aislándolo del grupo de pertenencia y debilitando sus lazos con la comunidad. A estas transformaciones que afectan a los países occidentales se agregan aquí los cambios provocados por la inmigración, por lo que la intelectualidad deberá enfrentar el doble desafío planteado por el proceso modernizador y el aluvión inmigratorio (Jorge, 2004).

Unos pocos habían comprendido que ese futuro color de rosa implicaba preocuparse por educar al soberano en forma adecuada. La teoría iluminista proclamaba la posibilidad de acceso a la cultura por todos (de ahí Sarmiento y su proyecto pedagógico), y eso incluía a la ciencia.

Arthur Clarke[39] acuñó alguna vez un concepto excepcional, que dice que una tecnología suficientemente avanzada no puede ser distinguida de la magia para alguien en un estadio tecnológico inferior (o previo, o diferente e incompatible).

Más allá de la discusión sobre qué sería realmente más avanzado, la condición mágica e inalcanzable de la ciencia recién se comenzó a perder –en los primeros sectores no científicos de la sociedad– ya entrado el Siglo XX; la inclusión en el periodismo finisecular de notas sobre ciencia y, más importante aun, la explicación de los fenómenos sobre los que se informaba intentó transformar a la ciencia en algo más comprensible.

Pero tardó décadas en perder la mayor parte de su condición mágica: lo único que hizo, para buena parte de la población actual, que no tiene una instrucción técnica y científica aceptable, fue transformarse en magia cotidiana.

Quien parece haber tenido más éxito que el periodismo en ciencias en la desmitificación de la ciencia es la divulgación científica, quizá por una cuestión de espacio o tiempo para explicación del fenómeno (un libro para abarcar toda la complejidad del hecho científico contra la nota de un diario, que necesita impactar en la conciencia del lector en apenas una página, y que tiene que destacarse entre

---

[39] Multipremiado escritor de ciencia ficción nacido el 16 de diciembre de 1917. Su fama mundial proviene no sólo por sus cuentos y novelas sino también por un trabajo que publicó en 1945, *Relés extraterrestres*, que fue la base para el desarrollo de las comunicaciones usando satélites geoestacionarios. Entre sus obras se cuenta *2001 Odisea del espacio*, que fue llevada al cine en 1964, y por la que fue nominado al Oscar al mejor guión.

noticias de todo tipo). Una obra de divulgación requiere generalmente no sólo más tiempo de lectura sino también de factura, que puede permitirle al autor sopesar más las implicaciones del tema, el peso de sus ingredientes, etc.

En el siglo siguiente la magia de la que hablábamos, con la ayuda de la divulgación científica, quedará deslucida, racionalizada, deducible; seguirá siendo prodigiosa pero perderá su condición de imposible: en la medida en que el ámbito científico sea más conocido (más allá de que sea comprendido) la parte de brujería, de fórmula alquimista, se debilitará, se hará predecible y, en alguna medida, menos interesante.

El actual éxito de las novelas de fantasía por sobre las de ciencia ficción –de las que alguna vez fueron un subgénero– puede entenderse así: en la medida en que se explica cómo funcionan la ciencia y la tecnología, y en tanto y en cuanto ambas están presentes cotidianamente en la vida de los lectores, la ciencia ficción perdió lo único que marcaba la diferencia con las novelas policiales y de aventuras decimonónicas: los dispositivos tecnológicos, los viajes interestelares y demás ya no son una loca elucubración (más allá de qué tan cerca estemos de hacerlos realidad). La fantasía como género, en cambio, tiene todavía libertad, atractivo. Es el mismo atractivo que mantienen magos y prestigitadores, que cuentan con un saber (para nosotros) misterioso, inexplicable, que no puede controlarse ni predecirse, y a duras penas deducirse.

A fines del Siglo XX el Río de la Plata era un gran consumidor de toda esta tecnología, sobre todo en lo que tenía que ver con los medios masivos de comunicación. La ciudad explotaba de criollos e inmigrantes, el dinero fluía (si bien no equitativamente), Europa y Estados Unidos estaban en boca de todos.

Es de destacar que en medio de la indiferencia local por la investigación científica no faltaba un interés por el progreso industrial y económico y las bondades de la técnica.

Más allá de las implicaciones sociales que tenía la particular visión estatal sobre qué eran la ciencia y el progreso, lo cierto es que al país llegaba, merced a las inversiones y circulación de divisas, todo lo bueno y lo malo de la cultura europea.

El país se llenaba de europeos, gente que venía de un continente con países en la vanguardia tecnológica (Inglaterra, Alemania) y que traía consigo el gusto por lo industrial, lo nuevo. Según el censo de 1895, más de la mitad de los habitantes porteños era extranjera, en su mayoría italianos y españoles. Teniendo en cuenta la población nacional, eso implicaba cinco inmigrantes hombres por cada criollo (Teran, 2000: 46).

Carlos Real de Azúa (1996) relata que fue en ese lustro, también, en que aparecieron varios libros avisando de la decadencia latina y el ascenso irresistible de lo teutón o sajón: para la percepción de la época, progreso era lo que se daba en Inglaterra y en Estados Unidos, fuera por la ética protestante o por condiciones "intrínsecas" y "raciales" de lo anglosajón, que los latinos no poseían (la raza sajona era la destinada a triunfar, decían) y que les imposibilitaba crecer y desarrollarse.

El concepto provocaba resquemores en la oligarquía local, ya que la inmigración que había pedido Alberdi en sus *Bases* no se había materializado con la "calidad" deseada, sino en la forma de "una masa adventicia, salida en su inmensa mayoría de aldeas incultas o de serranías salvajes", como se quejaba Miguel Cané (citado en Teran, 2000: 48).

La explosión de las exportaciones y el cambio de concepción política del progreso hicieron que el naturalista Ángel Gallardo se quejara en 1907 de que una década antes la universidad era una fábrica de abogados, médicos o ingenieros, sin un interés en la ciencia como concepto, sin una concepción del científico como un profesional. El propio Gallardo no lo fue; no obstante, además de rector de la Universidad de Buenos Aires y presidente de la Academia de Ciencias fue el Secretario Nacional de Educación en la presidencia anterior, Ministro de Relaciones Exteriores de Alvear y presidente del Consejo.

No siempre fue así distinguen Sergio Núñez y Julio Orione (1993: 83-96). Sarmiento quiso tener una país con una ciencia propia: el sanjuanino consideraba que "si la producción variada de recursos, como tenía Estados Unidos en 1866, es una válvula de salvación para un país, el no poseer ni uno solo como nos sucede a nosotros debe estar sujeto a graves inconvenientes, seremos ricos a veces, pobrísimos otras sin saber por qué y sin poder echar la culpa al gobierno." Para Sarmiento, dicen los investigadores, la ciencia moderna era "la síntesis de un proceso evolutivo, progresivo, del conocimiento humano" y la única manera de lograr un país con peso propio y autosuficiente.

José Babini también ha indicado el quiebre del proyecto de desarrollo científico iniciado por Rivadavia y continuado por Sarmiento. Según este autor entre 1860 y 1890 la ciencia local tuvo sus primeros éxitos adiestrando hombres de ciencia:

> Es también en este lapso cuando actúan los primeros científicos, formados entre nosotros, con labor propia y original, en especial en el campo de las ciencias naturales [...]. Las características del segundo período son muy distintas, pues en él se produce en la ciencia pura un estancamiento, vale decir un retroceso: las instituciones científicas y universitarias vegetan, sus publicaciones merman. [...], se produce un incremento de las actividades técnicas en pos de un afán utilitario y de un interés material que pospone o traba las preocupaciones por la ciencia pura o por las investigaciones desinteresadas (Babini, 2007: 157).

"Se cayó así en el error de adoptar y absorber las aplicaciones de la ciencia antes que la ciencia misma" (Babini: 2007: 161), a excepción del Laboratorio de Fisiología Experimental de la Facultad de Ciencias Médicas de Buenos Aires, que desarrollaré más adelante.

Si Buenos Aires se estaba transformando en la París de América del Sur, era quizá natural que sus ciudadanos (y por su intermedio, puede suponerse, gran parte de los habitantes del resto de la República) miraran a Europa como el modelo a seguir.

De allí venía todo lo maravilloso, todo lo novedoso. La ciencia era la mejor demostración positivista de que el progreso llegaba a todos los confines del planeta.

A las costas del Río de la Plata arribaban máquinas cuyas cualidades lindaban con la magia, nuevos procedimientos médicos, avances en las ciencias exactas, etc. Pero más importante aun era que, transformada en tecnología,[40] llegaba a la gente y se transformaba en algo popular. Eran los dispositivos que comenzaban a conformar lo que más tarde serían los electrodomésticos (es decir, la maquinaria del progreso en la casa), era ese mundo cuasi feérico presente en la tapa del diario y que, en menor medida, se iría haciendo común en el hogar.

Popular aquí tiene un sentido restringido: *La Nación*, *La Prensa* y las charlas en la librería El Ateneo tenían como

---

[40] Nunca está de más aclarar que ciencia, técnica y tecnología no son lo mismo, si bien están inextricablemente relacionadas. La técnica es la manera de hacer algo, de aplicar una herramienta, basándose en lo que predice la ciencia. La tecnología es el conjunto de conocimientos y herramientas aplicados sobre un tema en particular. La ciencia es el estudio sistemático de un aspecto particular de nuestra realidad, usando técnicas y valiéndose de tecnologías, y los conocimientos que esta acción genera. También: "La técnica es un traslado a formas prácticas, apropiadas de verdades teóricas, implícitas o formuladas, anticipadas o descubiertas, de la ciencia. La ciencia y la técnica forman dos mundos independientes pero relacionados" (Mumford, 1982: 55).

destino un público muy particular: la burguesía era la que realmente consumía este tipo de información. Como explica Dora Barrancos (1996: 16-17) los contactos entre los hombres de ciencia y el proletariado fueron escasos, por más que Juan B. Justo y sus compañeros socialistas de la Sociedad Luz intentaron acercar a los trabajadores los beneficios del Iluminismo y el progreso, siendo como eran parte integral de su desarrollo –literalmente, eran las manos del Progreso– y sufriendo pésimas condiciones de vida. Aunque muchas de las conferencias que los socialistas daban se llenaban de gente, los contactos fueron aleatorios, y estuvieron circunscriptos a artesanos y obreros de la industria manufacturera, transportes, servicios y comerciantes.

Los estratos más bajos de la sociedad difícilmente fueran a enterarse del tema: muchos no sabían leer, y aun así, si podían hacerlo, estaban demasiado ocupados tratando de ganarse el sustento diario como para interesarse por estas "novedades".

El Buenos Aires finisecular (y por extensión, todo el país) era considerado moderno por sus habitantes más exaltados: los argentinos bienpensantes y de buen pasar económico se vanagloriaban de su gente, de sus exportaciones agrícolas y ganaderas, de su tierra, de sus mujeres, de su capacidad y, sobre todo, de su porvenir, pletórico de éxitos y riquezas. Decía Carlos Ibarguren en 1897:

> Al declinar este siglo, podemos despedirlo con las elocuentes palabras de Peladan: 'Siglo XIX, eres el más grande a los ojos de Dios; llevan en ti una efusión de la Divinidad; has brillado magníficamente en el espacio' (Terán, 2000: 91).

En definitiva, el fin de siglo trae nuevas teorías, enfoques, conceptualizaciones, y Buenos Aires se transforma en el lugar privilegiado de procesamientos, confrontaciones, definiciones y gestación de algunas líneas de pensamiento.

En la búsqueda de respuestas, se multiplican las sociedades científicas y literarias, se amplía y diversifica el estudio de las ciencias naturales, se crea la cátedra de sociología en la Universidad de Buenos Aires, se organiza la Academia Argentina de la Lengua, se refuerza y estimula la obligatoriedad de la enseñanza, se modifican los planes de estudio y se da nuevos impulsos a la creación de bibliotecas populares. Iniciativas estas que contribuyen al crecimiento de la industria editorial, y a la masificación de la prensa periódica, medio de comunicación que debe adecuarse a los cambios, diversificando y actualizando formatos, estilos y contenidos.

A partir de 1880 cobraron protagonismo las ciencias aplicadas al reconocimiento del territorio nacional y la explotación de sus recursos naturales, todavía con una presencia extranjera predominante, al tiempo que se daba prioridad a la formación técnica y profesional. El poblamiento extranjero masivo de la Capital y la pampa húmeda motivó la erección de fábricas y la implantación de una infraestructura de urbanización y agroexportadora que demandaron estudios, proyectos y empresas de ingeniería.

La minería y la explotación del petróleo impulsaron los estudios geológicos y mineralógicos, la construcción de puertos y canales, los estudios hidráulicos, mientras la química era reclamada por la industria, la botánica por la farmacopea y la agronomía, la zoología por la veterinaria. La matemática, la astronomía y la paleontología eran curiosidades, las ciencias humanas y sociales eran cultivadas por aficionados. Hubo mayor demanda de ciencia aplicada que de investigación básica, que era invocada por la prédica más bien retórica del positivismo cientificista en boga. Las figuras mayores siguieron siendo, como en las postrimerías del período precedente, Ameghino, Moreno y Holmberg. El Observatorio de Córdoba prosiguió con sus trabajos de nivel internacional, siempre a cargo de astrónomos estadounidenses, y desde el gobierno se impulsó una importante labor geológica, que quedó a cargo de especialistas europeos.

En 1880 Guillermo Rawson y Toribio Ayerza fundan la sección argentina de la Cruz Roja.

En 1881 Vicente F. López publica *Introducción a la Historia de la República Argentina*, en la que trata nuestro pasado desde la colonia hasta la caída de Rosas; *La Revolución Argentina*, en cuatro volúmenes, sobre el origen de la Revolución y sus consecuencias militares y políticas hasta 1830; y su monumental *Historia de la República Argentina*, en diez volúmenes aparecidos entre 1883 y 1893, y en la que estudia el origen, evolución y desarrollo político de la República hasta 1852.

Ese mismo año, durante la primera presidencia de Roca, al convertirse la Ciudad de Buenos Aires en Capital Federal, la Universidad pasó a depender del Estado Nacional y se hace cargo de la dirección técnica del hospital.

También regresa al país Ameghino quien, debido a que lo habían declarado cesante en su cargo, instaló su librería "El Gliptodón", en la calle Rivadavia. Simultáneamente comenzó a redactar sus obras: *Los mamíferos fósiles*, *Filogenia* y *La antigüedad del hombre del Plata*, que se publican en 1883 y 1884 y que constituyen las bases sobre las que se asienta toda su producción posterior. Es en *Filogenia*, en la que desarrolló su teoría "transformista" –como se denominaba al evolucionismo en la época–. Apoyaba al darwinismo y, sobre todo, al lamarckismo (es decir, consideraba que en la evolución de las especies los caracteres adquiridos por los seres vivos eran heredados por sus descendientes.[41]

Nace el Observatorio Astronómico de La Plata pero al principio su actividad fue casi nula. En 1905 se incorporó a la

---

[41] La teoría fue desarrollada por el naturalista francés Jean Baptiste de Monet de Lamarck (1744-1829).

Universidad de la Plata pero recién en 1915 con la dirección de William Hussey, que había sido director del observatorio de Michigan, el observatorio comenzó una actividad compartida con el de Córdoba en tareas internacionales.

En 1883 aparece la *Revista científica y literaria*. En este año el Dr. Pedro Lagleyze funda la *Revista Argentina de Oftalmología*, la primera de su género en América del Sur, donde expresa su experiencia en la Cromatoscopía centrada en el daltonismo y en los peligros e inconvenientes de esta curiosa anomalía. Más tarde esta publicación pasó a ser la *Revista Argentina de Ciencias Médicas*.

El 23 de marzo de 1883 se dio a conocer el primer hallazgo en América del Sur de restos de un dinosaurio. El artículo decía:

> Hace algunos meses que el comandante Buratowich extrajo de las areniscas rojas de Neuquén varios huesos fósiles de un animal gigantesco, que regaló al General Roca. El Dr. Doering y el Sr. Ameghino se trasladaron a casa del Presidente a examinar dichos fósiles, resultando pertenecer a un gigantesco Dinosaurio, animal muy frecuente en las formaciones geológicas de Norte América, desconocido hasta aquí en el continente austral (Pasquali, 2007: 67).

En 1884 el Museo Antropológico de Buenos Aires se traslada a La Plata y se convierte en el Museo de La Plata, que en 1892 comienza a publicar su Revista. Se funda el Instituto Geográfico Militar y el Consejo Nacional de Educación edita *El Monitor de la Educación común*.

Mientras tanto, los únicos que parecen buscar un perfil más original y una producción autóctona del conocimiento son los integrantes del laboratorio de Fisiología Experimental de la Facultad de Ciencias Médicas de Buenos Aires.[42] Seguidores de una postura que había nacido en

---

[42] Estaban en línea con lo dicho por el profesor Roman Chauvet en el discurso inaugural de la clase de Matemática en la Universidad de

Europa a mediados de siglo y que se sistematizó principalmente en Alemania, consideraron que la fisiología experimental y la enseñanza de carácter práctico eran las únicas bases idóneas para la práctica efectiva de la medicina, imponiéndose por sobre la anatomía.

Como afirma Julia Buta (1996: 418-423), la enseñanza de la anatomía estaba más conectada a la ciencia natural; en la medida en que el siglo avanzó, la ciencia se hizo más experimental, más de laboratorio, y esto repercutió también en el ámbito académico.

Así, se consideraba que el "doctor" era parte de la empresa científica, y su educación rigurosa se lograba inculcándole los valores del método racional de investigación. El cuerpo era una maquinaria, y había que reconocer el funcionamiento de sus piezas para predecir sus fallas: la mejor manera de hacerlo era por medio de su fisiología.

Desde 1884 el titular de la cátedra de Fisiología, José María Astigueta, intentaba conseguir los fondos para armar un laboratorio de experimentación ("la enseñanza de la fisiología deber teórica y práctica", proclamaba en 1893), cosa que recién logró en 1895, cuando se inauguró el Hospital de Clínicas (Prego, 1998). El laboratorio se instaló en 1897, pero Astigueta no pudo hacerse cargo de él, porque falleció en septiembre de ese mismo año.

Astigueta tenía otros intereses aparte de los médicos (representó a la Provincia de Tucumán en el Congreso, fue Ministro de Instrucción Pública), lo que hizo que estuviera ausente mucho tiempo de sus clases, dejando como virtual conductor de la cátedra al profesor suplente Jaime Costa.

Costa era, además, titular de la cátedra de Física Médica, explica Prego (1998), en donde montó un laboratorio que

---

Buenos Aires, en 1822: "[Esforzarse por] elevar la ciencia a su apogeo y para derramar toda suerte de goces nuevos sobre todas las clases de la sociedad" (Nuñez y Orione, 1993: 87-88).

usó para prácticas y demostraciones de fisiología experimental. Así tuvo tiempo de verificar en carne propia las necesidades de un laboratorio, aconsejar en la construcción del de Fisiología y convertirse en el primero en hacer prácticas médicas de rayos X en el país.

No es casualidad que fuera Costa el más interesado en este tipo de trabajos: el galeno adscribía a la escuela europea que consideraba esencial la enseñanza de la física como complementaria de la fisiología, "el estudio de los fenómenos físicos ofrecidos por los seres vivos" (Prego, 1998).

Entre 1884 y 1886 Eduardo Holmberg publica su monumental obra *Resultados científicos, especialmente zoológicos y botánicos de los tres viajes llevados a cabo en 1881, 1882 y 1883 a la sierra de Tandil*, en las Actas de la Academia de Ciencias de Córdoba.

En respuesta al sostenido crecimiento que experimentaron las universidades entre 1870 y 1880, a mediados de 1885 se promulgó la Ley Avellaneda que fija las bases a las que debían ajustarse los estatutos de las universidades nacionales. Fundamentalmente se refería a la organización de su régimen administrativo, y dejaba los otros aspectos liberados a su propio accionar. En 1886 se aprueba el Estatuto Universitario. Las facultades reconocidas son las de Ciencias Médicas, Derecho y Ciencias Sociales, Ciencias Físico-Matemáticas y de Filosofía y Letras.

En 1886 se realiza la Exposición Rural Internacional donde pudo apreciarse el progreso alcanzado por la ganadería argentina hasta esa fecha.

El 7 de febrero de 1887 surge la Unión Industrial Argentina conformada por catorce empresas.

Ese mismo año, Bartolomé Mitre inicia la publicación de *Historia de San Martín y de la emancipación americana*, en tres volúmenes que aparecen en 1887, 1888 y 1889.

Mientras tanto la Facultad de Ciencias Médicas incorporaba a su seno distintos institutos científicos: en 1887 el

Dr. Telémaco Susini abre el Instituto de Patología que hoy lleva su nombre.

En 1888 se funda el Jardín Zoológico de Buenos Aires y Eduardo Holmberg es nombrado su director, al que le dio un gran impulso, tanto en materia de colecciones como infraestructura. Suya fue la idea de diseñar los pabellones de los animales de acuerdo con la arquitectura de su región de origen, construyendo alojamientos de gran valor arquitectónico. También es el promotor de publicaciones científicas como *El naturalista Argentino*, la *Revista Argentina de Historia Natural* y la *Revista del Jardín Zoológico*.

En 1889 nace el primer Museo Histórico Argentino. Hasta entonces los recuerdos del pasado de valor histórico habían estado diseminados en el Museo Público o en manos de particulares, de ahí la conveniencia de agruparlos en una institución específica, que florece por iniciativa de la Municipalidad de Buenos Aires y que dos años después se nacionaliza como Museo Histórico Nacional. Su primer director, y en verdad fundador y animador, fue Adolfo P. Carranza.

Este año Ameghino publica su obra *Contribución al conocimiento de los Mamíferos Fósiles de la República Argentina* por la que obtuvo la medalla de oro en la Exposición Universal de París.

Ameghino había desarrollado sus investigaciones casi sin apoyo oficial, lo que lo constituye en uno de los exponentes del desinterés local por la ciencia básica. Gracias a las ganancias que le deparaban su librería y su sueldo de profesor universitario, junto a la ayuda de su hermano[43] había reunido una enorme colección de fósiles y ha-

---

[43] Semejante figura romántica (el sabio incomprendido que lucha por conocer la verdad) hizo inevitable su canonización laica, en parte gracias al rescate que hizo José Ingenieros de su figura. "Poco después de su muerte, el 6 de agosto de 1911, el culto civil al sabio argentino se promovió mediante el elogio público póstumo a través de los diarios y de

bía desarrollado su teoría sobre el origen rioplatense del hombre. Por ese entonces, aunque no pertenecía a la élite ilustrada, representaba una de las cabezas más visibles del positivismo local, un firme creyente de los progresos que traería la ciencia.

También en 1889 se crea por ley la Universidad Provincial de La Plata, que recién se instala en 1897 y se nacionaliza en 1905 gracias al ministro Joaquín V. González. A su vez el gobierno de la Provincia de Buenos Aires le cedió el Observatorio Astronómico, instituido en 1882; el Museo de Ciencias Naturales, creado en 1884, la Biblioteca Pública, la Escuela práctica de agricultura y ganadería de Santa Catalina, fundada en 1872, y la Facultad de Agronomía y Veterinaria (la primera en su género en el país), creada por ley de 1889, independientemente de la universidad provincial. En su seno se cobijarían centros de actividades científicas que tendrían trascendencia.

En estos años aparecen algunas publicaciones especializadas en sanidad.

Se pueden mencionar: *Anales de la Administración Sanitaria y Asistencia Pública* (1890-1909), el *Boletín de la Sanidad Militar* (1891), los *Anales del Departamento Nacional de Higiene* (1891-1935) dirigidos por Pedro Arata y Emilio Coni, la *Revista de la Asociación Médica Argentina* (1892) con la dirección de Leopoldo Montes de Oca, la *Semana Médica* (1894) dirigida por Tiburcio Padilla (h), la *Revista del Hospital de Niños* (1897) y los *Anales de la Facultad de Medicina de Buenos Aires* (1879) (Puga, 2002).

---

las revistas educativas, científicas, de divulgación y de interés general. La imagen de Ameghino se acuñó con los rasgos de un estudioso aislado y con los del excepcional autodidacta. Asimismo, en la retórica sobre la ciencia en la Argentina, Ameghino tomó el lugar de la víctima de la indiferencia y de la inquina de los poderosos, como también el de uno de los resultados más sobresalientes del suelo de la historia nacional." (Farro, 1997: 57).

En 1889 se funda la Universidad provincial de Santa Fe. El 19 de febrero de este año, el Poder Ejecutivo Nacional, mediante decreto del Dr. Carlos Pellegrini en su carácter de Vicepresidente en ejercicio del Poder Ejecutivo, y refrendado por el Ministro de Justicia, Culto e Instrucción Pública, Dr. Filemón Posse, creó la "Escuela de Comercio de la Capital de la República" que comenzó a funcionar en un edificio de la calle Alsina N° 1552.

En su primer plan de estudios se destacaban campos del conocimiento vinculados a las matemáticas y al cálculo mercantil, a la teneduría de libros y a los idiomas extranjeros, necesarios para el creciente comercio internacional que se expandía. En 1892 el ministro Balestra introdujo la primera reforma del plan de estudios que estableció su duración en cinco años, al final de los cuales se otorgaban los diplomas de Contador Público, Traductor Público de las lenguas francesas e inglesas, Calígrafo Público o Perito Mercantil.

En 1891 el Departamento de Ciencias Exactas de la Universidad de Buenos Aires adoptó el nombre de Facultad de Ciencia Exactas, Físicas y Naturales. La Facultad incluye las carreras de Ingeniería y Arquitectura.

En 1892 Eduardo Madero publica *Historia del puerto de Buenos Aires*.

Las publicaciones argentinas de interés científico en 1892 las podemos clasificar en (Fernández, 1943):

Ocho de agricultura, ganadería y horticultura, etc.

Nueve de medicina, cirugía, higiene y terapéutica.

Trece de artes, ciencias, industrias.

En 1893 se inicia en la Argentina el modernismo, una revolución estética, al llegar a Buenos Aires por primera vez, el nicaragüense Rubén Darío. El poeta ya era conocido en nuestro medio por su libro *Azul* que publicó en 1888 durante su estadía en Chile, y por sus colaboraciones enviadas al diario *La Nación*, a partir de 1889.

Desde sus comienzos, el modernismo encontró en Buenos Aires un ambiente cultural que favoreció su aceptación. Colaboraron en este proceso la apertura de la Facultad de Filosofía y Letras, la revista *La Biblioteca* que dirigió Paul Grossac, el número creciente de periódicos, un mayor interés por los ideales de la cultura y la gradual decadencia de la poesía posromántica. En esas épocas, la capital argentina ya era una capital pujante en ostensible crecimiento, dirigida por una alta burguesía. Esta élite que en principio había apoyado el aluvión inmigratorio, hacia 1885 comenzaba a demostrar su desagrado ante la influencia extranjerizante en las costumbres y el idioma. Sin embargo, no por esto el lujo y la ostentación como también los inevitables viajes a Europa –especialmente a Francia– dejaron de ser factores predominantes de los altos círculos (Jorge, 2004).

Por otra parte, reconoce Jorge (2004), después de la revolución de 1890 se consolida en nuestro país una heterogénea clase media, surgida de la inmigración, integrada en mayoría por hombres cultos –escritores, profesionales, educadores– que se inclinan en favor de los humildes y proponen nuevas soluciones sobre la base de las doctrinas del radicalismo y del socialismo. También se inicia la lucha del proletariado ante la agitación de los anarquistas y en distintos barrios de la capital se abren centros obreros y bibliotecas con obras de literatura izquierdista.

Ese mismo año se funda una de las grandes organizaciones profesionales de la Argentina, el Centro Nacional de Ingenieros, que dos años después inicia la publicación de su órgano oficial *La Ingeniería*; y finalmente, en 1900, una asociación de estudiantes de ingeniería que se llamaba "La línea recta" fundada unos seis años antes, publica una *Revista Politécnica* que, al crearse el Centro de Estudiantes de Ingeniería en 1904, se convierte en su órgano y se transforma en 1910 en la *Revista del Centro de Estudiantes de Ingeniería*, que más tarde adoptó el nombre actual *Ciencia y Técnica*. Esta revista es de carácter más científico que las dos anteriores, pues además de ocuparse de temas generales y de cuestiones técnicas, publica lecciones de los cursos dictados en la Facultad y trabajos de ciencia pura.

También, aparece la *Revista Técnica*, dirigida por el ingeniero Enrique Chanourdie, que se ocuparía de ingeniería, arquitectura, minería e industria, como reza su portada y que, en verdad, fue una tribuna que en sus largos 22 años de vida se ocupó de todos los grandes problemas nacionales y de las obras públicas del país, así como de las extranjeras y de cuestiones técnicas de actualidad, y en alguna ocasión también de cuestiones científicas.

Paul Groussac, de origen francés, vino al país muy joven; entre 1885 y 1925 fue director de la Biblioteca Nacional, donde organizó el Depósito de Manuscritos y fundó dos publicaciones importantes: los *Anales de la Biblioteca*, que aparecieron entre 1900 y 1915 y en los que Groussac publicó documentos relativos al Río de la Plata, con introducción y notas, entre los cuales se destaca un alegato sobre las islas Malvinas (en francés) en 1900; y *La Biblioteca*, revista mensual de historia, ciencia y letras, que apareció entre 1896 y 1897 (Bruno, 2005).

El 4 de junio de 1893 el teniente general Bartolomé Mitre crea la Junta de Historia y Numismática Americana.

En diciembre de 1895 los hermanos Lumière proyectaron en Buenos Aires la primera función cinematográfica, sólo siete meses después de haberlo hecho en París; explica Jorge Rivera:[44]

---

[44] Según Bibiana del Bruto (1996: 378-379), el éxito inicial del cine en nuestro país se debió a que "el contacto con el pensamiento europeo, desde los inicios de la emancipación, implicó un permanente consumo de cultura en la Argentina [...]. Las grandes masas inmigratorias contribuyeron, con su integración, al avance de los inventos técnicos y a la producción y comercialización del teatro y del cine." A su vez Roberto Ferrari cita al Dr. Carl Schltz-Sellack (primer fotógrafo del Observatorio Nacional de

[...] el cine llegó a estas costas: en el porteño teatro Odeón el 28 de junio de 1896, y en el Salón Rouge de Montevideo a mediados de julio. Al mes siguiente se anunció la llegada del "vitascopio" de Edison y "otras 'curiosidades científicas'" a las que se encontraban facetas o aplicaciones espectaculares: en el [teatro] Florida se realizaban exhibiciones de los "rayos X" de Roentgen y del Kintófono, y en el denominado Fonógrafo de Florida 181 se presentaba un autómata jugador de damas, émulo tardío y modesto, seguramente del famoso jugador de ajedrez de Maelzel (Rivera, 1994: 25).

No todos estos avances formaban parte de la vida cotidiana de los argentinos en 1896; pero algunos sí lo hacían, y el resto estaba próximo, en el aire, rondando la mente y las ilusiones de los más imaginativos de la época, que se interesaban por los avances científicos y los cambios que traían aparejados, y que comprendían o adivinaban el interés que provocaban, como cuando en enero de 1896 se debatía la galvanización de las flores, que Roberto Arlt transformaría más tarde en un libro literario; en febrero, Zeppelín anunció su dirigible; en mayo, Langley presentó su aeródromo, precursor del avión de los hermanos Wright y también este mes se presentó el electrófono, de mayor alcance que el teléfono.

En 1897 se crean las Facultades de Derecho, Medicina, Ingeniería, Química y Farmacia de la Universidad de Buenos Aires.

En 1898 la Sociedad Científica Argentina organiza el Congreso Científico Latino-Americano, el primero de la serie de los actuales Congresos Científicos Argentinos.

El 7 de septiembre de 1898 abre sus puertas al público El Jardín Botánico, seis años después de que el entonces Director General de Paseos Públicos de la Capital,

---

Córdoba) que se quejaba en 1984 del poco respeto que había en el país por la fotografía en la ciencia, a la que se la consideraba "charlatanería de moda" en los círculos científicos de la época.

el arquitecto paisajista don Carlos Thays, elevara a la Intendencia Municipal, a cargo de don Francisco Bollini, un proyecto en el cual exponía la necesidad de la creación de un Jardín Botánico de Aclimatación. En la fundamentación de este pedido Thays aconsejaba que el lugar más indicado para formar ese jardín, era el terreno situado en la calle Santa Fe a la altura del Parque 3 de Febrero, solar en el que funcionaba el Departamento Nacional de Agricultura "a fin –expresaba– de efectuar en aquél plantaciones que ya no podían tener ubicación en el Vivero Municipal por hallarse colmado." Señala además las ventajas que reportaría la cesión del terreno, en el que existía la posibilidad de la "formación de un Jardín Botánico de Aclimatación cerca de los paseos de la capital y, sobre todo, de Palermo y del Jardín Zoológico, constituyendo así, con nuestras colecciones vegetales, un conjunto del cual la vista sería, a la vez, una distracción y un elemento poderoso de instrucción para la población bonaerense."

También en 1898 se funda la Facultad de Filosofía y Letras, cuyo primer decano fue Miguel Cané. Simultáneamente, se producía la desaparición de *La Biblioteca*, revista mensual de historia, ciencia y letras, dirigida, como dijimos, por Paul Groussac desde 1896. En este ambiente surge, en 1898, la *Revista de Derecho, Historia y Letras* cuyo fundador y director fue el jurisconsulto Estanislao S. Zevallos. Esta publicación se editó durante 25 años seguidos, hasta 1924.

Es en 1899 que el médico Alejandro Posadas es el primero en el mundo en utilizar el cinematógrafo como documento quirúrgico, filmando la primera película argentina, a cuatro años del invento del cine en Francia, desarrollada por los hermanos Lumière. Esta filmación tiene varios méritos indudables: "Es la primera operación quirúrgica filmada en la historia del cine, y es asimismo, la primera película argentina" (Fernández Jurado, 1984).

La filmación se realizó en el Hospital de Clínicas y debió efectuarse al lado de la ventana para aprovechar la luz natural para la filmación. Esta cirugía fue la de un quiste hidatídico de pulmón. La Cinemateca Argentina determinó que esta película es el primer film argentino que se conoce y ha sido reconocido por las Cinematecas de París y Bélgica como el primer documento fílmico de una cirugía (Llorens y Corino, 1997).

En ella se advierte que los cirujanos operaban sin barbijos ni gorros y, además, no usaban guantes. Fueron los ayudantes sus discípulos, los doctores Viale y Rocatagliata y el enfermero Ramón Vázquez. Los guardapolvos eran de mangas que llegaban hasta el antebrazo. Esto sorprende, pues en Europa, en esa época los cirujanos operaban con levita y no con batas. Las escenas fueron filmadas por un francés que vino de visita a la Argentina, el señor Eugenio Py, pionero del cine argentino que utilizó una cámara Elgé, francesa, fabricadas por León Gaumont, un competidor de los hermanos Lumière. Los dos cortos de operaciones, los primeros de nuestra historia, fueron producidos cerca de 1899 el primero, y un año más tarde el segundo (la operación de una hernia inguinal). Posadas estaba convencido de la importancia que tendría el cine para la comunicación profesional y la docencia de la cirugía.

En definitiva, la ciudad estaba al día con los adelantos tecnológicos: en 1856 se comenzó a distribuir gas para iluminación en inmuebles del centro; en 1866 llegó el tranvía tirado por caballos; en 1868, el primer tendido de agua corriente; en 1878, las primeras comunicaciones por teléfono; en 1881, el teléfono se volvió comercial; en 1882 se instaló la primera central eléctrica, que iluminaba a las calles Perú y Florida; cinco más tarde se construyó el tanque / palacio de agua de Córdoba y Ayacucho; en 1897 comenzaron los primeros tranvías eléctricos (Braum y Cacciatore, 1996: 39).

El cambio del Siglo XIX al XX está marcado por una creciente y definitiva profesionalización de la prensa escrita local. La competencia obliga a ofrecer mejores contenidos, los lectores se vuelven más exigentes, el medio evoluciona Así, Jorge Rivera (1998) sostiene:

> En el ambiente de la Argentina finisecular la imagen del escritor "profesional" ya está prácticamente configurada. Han contribuido a ello la existencia de los nuevos lectores, el diverso carácter técnico del periodismo diario, que ha pasado del viejo tono "predicativo" y "partidista" a un tono eminentemente "informativo" y "recreativo", el relativo éxito popular de las producciones literarias locales, el redimensionamiento consiguiente de los mercados en que el escritor puede colocar su "mercancía" e inclusive la lección aportada por el Modernismo, en tanto, exigía del escritor una actitud de mayor rigor técnico y ponía acento sobre la especificidad del hecho literario (Rivera, 1998: 154).

Luego pasaron por el país pasquines, gacetas, hojas sueltas, semanarios de mayor o menor envergadura, revistas, diarios de fugaz permanencia o dilatada trayectoria.

El 1 de abril de 1900 hizo su aparición *El Pueblo*, fundado por Federico Grote. Venía este órgano a reemplazar a *La Voz de la Iglesia*, es decir, a proseguir la defensa del catolicismo con un espíritu más de acuerdo con la época moderna. En sus páginas se reflejaron la buena literatura y la preocupación por la ciencia.

También este año, gracias a los esfuerzos de su donante, fundador y animador, Dr. Juan A. Domínguez, se crea el Museo Farmacológico, luego denominado Instituto de Botánica y Farmacología; en 1900 y 1913 se incorporan los Institutos de Psiquiatría y de Clínica, por los doctores Domingo Cabred y Luis Agote, respectivamente.

Este año el escritor, jurista y sociólogo argentino Juan Agustín García publica *La ciudad indiana*, un estudio sobre la ciudad de Buenos Aires.

También, Alfredo Palacios presenta su tesis doctoral titulada *La miseria en la República Argentina*, considerada la primera investigación argentina referida a las condiciones de vida de la población. La tesis fue rechazada entonces pues los reglamentos universitarios prohibían incluir expresiones que pudieran resultar injuriosas para las instituciones.

En 1901, al cumplirse el centenario del primer periódico impreso en Buenos Aires, *Telégrafo Mercantil*, se realizó en esta misma ciudad el Primer Congreso de la Prensa Argentina, por iniciativa del Círculo de la Prensa, y en él se trató como principal asunto la misión del periodismo[45] (Fernández, 1943: 201).

El primero de enero de 1901 el diario *La Prensa* publica un suplemento con una extensa nota ilustrada y titulada "Maravillas del siglo. La ciencia y sus aplicaciones". Allí se describía la historia del alumbrado, de la electricidad, del telégrafo, del teléfono, de la fotografía y de la cinematografía, entre otros.

También en 1901, por iniciativa de Héctor A. Taborda y Osvaldo Loudet, se edita la *Revista del Centro de Estudiantes de Medicina*, incorporada en 1909 a la *Revista del Círculo Médico Argentino*.

Se crea asimismo el Instituto de Investigaciones Históricas de la Facultad de Filosofía y Letras de Buenos Aires, que ha realizado una notable labor editando importantes publicaciones y colecciones, entre las que citamos: el *Boletín* que aparece desde 1912; los *Documentos para la Historia Argentina*, desde 1913, las *Publicaciones con*

---

[45] En 1910, y en cumplimiento de otra idea planteada en el Círculo, pudo reunirse un congreso de solidaridad periodística. En 1939, de un congreso de periodistas efectuado en Córdoba, surgió la Federación Argentina de Periodistas, que tiene por objeto ocuparse de temas de cultura y de asuntos gremiales y que estableció como Día del Periodista la fecha del 7 de junio, por ser aniversario de la aparición de *La Gaceta de Buenos Aires*.

monografías históricas, desde 1917; y la *Biblioteca Argentina de Libros Raros Americanos*, que comprende 5 tomos aparecidos entre 1922 y 1927.

Es también en 1901 que se entregan los primeros 76 premios Nobel distribuidos en Literatura, Física, Química y Medicina. Todos se quedaron en Europa, más que nada en Alemania, Francia e Inglaterra, excepto tres que recibieron científicos de Estados Unidos, otros tres para investigadores del Mediterráneo y dos para los rusos (Hobsbawm, 1998: 269).

Los premios reflejan los temas científicos por los que se interesaba la sociedad de la época. Es sintomático, en este sentido, que se hayan comenzado a dar en 1901: la ciencia se había transformado en algo muy importante, de la que se esperaba que trajera maravillas constantemente (de ahí que el premio se otorgue anualmente).

Por eso, dice Juan José Saldaña, a nadie sorprendía que la ciencia naciera en las ciudades centroeuropeas y de allí se difundiera al mundo,

> [...] en donde por obra de su virtud intrínseca y el paso del tiempo [terminaría] por echar raíces. Simultáneamente, siguiendo un punto de vista propio de la tradición ilustrada, se sostenía que la difusión de la ciencia conducía a la modernidad y a la occidentalización de las sociedades en las que se implantaba (Saldaña, 1996: 395).

Por otro lado, la Academia Porteña del Lunfardo relata que cuando Ricardo Monner Sans llegó de España en 1889 para incorporarse a la redacción de *La Nación*, se apasionó por el vocabulario local, y en 1902 publicó sus *Notas al castellano en la Argentina*, grueso volumen que después amplió hasta registrar 556 voces.

En 1902 Florentino Ameghino, por fallecimiento del Dr. Carlos Berg, se convirtió en el primer director argentino del Museo Argentino de Ciencias Naturales.

En 1903 José Ingenieros recibe el premio de la Academia Nacional de Medicina por su publicación *Simulación de la locura*, producto de su trabajo de tesis doctoral.

Agreguemos que entre las publicaciones periódicas que en este lapso aparecen y desaparecen, sobresale *Historia*, publicada por Luis M. Torres y Félix F. Outes en 1903; y que en 1913 asoma un grupo de jóvenes historiadores con nuevos métodos de investigación, que hacen acuñar la frase: "Nueva escuela histórica argentina", con que Juan A. García lo califica.

El año 1904 es muy prolífico y durante su transcurso ocurrieron varios hitos de la historia de la divulgación científica en la Argentina:

- Juan Bialet Massé presentó su extenso *Informe sobre el estado de la clase obrera* en tres tomos, considerada la primera investigación laboral realizada en el país.
- Rodolfo Rivarola crea la *Revista de la Universidad de Buenos Aires*.
- Ernesto Quesada, el primer profesor de sociología, se hizo cargo de la cátedra en la Facultad de Filosofía de la Universidad de Buenos Aires, enseñando y publicando distintos aspectos de la sociología, doctrinarios, históricos y aplicados a la vida americana o argentina.
- Se crea el Observatorio del Pilar (Córdoba) para el servicio geomagnético.
- Alberto M. Haynes funda la Editorial Haynes, que inicia sus actividades con la revista *El Hogar*.[46] Luego continúo

---

[46] La revista *El Hogar* fue por muchísimo tiempo la revista de mayor venta, gratamente reconocida por el público, que la identificaba con un incipiente estilo de vida nacional. *El Consejero del Hogar* fue el nombre con el que comenzó a editarse esta publicación, "revista quincenal literaria, recreativa, de moda y humorística", aunque en ese momento no encontró el eco suficiente en el público, hasta que comenzó una evolución que apuntaba al gusto femenino de la clase media y buscaba halagar la vanidad de la clase alta, dedicando muchas de sus páginas a mostrar

su importante producción editorial con revistas como *Mundo Argentino, Mundo Agrario, Mundo Infantil* y el popular diario *El Mundo* entre otras publicaciones.
- Se crea, por decisión de la Facultad de Filosofía y Letras, el tercer museo más grande del país: el Museo Etnográfico. Su primer director fue el Dr. Juan B. Ambrosetti, en cuyo honor el Museo hoy lleva su nombre.

Además, el presidente Manuel Quintana designa a Joaquín V. González Ministro de Justicia e Instrucción Pública, cargo desde el cual creó el "Seminario Pedagógico", más tarde llamado "Instituto Nacional del Profesorado Secundario de Buenos Aires", que contó con un numeroso plantel de profesores extranjeros –en su mayoría de Alemania– y que actualmente lleva su nombre.

En 1905 Miguel Lillo publica *Fauna tucumana, Aves*, haciendo conocer sus descubrimientos de nuevas especies.

Ese mismo año se instala la Estación Astronómica de Oncativo en Córdoba, que en 1908 pasa a depender del Observatorio de La Plata y que en 1911 suspende sus servicios.

El diario *La Razón* fue fundado el 1º de marzo de 1905 por un veterano del oficio, Emilio B. Morales; luego lo sucedió José A. Cortejarena, periodista joven quien ni había cumplido treinta años en 1907. *La Razón* fue el diario de la tarde con tres ediciones diarias. A Cortejarena, una vez fallecido en 1921, lo continuó Ricardo Peralta Ramos, uno de sus propietarios: "Los cronistas que habían llamado al siglo XIX como el siglo de los avances de la ciencia y de

---

fiestas, casamientos, viajes y vestimentas, y lugares de veraneo de las familias más tradicionales. Así fue que encontró un éxito significativo, que supo acompañar con adelantos técnicos: simplificó el nombre, adoptó las características de un semanario ilustrado y por primera vez utilizó tricomía en sus portadas. (Disponible en línea: todoar.com).

los cambios técnicos ni remotamente sospechaban con lo que se iban a encontrar" (*La Nación*, 1997), vaticinaban los redactores del fascículo y agregaban:

> Los nuevos años arrancaron con el vértigo del tranvía eléctrico que atravesaba la ciudad de Buenos Aires y en 1905 un flamante diario dividía las aguas. Era *La Razón*, que tomaba distancia de los diarios tradicionales –*La Nación* y *La Prensa*– y se alejaba del temario político-económico para incursionar en temas de interés general, precisamente en despedir a los humildes tranvías a caballo para dar paso al trolley de electricidad (Ulanovsky y González, 1977).

Reconoce Gerardo López Alonso (2004) que fue el principal vespertino de la Argentina. Propiedad de la familia Peralta Ramos, su conductor periodístico fue durante cincuenta años Félix Laíño (1910-1999), maestro del oficio. Debido a su manera de hacer periodismo, *La Razón* imponía garra e impacto en sus ediciones quinta y sexta al traer las últimas noticias.

Tuvo como periodista científico al Doctor en Ciencias Naturales por la Universidad de La Plata, Miguel Mulhmann, especializado en el estudio de las arenas, sobre quien nos explayaremos más adelante.

4.3. Los albores de la investigación científica (1906-1915)

Los años comprendidos entre 1906 y 1912, que se corresponden con la presidencia de José Figueroa Alcorta, son conocidos, también, como la república conservadora segunda. A Alcorta lo continúan luego entre 1910 y 1914 Roque Sáenz Peña, y entre 1914 y 1916 Victorino de la Plaza.

En 1907 se funda la Asociación Argentina de Dermatología transformándose en la primera institución científica argentina y la primera dermatológica de América

Latina. Al año siguiente publica por primera vez su órgano oficial: la *Revista Argentina de Dermatología*, que se edita desde entonces en forma ininterrumpida. Se distribuye a nivel nacional e internacional y cuenta con trabajos de gran valor científico.

A fines de 1907 regresa al país el joven diplomático y deportista Aarón de Anchorena, trae consigo un globo esférico de 1.200 metros cúbicos, adquirido en Francia y al que bautizó con el más criollo de nuestros vientos, "Pampero".

Una vez instalado y armado, invitó a su amigo el ingeniero Jorge A. Newbery, joven deportista, ex alumno de Thomas Alva Edison, pionero en el terreno de la energía eléctrica y ganador de varios premios deportivos, a participar de la primera ascensión del esférico en la Navidad de ese año. El "Pampero" salió desde la Sociedad Sportiva Argentina, hoy Campo de Polo, y cruzó los cielos descendiendo en la vecina orilla del Río de la Plata, en Conchillas, República Oriental del Uruguay.

El hecho produjo gran entusiasmo y el 13 de enero de 1908 se crea el Aero Club Argentino, primera entidad aérea del país.

Mientras tanto, José Ingenieros, en su posición filosófica, supera el positivismo: adhiere al cientificismo de la época, dirigiendo principalmente su actividad filosófica hacia los temas sociológicos, en especial argentinos, en cuyo campo su obra más importantes es la colección de escritos y críticas de libros y autores *Sociología argentina*, de 1908.

Por iniciativa del diputado Balestra la "Escuela de Comercio de la Capital de la República", a partir de 1908, pasó a denominarse "Carlos Pellegrini", en recuerdo del destacado hombre público.

En 1909 se crearon en Buenos Aires las facultades de Agronomía y Veterinaria y el Instituto de Altos Estudios Comerciales y de Ciencias Económicas. En La Plata, el Instituto de física de La Plata y en Tucumán la Estación

Experimental Agroindustrial Obispo Colombres (EEAOC) como un ente autárquico del gobierno de la Provincia de Tucumán, con el objetivo de incrementar cuantitativa y cualitativamente la producción agrícola-ganadera y sus industrias derivadas por medio de la investigación, el desarrollo y la transferencia tecnológica.

En junio 1910 aparece por primera vez la *Revista industrial y agrícola de Tucumán* como su órgano oficial para la difusión de los trabajos de investigación y desarrollo realizados por sus distintas secciones: caña de azúcar, fruticultura, cereales y cultivos industriales, horticultura, semillas, plantas forrajeras, ingeniería y proyectos agroindustriales, química de los productos agroindustriales, fitopatología, zoología agrícola, suelos y nutrición vegetal, manejo de malezas, agrometereología, biotecnología, sensores y sistemas de información geográfica y economía agraria.

Particularmente importantes, desde el punto de vista de la memoria y de la intención de comenzar a construir una tradición documental, fueron algunas publicaciones aparecidas con motivo del centenario de la patria en 1910.

En este marco vieron la luz los doce tomos de documentos del archivo de San Martín, las memorias y autobiografías de próceres editadas por el Museo Histórico Nacional y, sobre todo, algunas obras de carácter ensayístico que iniciaron una larga tradición de crítica respecto del sentido de la nacionalidad: *El diario de Gabriel Quiroga* de Manuel Gálvez, *La restauración nacionalista*, de Ricardo Rojas, publicada el año anterior, y el *El juicio del siglo*, de Joaquín V. González (Luna, 2009: 806).

Hubo también reuniones especiales que sirvieron para mostrar la importancia de la Argentina ante el mundo, como el Primer Congreso Feminista Internacional, el Congreso Internacional de Medicina y la Cuarta Conferencia Panamericana. Es de destacar el Congreso Nacional Americano que organiza la Sociedad Científica

Argentina, probablemente uno de los más importantes de la América Latina. Este congreso contó con más de 1.500 adherentes, más de 500 trabajos presentados y de 200 asociaciones representadas. En este marco José Ingenieros es nombrado Delegado Argentino del Congreso Internacional de Buenos Aires.

También para el centenario de 1910, Tobías Garzón presentó el *Diccionario argentino*. Por entonces, ya estaba establecido un firme movimiento en procura de clasificar y solidificar la lengua local. En 1911 apareció el *Vocabulario argentino* de Diego Díaz Salazar, y también de 1911 es la obra mayor durante décadas y hoy un clásico: el *Diccionario de argentinismos, neologismos y barbarismos, con un apéndice sobre voces extranjeras interesantes* de Lisandro Segovia, con más de 1.000 páginas.

Horacio Salas (1996) indica que para 1910, cuando comenzaron los festejos por el Centenario del país, la sociedad local estaba acostumbrada a los sacudones mentales que le producían los nuevos descubrimientos y anuncios científicos.

> El uso del automóvil, el tranvía eléctrico, la iluminación doméstica, el teléfono, el fonógrafo, la cinematografía y la posibilidad de volar en aparatos más pesados que el aire, se habían constituido en realidades, y cada día las informaciones periodísticas daban cuenta de [esto] (Salas, 1996: 207).

Entre 1910 y 1919 Bernardo Houssay lleva adelante la cátedra de Fisiología en la Facultad de Agronomía y Veterinaria de la Universidad de Buenos Aires. Paralelamente es Jefe de Investigaciones del Instituto Bacteriológico.

Sobre la base de la "Escuela de Comercio de la Capital de la República", el 26 de febrero por decreto del Dr. Joaquín Figueroa Alcorta, refrendado por su Ministro de Instrucción Pública Dr. Rómulo S. Naón, se creó el Instituto de Altos Estudios Comerciales, el que después de algunas vicisitudes de supresión y restablecimiento, se convirtió el 9 de octubre de 1913 en la actual Facultad de Ciencias Económicas de la Universidad de Buenos Aires.

Además, en 1910, ocurrieron otros cuatro acontecimientos vinculados con la divulgación científica que merecen mencionarse:

- El geógrafo y editor cartográfico José Anesi regresa definitivamente a la Argentina como representante de la empresa italiana Bernardi y Cía., de Milán.
- El físico Guillermo Marconi llega a la Argentina a bordo del barco Princesa Mafalda y realiza los primeros ensayos radiotelefónicos. Desde Bernal, con un cometa de 6 metros de superficie, remontó sus antenas a las alturas y se comunicó con Irlanda y Canadá.
- El jurista y sociólogo Rodolfo Rivarola funda y dirige la *Revista Argentina de Ciencias Políticas*.
- La Sociedad Científica Argentina organiza un Congreso Científico Internacional Americano (Babini, s/f).

En junio de 1911 aparece el primer número de la revista *Archivos de la Sociedad Médica de la Provincia de Buenos Aires*. En ese primer número se publicó el acta de fundación de la Sociedad.

Florentino Ameghino funda la Asociación Argentina de Ciencias Naturales que al año siguiente inicia la publicación de su revista *Physis* de aparición semestral, destinada a estimular y facilitar la difusión del conocimiento científico de las ciencias biológicas especialmente de la región neotropical y en particular de la Argentina (Farro, 1998).

El botánico Cristóbal María Hicken instala en el partido de General San Martín de Buenos Aires un herbario y una biblioteca particular que llamó *Darwinion*, que se convirtió en un reconocido centro botánico que publica una revista especializada, *Darwiniana*, la principal publicación botánica argentina. Gracias al deseo de Hicken *Darwinion* se convirtió en un Instituto de Botánica (dedicado sólo a la investigación científica), bajo la administración de la Academia de Ciencias de Buenos Aires.

El 20 de octubre de 1911 se funda la Sociedad Argentina de Pediatría (SAP) y edita los *Archivos Argentinos de Pediatría* de frecuencia bimensual.

En 1912 José Anesi es nombrado apoderado del Instituto Geográfico De Agostini de Novare.

También este año nace la Asociación Química Argentina (AQA), que inicia al año siguiente la publicación *Anales*.

En 1913 se concibe la idea de instalar en el mirador del Colegio San José un observatorio astronómico. El padre de uno de los alumnos dona el telescopio que es instalado en la cúpula el año siguiente. Desde ese momento se comenzaron a dictar clases de astronomía.

En este año se funda el diario *Crítica* que llegó a ser el de mayor circulación del país en esa época. En sus páginas publicó noticias sobre ciencia tanto en el cuerpo del periódico como en secciones especiales.

El año 1914 es pródigo en hechos vinculados con la ciencia y la tecnología:

- La Facultad de La Plata inicia sus publicaciones con *Contribución a las ciencias fisicomatemáticas*.
- Tras la visita en 1914 del lingüista y filólogo español Ramón Menéndez Pidal a nuestro país, con el apoyo de sectores acaudalados de la comunidad española en la Argentina, se concreta el acuerdo Hispano-Argentino en forma oficial en 1915, cuando la Universidad de Buenos Aires acordó aceptar la propuesta de la Institución Cultural Española de crear en ella una cátedra de Cultura Española que esta institución se comprometía a financiar.
- Manuel J. Menchaga, gobernador de la Provincia de Santa Fe, funda el Museo Escolar Florentino Ameghino,

de Historia Natural, para dotar a maestros y pedagogos de elementos de interés didáctico para formar e impulsar en los niños la conciencia del valor de la naturaleza y su conservación.
- Mariano R. Castex y Carlos Bonorino Udaondo inician la edición de *La Prensa Médica Argentina* y en 1928 nace *El Día Médico*.
- Aparece la *Revista del Centro de Estudiantes de Odontología de Buenos Aires*, fundado el año anterior.

En el mes de noviembre de 1914, el Dr. Luis Agote logró efectuar exitosamente la primera transfusión de sangre en un recipiente sin que se coagulara, experiencia de trascendencia internacional que se llevó a cabo en el Hospital Rawson de Buenos Aires.

Tras incontables experimentos, el Dr. Agote y su asistente de laboratorio Lucio Imaz, después de varias pruebas, el 9 de noviembre de ese mismo año concretaron exitosamente la transfusión de 300 cm^3 de sangre, donada por un empleado del Hospital a una parturienta que tres días después dejó el nosocomio en perfecto estado de salud.

El Dr. Agote comunicó su descubrimiento al mundo y, en un primer momento, sólo recibió respuestas corteses por vía diplomática. Cuando el *New York Herald* publicó una síntesis de su método, el tema comenzó a interesar, a tal punto que el norteamericano Lewinsohn y el belga Hustin se apresuraron a reclamar el descubrimiento como propio (venían trabajando paralelamente al científico argentino). Se entabló entonces una polémica en la que unos y otros se atribuyeron la prioridad aunque la publicación del estudio en el periódico norteamericano y las constancias del anuncio del descubrimiento efectuadas oportunamente por el Dr. Agote, fueron pruebas contundentes que dejaron aclarado que fue él quien primero logró la hazaña (Bolech, 2007: 31).

También en noviembre de este año la Junta de Historia y Numismática Americana, en homenaje al primer periódico editado en Buenos Aires, dispuso formar los tomos sexto y séptimo de su biblioteca con la reproducción facsimilar de los cinco tomos que comprenden el *Telégrafo Mercantil, Rural, Político-Económico e Historiográfico del Río de La Plata,* cuyos ejemplares se encuentran en la Biblioteca de la Academia Nacional de la Historia.

En las primeras páginas del tomo sexto aparece un capítulo titulado "Advertencia", donde se enumeran las dificultades que tuvieron para lograr la reproducción facsimilar:

> La escasez de ejemplares y lo incompleto de las colecciones que existen en esta ciudad después de ciento trece años, justifican sobradamente el deseo de prolongar la vida de esos pequeños libros que muestran el esfuerzo primero del periodismo en una época en que el pueblo era pasivo espectador en el debate de sus intereses, en que la ciudad era la nación y no se sentía la necesidad de llevar a las extremidades del país los ecos de la vida política (Facsimil, 1914).

En 1915 José Ingenieros funda la *Revista de Filosofía* de frecuencia bimensual, mediante una beca de investigación del Fondo Nacional de las Artes.

También aparece como órgano del Centro de Estudiantes de Arquitectura la *Revista de Arquitectura de Buenos Aires*.

Entre 1915 y 1927 José Ingenieros edita *Cultura Argentina*, importante colección de 144 obras de los más grandes pensadores argentinos, y la publicación de la *Revista de Filosofía*, periódico bimestral de cultura, ciencias y educación, cuyo programa resume el pensamiento filosófico de Ingenieros, pues esa revista se proponía estudiar "problemas de cultura superior e ideas generales que excedan los límites de cada especialización científica", agregando que no editaría artículos literarios, políticos, históricos, ni forenses, pero trataría, en cambio, de "imprimir unidad de expresión al naciente pensamiento argentino, continuando la orientación cultural de Rivadavia, Echeverría, Alberdi y Sarmiento" (Ponce, 1974: 139-210).

4.4. La ciencia renovada (1916-1931)

Para Babini (2007), en la evolución del pensamiento científico argentino, la etapa que se inicia aproximadamente en los años de la I Guerra Mundial es quizá la más importante, pues es en ese período en que se extienden e incrementan aquellas características del proceso científico que en la mejor época del Siglo XIX tan buenos frutos había producido en algunos sectores científicos.

Pero es también la etapa más difícil de reseñar, ya porque ese proceso al extenderse complica las interrelaciones científicas; ya debido a que la proximidad de los sucesos y figuras torna inseguro y menos objetivo el juicio acerca de los mismos.

Por lo tanto, siguiendo a Babini (2007) nos limitaremos a describir, en la forma más sucinta y objetiva posible, el desarrollo del pensamiento científico en la Argentina durante un lapso, aproximadamente de tres décadas, que se inicia con la I Guerra Mundial, época en la que creemos ver el comienzo del cambio de aquella postura frente a la ciencia que podía observarse en el país a principios de este siglo.

No es fácil precisar cuáles fueron las causas directas que provocaron tal cambio; cabe sí señalar algunos sucesos contemporáneos con su asomar.

Los años que precedieron la I Guerra Mundial marcaron el apogeo de la Argentina como potencia latinoamericana, en coincidencia con el apogeo del imperio colonial europeo al que estaba económicamente ligada. Fueron también los años postreros de la hegemonía liberal en el país y del imperio británico en el mundo. La declinación del liberalismo siguió a la desaparición de sus figuras mayores (Roca, Mitre, Pellegrini) y a la concesión del sufragio universal que abrió el camino del gobierno al radicalismo.

En esta etapa de nuestra historia, signada por gobiernos radicales (1916-1922 Hipólito Yrigoyen, 1922-1928 Marcelo T. de Alvear y 1928-1930 Hipólito Yrigoyen), recobraron importancia las ciencias básicas, prevalecieron los profesionales e investigadores argentinos y aparecieron los primeros centros de investigación universitarios.

El advenimiento del radicalismo al poder en 1916 produjo los cambios consiguientes en la clase dirigente y en la fisonomía política del país. En el orden internacional, a la natural repercusión ocasionada por la I Guerra Mundial, se agregó la impresión provocada por la Revolución Rusa en la que, más allá de la tendencia ideológica que encarnaba, se vio la liberación de una gran masa oprimida y también la segunda etapa de un proceso de emancipación que unos años antes se había iniciado en China y que, así se creía, continuaría en un futuro próximo con la independencia de la India.

Ambos órdenes de hechos, el nacional y el internacional, tuvieron su influencia en el movimiento juvenil de 1918, nacido en los claustros universitarios cordobeses, denominado luego el movimiento de la Reforma universitaria. No hubo en verdad, entonces, tal reforma, pues la estructura de la universidad se mantuvo en lo esencial y en lo legal y sólo modificó sus estatutos, en el sentido de dar a la vida universitaria un ritmo más ágil y eficaz. Sin embargo el "movimiento del 18" fue síntoma, o impulso, de una reforma más profunda: de una nueva tónica, de un afán de renovación, al abrigo del cual la ciencia argentina adquirió nuevos bríos y un renovado vigor que bien pronto trascendió de las aulas universitarias para irradiarse por todo el continente.

El movimiento reivindicó un nuevo tipo de universidad cuyos postulados básicos eran la participación estudiantil en el gobierno, la periodicidad en el ejercicio de la cátedra, los concursos para la elección de profesores, la asistencia libre a clases y la extensión universitaria.

En el ámbito universitario el calor de la agitación estudiantil llevó a que, en menos de veinte años, casi se duplicara el número de universidades nacionales, pues a las tres existentes se agregaron por creación o nacionalización otras dos. En efecto, nació una nueva universidad nacional en el Litoral y se nacionalizó la de Tucumán, ambas cobijaron investigadores importantes. La explotación estatal del petróleo de Comodoro Rivadavia ofreció un nuevo ámbito de investigación y geólogos argentinos reemplazaron a los extranjeros. En La Plata y en Paraná las ciencias de la educación accedieron al nivel superior.

La Universidad de La Plata cobijó a un físico como Richard Gans, un matemático como Hugo Broggi, un biólogo como Miguel Fernández y un educacionista como Víctor Mercante, mientras el Museo emprendía estudios antropológicos. En el Instituto Nacional del Profesorado, docentes y científicos alemanes prepararon profesionales de alto nivel y también futuros investigadores. Mientras los geólogos alemanes seguían enriqueciendo las ciencias de la tierra, apuntaron los primeros químicos argentinos.

Se crearon las primeras cátedras de sociología y, en un ambiente saturado de positivismo cientificista, José Ingenieros comenzó a publicar una revista de *Filosofía, cultura, ciencia y educación*. Proliferaron también las publicaciones universitarias estudiantiles que preanunciaban la aparición masiva de los profesionales e investigadores argentinos que pondrían fin a la presencia de extranjeros en áreas científicas gubernamentales y universitarias.

Julio Rey Pastor introdujo la matemática nueva, Bernardo Houssay inició la investigación en biología, Alejandro Korn encabezó la renovación filosófica, y se dictaron los primeros cursos de economía pura. Se anunció una "nueva escuela histórica", apuntó el revisionismo histórico y aparecieron las primeras cátedras de historia de la ciencia.

Es de hacer notar que, además, de la preocupación de los argentinos por las noticias que llegaban de Europa en cuanto a sucesos políticos, se encontraba la preocupación por el desarrollo del pensamiento científico y cultural.

Resumen de las razones del *boom* de la divulgación a partir de la I Guerra Mundial

- La tecnología pasa a jugar un papel clave en los conflictos bélicos.
- El Estado se da cuenta de la importancia estratégica de la ciencia, y pasa a centralizarla y a organizarla, hecho que beneficia la difusión.
- La ciencia y la tecnología cada vez están más presentes en la vida cotidiana y ya no son algo extraño y ajeno a la sociedad.
- Aparece un nuevo público, alfabetizado y con tiempo libre, que está interesado por la ciencia y la tecnología.
- Einstein, la relatividad y la nueva física crean un desconcierto generalizado que necesitaba divulgadores.
- La divulgación se convierte en una herramienta para los científicos para obtener fuentes de financiación pública y privada.
- La divulgación sirve para luchar contra el crecimiento de las pseudociencias.

El 28 de julio de 1916 nace la Sociedad Ornitológica del Plata, que luego pasó a ser la Asociación Ornitológica del Plata (AOP), la que crea la entidad Aves Argentinas que edita a partir de 1917 la revista *El Hornero* sobre ornitología tropical. En el primer número de *El Hornero* se definen en su artículo inicial el carácter y los fines de la asociación.

Veintiuna personalidades se reunieron en el Museo de Historia Natural ubicado en la Manzana de las Luces para crearla. Entre ellos se encontraban Eduardo Holmberg, director del Zoológico de Buenos Aires; Ángel Gallardo, director del Museo de Ciencia Naturales y Juan Bautista Ambrosetti, director del Museo Etnográfico de la Facultad de Filosofía y Letras.

Se realiza el Congreso Nacional de Medicina.

El filósofo español José Ortega y Gasset realiza su primera visita a nuestro país, invitado por la Cátedra de Cultura Española de la Universidad de Buenos Aires. Durante su estadía contribuyó a difundir en la Argentina las nuevas corrientes de la filosofía alemana contemporánea y también las reflexiones que él mismo había formulado en algunas de sus obras recientes.

Una de las ideas expresadas en sus escritos se vinculaba con el concepto de "cambio social", que Ortega trasladaba al terreno temporal y ligaba con el concepto de "generación", atribuyéndole a la juventud un rol protagónico en su dinámica. "Sus ideas, expuestas con singular brillo, impresionaron vivamente a los universitarios argentinos y sin duda constituyen otro de los elementos básicos del programa ideológico que condujo a la Reforma de 1918" (Ortiz, 1988).

Ortega volvió posteriormente a nuestro país en 1928 y en 1939.

La Sociedad Argentina de Ciencias Naturales es la que por inspiración de Holmberg realizó en Tucumán en 1916 la primera Reunión Nacional de Naturalistas.

Se organiza el Congreso Americano de Bibliografía e Historia en Buenos Aires y Tucumán.

El Museo Colonial e Histórico de la Provincia de Buenos Aires se instaló en Luján en 1917 en el edificio, a punto de ser demolido, del antiguo Cabildo de Luján construido en 1755, cuando esta localidad adquirió la categoría de Villa, la que le confería el derecho a poseer Cabildo, Justicia y Regimiento.

Ante la inminente destrucción de este pasado histórico se promovió el apoyo de la comunidad y se interesó al interventor de la Provincia de Buenos Aires, el lujanense don José Luis Cantilo, para que el histórico Cabildo no se demoliera y fuera destinado a Museo. Sus gestiones hallaron eco positivo y en consecuencia, el 31 de diciembre de 1917 se decretó que el edificio del Cabildo de Luján fuera reservado para el asiento del Museo Colonial e Histórico de la Provincia de Buenos Aires y se destinó, además, una partida para refacciones.

La comisión honoraria encargada de organizar el Museo se planteó la necesidad de incorporar a él a la llamada Casa del Virrey, no sólo por la antigüedad del edificio, contemporáneo al Cabildo, sino también porque además en la Casa había estado el Virrey Sobremonte de paso en 1806, cuando trasladaban a Córdoba los caudales, para salvarlos de los invasores ingleses. En dicha casa, había funcionado el Real Estanco de tabacos, luego sucesivamente fue habitada por el Dr. Francisco Javier Muñiz, perteneció al Círculo Católico de Obreros y fue sede de la imprenta del periódico *La Verdad*. Este planteo halló buena respuesta del Gobierno provincial, ya que el 20 de abril de 1918 autorizó la compra de dicha casa, más lotes linderos al Cabildo.

El 3 de agosto de 1917 un grupo de alumnos de entre quince y dieciocho años, inspirados en la corriente científica orientada en la Argentina por los trabajos de Florentino Ameghino, fundaron en Paraná, Entre Ríos, la "Asociación Estudiantil Pro Museo Popular". Los fondos que conformaron sus primeras colecciones procedían de donaciones y de excursiones realizadas por sus miembros. Al mismo tiempo conformaron una Biblioteca Científica y editaron la *Revista del Museo Popular*.

También en 1917 llega al país Julio Rey Pastor, invitado también por la Cátedra de Cultura Española. Rey Pastor, entrenado en Alemania, transmitió a la audiencia local sus experiencias alemanas y sus reflexiones propias. Pocos años más tarde, este científico, fue definitivamente incorporado a la Universidad de Buenos Aires, a la que perteneció ininterrumpidamente por espacio de más de treinta años y, tras un breve período de forzada ausencia, hasta el final de sus días, en 1962. En esa y otras universidades argentinas Rey Pastor contribuyó excepcionalmente al desarrollo de la investigación en matemática pura; al entrenamiento de una generación de ingenieros argentinos con un enfoque moderno en esa área básica de su profesión y a dar impulso a los estudios sobre la historia de las ciencias (Ortiz, 1988: 247-261).

En 1917 en la Facultad de Filosofía de Buenos Aires se funda el Instituto de Investigaciones Geográficas.

En 1918 Constancio C. Vigil funda la Editorial Atlántida y lanza la revista *Atlántida*.

Este año, José Anesi comenzó a trabajar por cuenta propia, dando origen a su editorial cartográfica dedicada especialmente a la publicación de atlas y mapas geográficos escolares, que figuraron entre los más acreditados y difundidos en toda América.

También aparece la *Revista de Economía Argentina* con el objeto de "colaborar en la obra de alta cultura que significa el estudio de los hechos y problemas de nuestra economía, motivo hoy de general y alentadora preocupación. Se propone para ello examinar las manifestaciones de la vida nacional, recoger en los países extranjeros los resultados de la experiencia económica razonada, y facilitar la publicación y difusión de las ideas que puedan influir de algún modo en la solución de nuestros problemas." Más tarde la revista se convirtió en órgano del Instituto Alejandro E. Bunge de Investigaciones Económicas y

Sociales, recordando al que fuera animador y director de la revista y destacado economista argentino (Babini, s/f).

José Ingenieros publica *La evolución de las ideas argentinas*, en dos volúmenes aparecidos en 1918 y 1920.

En 1919 Bernardo Houssay funda y dirige el Instituto de Fisiología en la Facultad de Medicina de la Universidad de Buenos Aires, de excelencia mundial.

El Museo de La Plata se transforma en Instituto del Museo y Escuela Superior de Ciencias Naturales, ampliando su acción científica y sus publicaciones.

Se crea la Universidad Nacional del Litoral, a partir de la Universidad provincial de Santa Fe, con siete facultades distribuidas en Santa Fe, Entre Ríos y Corrientes.

El 17 de noviembre de 1919 el periodista Constancio C. Vigil edita el primer número de la revista infantil *Billiken*, la más antigua de habla hispana. La revista organizó sus contenidos de modo tal que interactuara con la escuela, aportando artículos y secciones temáticas fijas sobre temas que pudieran resultar de utilidad directa para los alumnos en sus trabajos escolares, pero sobre todo material gráfico, fotografías, dibujos y unas "figuritas" que se volvieron clásicas, capaces por un lado de atraer e interesar a los niños, y por el otro de servir para las láminas y carpetas de estudio. En este sentido, tradicionalmente, la revista siguió siempre el calendario escolar, sobre todo el relacionado con la historia argentina, dedicando la tapa y los artículos principales a los hechos y personajes históricos más importantes: Revolución de Mayo, Declaración de la Independencia en la Argentina, Invasiones Inglesas, Cruce de los Andes, Domingo F. Sarmiento, José de San Martín, Manuel Belgrano, según el momento del año en que se celebraban las fiestas relacionadas.

La tapa del N°1 de *Billiken* tenía a un niño de pueblo, con una pelota de fútbol bajo el brazo derecho, y una venda en la cabeza que le tapaba el ojo izquierdo. La imagen del niño "de barrio" desaliñado fue el emblema de la revista durante varias décadas.

En 1920 en La Plata, la Facultad de Ciencias de la Educación se convirtió en Facultad de Humanidades y Ciencias de la Educación, que edita numerosos órganos en serie y fuera de serie; entre los primeros la *Revista Humanidades*, desde 1920, y la *Biblioteca Humanidades*, desde 1923 (Babini, s/f).

La noche del 26 de agosto de 1920, entre las 21 y las 23 horas, un grupo de aficionados integrado por los médicos Enrique Susini, Miguel Mujica, César Guerrico y Luis Romero, instalaban un modestísimo equipo para transmitir la ópera "Parsifal" de Richard Wagner desde el Teatro Coliseo. Susini definió al grupo de amigos de la siguiente manera: "Éramos médicos estudiosos de los efectos eléctricos en medicina, y también radioaficionados, lo suficientemente bien informados como para estar a la vanguardia. Pero básicamente éramos personas imaginativas, amantes de la música y el teatro y por eso se nos ocurrió que este maravilloso invento podía llegar a ser el más extraordinario instrumento de difusión cultural."

"Según el historiador Edgardo Roca, la radiotelefonía argentina nació como un entretenimiento de aficionados que jugaban a transmitir y recibir. Pero el tiempo, afirma Roca, transformó ese hobbie de locos de la azotea en algo imprescindible en todos los hogares." (Ulanovsky, 1996).[47]

Es en 1920 también que Bernardo Houssay crea la Sociedad Argentina de Biología, con filiales en Rosario y en Córdoba, que edita la *Revista de la Sociedad Argentina de Biología*.

---

[47] Si bien la primera transmisión no fue sobre divulgación científica, estos médicos vieron la gran posibilidad que ofrecía la radio para la divulgación de la ciencia por su poder de llegada, su ubicuidad y la innecesidad de saber leer y escribir para recibir la información.

En 1921 acontecen tres hechos de importancia para la divulgación de la ciencia:

- Se nacionaliza la Universidad de Tucumán.
- Se lleva a cabo el Primer Congreso Nacional de Química y la Asociación Química Argentina comienza a publicar los *Anales de la asociación Química Argentina* de frecuencia trimestral.
- Francisco Beiró publica *Escuelas prácticas de agricultura*.

El año 1922 también es representativo para la comunicación de la ciencia:

- La Sociedad Científica Argentina publica una serie de monografías que reseñaban el desarrollo en el país de las distintas ramas de la ciencia durante los primeros cincuenta años de existencia de la institución. Entre 1923 y 1926 aparecieron ocho de esas monografías bajo el título *Evolución de las ciencias en la República Argentina*.
- Se crea el Instituto de Literatura Argentina de la Facultad de Filosofía y Letras de Buenos Aires, del que fue fundador y primer director Ricardo Rojas.
- Se funda el Círculo Argentino de Inventores.
- Alejandro Korn publica *La libertad creadora*, reflexión filosófica sobre la libertad con el fin de promover el máximo protagonismo del hombre y la mujer comunes.
- El Instituto Geográfico Argentino es reemplazado por la Sociedad Argentina de Estudios Geográficos y por la Academia Argentina de Geografía.

En 1923 se denomina al Museo Público con el nombre de su fundador: Bernardino Rivadavia, y se dispone festejar el centenario de su creación.

Si bien el 28 de abril de 1918 había quedado oficialmente habilitado el Museo Colonial e Histórico de la Provincia de Buenos Aires, fue el 12 de octubre de 1923 cuando en medio de una inolvidable fiesta popular que contó con la participación de autoridades civiles, militares y eclesiásticas, abrió por primera vez sus puertas al público, con cinco salas iniciales: Prisioneros, Invasiones Inglesas, don Muñiz, Juan Manuel de Rosas, Independencia y la Sala Capitular.

Don Enrique Udaondo, que fue designado su director el 2 de junio de 1923 –cargo que desempeñó *ad honorem* hasta el momento de su muerte–, expresó en aquella oportunidad: "Este establecimiento será un homenaje permanente de consideración a los hombres del pasado, cuya memoria conviene tener presente en un país nuevo como el nuestro, por las enseñanzas que perpetúan y un digno complemento de la escuela, y ha de contribuir a robustecer el espíritu nacional tan debilitado en todas nuestras clases sociales."

Udaondo, eximio investigador que marcó rumbos decisivos en la museología nacional, fue llamado "el padre del Museo". Tras su muerte, acaecida el 6 de junio de 1962, se realizaron las gestiones para que su nombre le fuera colocado a la Institución, reconocimiento que se concretó cuando el 3 de octubre de 1962 se lo denominó Museo Colonial e Histórico de Luján "Enrique Udaondo", y en 1973, por resolución del Ministerio de Educación de la Provincia de Buenos Aires, recibió la actual denominación de Complejo Museográfico "Enrique Udaondo". Publica desde 1929 *Memorias*, que comprende las secciones clásicas de ciencias naturales y una de historia y numismática.

En 1924 se desarrolla el Segundo Congreso Nacional y Segundo Congreso Sudamericano y Latinoamericano de Química.

Ese mismo año, por medio de la Academia de Ciencias de Buenos Aires, el botánico Cristóbal María Hicken hace donación al Estado de su laboratorio particular *Darwinion*.

Este año, además, el Consejo Federal de Educación designa como Director organizador del Museo Escolar Central de Entre Ríos al profesor Antonio Serrano. Durante diez años la isntitución fue un apoyo para la docencia entrerriana, promoviendo la formación de Museos Escolares y la enseñanza de las Ciencias Naturales y la Historia Prehispánica.

Este museo de la Provincia de Entre Ríos cambió de nombre varias veces, a medida que definía sus contenidos, volviendo poco a poco a su concepción original. Finalmente, tras la muerte de su fundador, el 12 de diciembre de 1982, se lo denominó Museo de Ciencias Naturales y Antropológicas profesor Antonio Serrano.

También es en 1924 cuando Jacobo Brailovsky,[48] mientras estudiaba medicina en la facultad de la Universidad Nacional de Rosario, comienza a colaborar en la agencia de *La Nación* de esa ciudad, y cuando se recibió, en 1929, continuó como redactor del diario en Buenos Aires. Siempre actuó como médico y como periodista. Durante muchos años tuvo a su cargo las informaciones académicas y científicas donde dio cuenta de los progresos científicos que se fueron registrando en el mundo en las diferentes áreas de la medicina, de la preservación del medio ambiente, de las tareas asistenciales y hospitalarias, de la defensa de la salubridad pública y, en general, de los esfuerzos que se fueron desplegando en el Siglo XX para ensanchar las fronteras de la ciencia y la tecnología.

Comenzó firmando como Jules Brail, luego J. B., Dr. Brail y, finalmente, con su nombre y apellido completo. Sus notas estaban incluidas en el cuerpo principal del diario.

El Dr. Brailovsky recordaba de esta manera su ingreso y permanencia en el diario *La Nación*:

> Yo empecé a estudiar en la Facultad de Medicina en Rosario. En 1922, cuando pasaba de primero a segundo año de la carrera, por coincidencia, una de las personas que

---

[48] Jacobo Brailovsky falleció el 9 de noviembre de 2005, próximo a cumplir los cien años de vida.

estaba en el diario *La Nación* en la sucursal de Rosario era estudiante de medicina y tenía que tomarse un tiempo de licencia para dar unas materias. Entonces me pidió si yo podía reemplazarlo. Desde entonces seguí trabajando para el diario y realizando mis estudios. Cuando me recibí en 1929 me ofrecieron un viaje a bordo de un trasatlántico a Europa como médico. Acepté porque quería conocer los hospitales de Alemania. Llegué a Europa a fines del 29. Visitaba en Berlín un importante hospital de gran valor médico y a la vez concurría a la agencia de *La Nación* en esta ciudad.

Un día me encuentro allí con Jorge Mitre, que era el director de *La Nación* y a quien yo había tenido ocasión de conocer en Rosario. En París estaba Ortiz Echagüe que era un prestigioso periodista. Entonces Jorge Mitre me dice: "Necesitaría tener que cubrir a Echagüe porque vamos a hacer juntos una excursión y pensé en usted." Coincide que cuando llego a París se declara la Revolución del 30 en Buenos Aires.

La colonia argentina en París era inmensa. Estaban todos los que llamábamos la oligarquía vacuna a tal punto que algunos de los argentinos que vivían en París se habían trasladado con sus propias vacas para alimentar a sus hijos con las vacas de las estancias argentinas.

Bueno, esta fue la iniciación de un periodista joven que ya tenía un título de médico y que estaba a cargo de una agencia en la época de la Revolución del 30. Cuando volví a Buenos Aires, Jorge Mitre me dio un cargo permanente en el diario como reportero. Pero yo tenía la ventaja de tener algunos conocimientos científicos y comencé a escribir notas no muy extensas sobre el desarrollo humano, la incorporación del ser humano al medio ambiente, las enfermedades, las epidemias.

Cuando Jorge Mitre renuncia, o es desplazado, quedó a cargo de la dirección Luis Mitre, un hermano de Jorge. Tuve una muy buena relación con él. Lo atendí alguna vez como médico. Yo seguía trabajando todos los días como un simple reportero, no era más que eso. Entonces Luis Mitre le deja el lugar a Bartolomé Mitre, el que fue director durante muchos años. Y ahí tomé bastante impulso en mi posición dentro del diario. No por mérito propio sino

porque yo podía acceder a algunas secciones y aconsejar algo o corregir a alguien. Y entonces se me ocurrió que era necesario promover la divulgación científica y le propuse a Bartolomé Mitre realizar un pequeño resumen de noticias científicas como las que aparecían en periódicos extranjeros o en las revistas de ciencia que se llamaba "La Ciencia en pocos trazos". Era un resumen en diez o quince líneas y un dibujo político que acompañaba la nota. Ese fue el inicio de la divulgación científica periodística en *La Nación* de forma permanente porque era una nota que aparecía una vez por semana regularmente. La hice durante cinco años y firmaba como J. B.
Después, cuando había algún tema científico lo escribía yo pero no como sección fija. Trabajé durante 50 años en *La Nación*. Me jubilé como secretario de redacción y continué como colaborador hasta hace pocos años (Cazaux, 2004).

La década de 1920 era una época en la Argentina en que las corrientes del pensamiento político, filosófico, literario, artístico y científico europeo no sólo llegaban con asiduidad sino que además se concretaban, con bastante frecuencia, en visitas de grandes personalidades mundiales. Así visitaron la Argentina, entre otros, José Ortega y Gasset, el Príncipe de Gales, Julio Rey Pastor, Anatole France, Umberto Eco, Mircea Eliade y Albert Einstein, la que destacamos particularmente.

Es sabido que todo intelectual, de cualquier disciplina, conoce las principales instituciones y países donde se desarrolla su disciplina, y por lo tanto, tiende a difundir sus trabajos, estudios, investigaciones, teorías, obras, personalmente, en esos lugares. Esto se ve incentivado cuando la "difusión personal" está bien retribuida, intelectual y materialmente, porque, de alguna manera, eso implica una valoración de su tarea. Así fue entendida esta visita a Buenos Aires de Albert Einstein, a la más importante ciudad del hemisferio Sur, tanto como centro cultural como por interés científico (Agulla, 1988).

La llegada de Albert Eisntein a América del Sur forma parte de una serie de viajes que éste realizó en la década del veinte a varios lugares, como Japón, Palestina y Estados Unidos. Es el período que sigue a la súbita fama que el científico adquirió tras el anuncio, en 1919, de "la radiación y las propiedades energéticas de la luz" –trabajo por el que mereciera el Premio Nobel de Física de 1921, y no por la teoría de la relatividad–. Gracias al prestigio conquistado, su figura ganó las páginas de los diarios de todo el mundo y sus opiniones científicas, filosóficas, éticas y políticas pasaron a tener gran repercusión en el público.

Una de las motivaciones de Einstein para emprender tales viajes fue su curiosidad por conocer diferentes países y culturas. Y, además de buscar difundir sus teorías tenía un fin político en algunas de esas visitas, como las realizadas a Francia e Inglaterra: intentar aproximar a las comunidades científicas de los distintos países que habían estado en conflicto en la I Guerra Mundial, y mostrar que la ciencia, como el arte, podía contribuir a la superación de los nacionalismos. Einstein también estaba comprometido en la causa judía, especialmente en sus objetivos culturales.

El viaje a América del Sur incluye varios de esos aspectos motivacionales. Eisntein dio conferencias científicas en la Argentina, Uruguay y Brasil. Visitó instituciones científicas, participó de recepciones organizadas por la comunidad judía y por la comunidad alemana, defendió la paz y la conciliación mundial y habló sobre la necesidad de los judíos de todo el mundo de unirse para apoyar el movimiento de creación de la Universidad Hebrea de Jerusalén.

Destaca Juan Carlos Agulla (h) (1988) lo que significaba un viaje a la Argentina en aquellos tiempos, dadas las comunicaciones de entonces y las distancias:

> Ante estos hechos se hacen comprensibles las expectativas que creaban estas visitas, movilizadas masivamente por los

periódicos. Pero en el caso de Einstein, esas expectativas estuvieron altamente multiplicadas por una difusión sumamente significativa. Todo parece indicar, sin embargo, que había entonces en la Argentina un público muy nutrido y heterogéneo que estaba interesado en conocer no sólo la personalidad de Einstein sino también su pensamiento, tan complejo y polémico (Agulla, 1988).

Llegó a Buenos Aires al alba del día 25 de marzo. Pero su periplo había comenzado casi tres semanas antes, cuando abandonó el puerto de Hamburgo a bordo del veloz y lujoso navío *Cap Polonio*, una muestra más de la potencia técnica de la Alemania de la primera posguerra.

Su contacto con la Argentina –puntualizan Gangui y Ortiz (2005)– se había iniciado tres años antes cuando, por iniciativa del ingeniero Jorge Duclout, la Universidad de Buenos Aires (UBA) le cursó una invitación para dictar un ciclo de conferencias sobre su novísima y controvertida teoría de la relatividad. Duclout, uno de los campeones de la teoría de la relatividad en la Argentina, era un físico e ingeniero de origen francés radicado desde muchos años atrás en Buenos Aires y que, como Einstein, había estudiado en el Politécnico de Zúrich.

Otras universidades y entidades argentinas se habían adherido a esta invitación. Entre ellas se destaca la Asociación Hebraica Argentina (hoy Sociedad), recientemente creada por una primera generación de intelectuales argentinos de origen judío que habían elegido la figura de Einstein como emblema de sus aspiraciones sociales e intelectuales.

A pesar de que las teorías de Einstein en el mundo científico todavía eran discutidas y muchas veces no completamente aceptadas, precisamente fue en la época en que visitó la Argentina cuando comenzaron a aceptarse, de manera paulatina, aquellas novedosas teorías de la física cuántica. En un reportaje otorgado al diario *La Prensa*, expresó:

Quiero que en la Argentina, en cuya capital reconozco un gran centro de cultura, se conozcan los fundamentos de mi teoría, tal como la entiendo y no bajo el aspecto en que me la presentan admiradores entusiastas que, en el calor de la polémica, la desfiguran muchas veces, ni en la forma como pretenden darle mis adversarios científicos y otros, por un cúmulo de circunstancias completamente ajenas a la ciencia [...]. Sé que éste es uno de los países más hospitalarios del mundo, pues habita en él un elevado número de mis correligionarios en los que se encuentra arraigado un verdadero espíritu de argentinidad. Estoy [...] al corriente de que esos israelitas, con su incesante esfuerzo y su trabajo tenaz, fueron, en gran parte, los copartícipes celosos del desenvolvimiento científico y material de esta tierra, ya sea en el terreno comercial e industrial, así como en el campo de las actividades agrícolas.

[...] Ignoro si el tiempo y mis compromisos científicos me permitirán realizar una excursión por el interior del país, pues muy grato sería para mí conocer algunas colonias judías establecidas en la Provincia de Entre Ríos y otras.[49]

El interés de los argentinos por los acontecimientos europeos se vio reflejado en un primer artículo publicado en el diario *La Prensa* el día de la llegada de Eisntein a nuestro suelo:

Publicaremos hoy el primer artículo de la serie que *La Prensa* contrató especialmente con el ilustre sabio. Como podrán ver nuestros lectores, Einstein dedicó su primera colaboración en las columnas de *La Prensa* a un tema que le preocupa de un modo especial, la creación de un "Paneuropa", de

---

[49] Albert Einstein llevaba un diario de viajes y en él escribió sus impresiones sobre su visita a nuestro país. Aclaran Gangui y Ortiz (2005): "Hasta hace pocos años, la consulta de las libretas del *Diario* de Einstein era difícil y estaba rodeada de complejas formalidades y compromisos. Hoy, como consecuencia de una actitud más realista de los ejecutores de su herencia, ha sido posible un amplio proyecto de publicación de las obras de Eisntein (*The Collected Papers of Albert Eisntein*), conocido como el *Einstein Papers Proyect*. El material del diario referente a Sudamérica es accesible en Internet en la dirección www.alberteinstein.info."

una federación de Estados europeos, algunos de los cuales nuestro colaborador cita en su artículo [...] (*La Prensa*, 1925).

Einstein dictó ocho conferencias en la Facultad de Ciencias Exactas, Físicas y Naturales; una en la Facultad de Filosofía y Letras, y otra en la Sociedad Hebraica. El acto inaugural y la primera conferencia se llevaron a cabo en el Salón de Actos del Colegio Nacional de Buenos Aires. En la Facultad de Filosofía disertó sobre "Las consecuencias de la teoría de la relatividad con respecto a los conceptos de espacio y tiempo". Y precisamente sobre el tema del espacio y el tiempo, *Caras y Caretas* (1925) escribió una nota con el título "El sabio Einstein y la poesía":

> A la revolución que en las altas esferas pitagóricas ha suscitado y realizado el sabio suizo-germano que nos visita en la actualidad, hay que agregar hoy una nota que tiene no poca importancia, tal vez desde antes del inmortal Galileo [...]. Trátase, en efecto, de la frase pronunciada por Einstein en una de sus recientes conferencias, y que dice: "El espacio es curvo y probablemente finito." Tal afirmación, indiscutible –dada la autoridad que la pronuncia– produce una revolución en la poesía que ha cantado tantas veces, desde hace tantos siglos, "el espacio infinito" y "el abismo sin límites ni fin" (*Caras y Caretas*, 1925).

De esta manera se advierte cómo la figura de Einstein en Buenos Aires no interesaba solamente a los científicos, sino que además capturaba y se dirigía hacia un público mucho más vasto que el meramente "técnico". En la Sociedad Hebraica disertó sobre temas no científicos, como su visión del mundo y "sus impresiones de los países que visitó". Pero se entiende que las conferencias de la Facultad de Ciencias estuvieron dedicadas a exponer sus ideas científicas y especialmente a desarrollar sus teorías.

Es conveniente destacar que los diarios publicaron íntegramente estas conferencias, que se sumaban a las opiniones de algunos científicos argentinos sobre la teoría de la relatividad.

También, que Einstein, durante su permanencia en nuestro país de un mes, alojado en la residencia de Bruno Wassermann, participó de numerosas recepciones, incluso una organizada por los estudiantes de la Facultad de Ingeniería de la Universidad de Buenos Aires y que visitó, además, las ciudades de La Plata y de Córdoba.

Sin duda, 1925 es un año glorioso para la divulgación de las ciencias en nuestro país ya que otra serie de acontecimientos se conjugan para destacarlo:

- El editor español Antonio Zamora (1896-1976) funda en Buenos Aires la Cooperativa Editorial Claridad el 30 de enero de 1922, que editó, además de libros, la revista *Claridad, de arte, crítica, ciencias sociales y políticas*, que publicó durante 15 años y que marcaría un hito en la historia de la cultura nacional. Zamora pensaba que "una editorial no debía ser una empresa comercial, sino una especie de universidad popular. El propósito mío era divulgar, hacer una empresa que tuviera permanencia" (Ferreira de Cassone, 1998).
Por sus "bibliotecas", como denominaba a las colecciones, pasaron autores de la talla de Alberdi, Miguel Cané, Machado, Almafuerte, Carriego, Rubén Darío, Julio Herrera, Alvaro Yunque, Enrique Amorín, Roberto Arlt. Aunque la revista dejó de publicarse en 1941, la editorial conmtinuó. En 1980 es adquirida por los propietarios de Heliasta SRL. Desde entonces se han reeditado algunas de las obras clásicas del fondo editorial, se han creado nuevas colecciones como "Breve historia", que versan sobre temas muy disímiles, como música, arquitectura, medicina, religión, entre otros. Aunque la especialidad sean los diccionarios –de la Música, de la Mitología, de la Lengua Castellana, de

Psicología y otros-, las antiguas bibliotecas no han desaparecido en su totalidad y cada año se intenta incorporar nuevos temas (Editorial Claridad).
El nombre de la editorial estuvo inspirado por el movimiento intelectual *Clarté*, desarrollado por Henri Barbusse.

- Inicia su aparición *Gaea*, revista de la Sociedad Argentina de Estudios Geográficos.
- Nace la Sociedad Entomológica Argentina (SEA) con el objetivo de promover actividades relacionadas con el conocimiento e investigación de los insectos y arácnidos en sus diferentes aspectos. Al año siguiente edita su *Revista*.
- Se crea en Tucumán el Instituto de Física de la Universidad de Tucumán.
- Salvador Mazza (Dr. Salvador Mazza) es nombrado director del laboratorio y museo del Instituto de Clínica Quirúrgica de la Facultad de Medicina de la Universidad de Buenos Aires.
- Se convierte en una entidad autónoma la Academia Nacional de Agronomía y Veterinaria que en 1932 comienza a publicar sus *Anales*.
- El 31 de diciembre se coloca la piedra fundamental del edificio a construir por la Dirección General de Arquitectura de la Nación, en el Parque Centenario, de lo que será el Museo Argentino de Ciencias Naturales "Bernardino Rivadavia"

En 1926 en la Facultad de Medicina de la Universidad de Buenos Aires a instancias de José Arce se estableció la "Misión de Estudios de Patología Regional Argentina" (MEPRA), llamada coloquialmente "Misión Mazza", ya que el Dr. Salvador Mazza fue su director. La MEPRA, con sede central en la Provincia de Jujuy, instala el "E.600", un laboratorio y hospital móvil en un tren ferroviario de tal modo que la institución pudo trasladarse por la extensa red ferroviaria argentina llegando incluso a Bolivia y Chile. Donde quiera que se encontrase la MEPRA difundía las novedades y descubrimientos atinentes a la cura o profilaxis de enfermedades contagiosas entre los médicos y poblaciones rurales.

Este año nace el *Boletín Matemático de Buenos Aires*.

También este año, con el legado Carlos Spegazzini, se crea en el Museo de La Plata el Instituto de Botánica "Spegazzini", especialmente destinado a estudios micológicos (Babini, s/f).

En 1927 nace en Santa Fe la Sociedad Científicas de Santa Fe, primera de esa índole en el interior del país.

En el mismo año se crea el Observatorio Central de Buenos Aires, destinado al servicio sismométrico.

En 1928 sale el diario *El Mundo* que al igual que el diario *Crítica,* con estilos y perfiles de público diferentes, "publicaban secciones de ciencia que abarcaban los temas más diversos, además de las noticias que aparecen incorporadas al cuerpo del periódico, sin marcas de sección (Sarlo, 1992: 66). Según Sarlo, "ambos diarios mezclan la información técnica, la difusión de saberes prácticos, el servicio pedagógico de las secciones especiales con las opiniones de sus columnistas y la ampliación de los datos arrojados por los cables internacionales". La prensa permite, así, el despliegue cultural y simbólico de la ciencia. "Las nociones científicas divulgadas por las notas periodísticas ocupan el lugar de la ciencia impartida en la universidad y de los saberes de la élite letrada, no reemplazándolos sino otorgándole a la cultura que los incorpora la respetabildiad y el prestigio que tienen las organizaciones más tradicionales del conocimiento."

Por otro lado se destaca que en 1928 el diario *La Razón* realizó una encuesta entre los niños de las escuelas primarias de la Argentina para determinar la especie más representativa y digna que se constituiría en "Ave de la Patria". Con gran éxito se recibieron 38.818 votos, que marcaban una tendencia inicial hacia el cóndor andino. Finalmente ganó el hornero, y la Asociación Ornitológica del Plata tuvo algo que ver en esta historia.

La entidad seguía con gran interés las alternativas de la simpática encuesta, y creyó oportuno intervenir por medio de una carta que le envió al diario su presidente, Roberto Dabbene. En el texto publicado se explicaban los motivos que tuvo la Asociación para elegir al hornero como nombre de la revista científica que edita. Entre lo socios de la Ornitología se destacaba Leopoldo Lugones (autor de la clásica poesía "El hornero", que el famoso autor consideraba el ave genuina y simbólica de la Argentina).

El año 1929 es generoso en episodios de divulgación científica:

- Se funda el Instituto de Investigaciones Científicas y Tecnológicas en la Facultad de Química Industrial y Agrícola de Santa Fe (Babini, s/f).
- Se crea en Buenos Aires la Sociedad Argentina de Minería y Geología, que desde ese mismo año edita la *Revista Minera*.
- Por impulso de Alejandro Korn nace la Sociedad Kantiana de Buenos Aires.
- Se funda la Asociación Argentina de Amigos de la Astronomía (AAAA) en el Parque Centenario de la Capital Federal, la que comienza a editar una revista especializada en temas de esta ciencia, la *Revista Astronómica*, decana en América Latina y una de las primeras en el mundo publicadas en castellano. Contiene artículos de Astronomía de divulgación, historia, reportes de observaciones, consejos para la observación del cielo, descripción de constelaciones, efemérides, novedades, bibliografía, etc. Los artículos

son realizados en gran parte por los socios de AAAA y también por colaboradores de otros observatorios e instituciones dedicadas a la Astronomía, muchos de ellos profesionales altamente reconocidos. También se publican, en su mayoría, las fotografías e imágenes capturadas por los socios, dándoles prioridad por encima de las realizadas por los grandes observatorios profesionales del mundo.

En el momento de su fundación se incorporó en el Estatuto como objetivo primordial de la Institución difundir la astronomía a través del dictado de clases, lo que le ha dado la posibilidad de constituirse en el referente de toda propuesta educativa en este campo. Se destacan los cursos regulares, abiertos tanto para socios como para no socios, sobre "Agujeros negros en el Universo", "Astrofísica", "Astronomía 1", "Astronomía con una calculadora de bolsillo", "Astronomía de posición", "Construcción de telescopios", "Cosmografía", "Cosmología", "Fenomenología solar", "Fotografía astronómica", "Historia de las constelaciones", "Iniciación a la astronomía", "Introducción a la meteorología", "Las lunas del sistema solar", "Los planetas interiores y satélites del sistema solar", "Manejo de telescopios", "Observación de planetas", "Radioastronomía", "Relojes de sol" y "Un viaje por el universo".

También programa anualmente un ciclo de conferencias que se dictan los sábados a las 19 hs. de marzo a noviembre.

Ese mismo año Miguel Lillo dona todos sus bienes a la Universidad Nacional de Tucumán, los que consistían en un amplio terreno, una considerable suma de dinero, su extensa biblioteca, su colección zoológica y su herbolario constituido por más de 20.000 ejemplares de unas 6.000 especies distintas. Con tal donación se constituyó en 1933 la "Fundación Miguel Lillo", gracias a otro gran biólogo y paleontólogo: Osvaldo Alfredo Reig.

También es en 1930 que se funda una institución privada, el Colegio Libre de Estudios Superiores de Buenos Aires, con varias filiales en el interior del país, por iniciativa de un grupo de intelectuales, quienes con el lema inicial "Ni Universidad profesional, ni tribuna de vulgarización", crearon este organismo "destinado al desarrollo de los estudios superiores" mediante "un conjunto de cátedras libres, de materias incluidas o no en los planes de estudio universitarios o donde se desarrollarán puntos especiales que no son profundizados en los cursos generales o que escapan al dominio de las Facultades." Estos propósitos iniciales que, sin proponerse como medio exclusivo la investigación científica, propenden a su adelanto y desarrollo, fueron más tarde ampliados, realizando el Colegio una extensa labor cultural que desde el punto de vista científico comprende numerosos cursos, conferencias y seminarios de estudios vinculados con todos los sectores científicos. Parte de la labor que desarrolla el Colegio aparece en su publicación periódica *Cursos y Conferencias*, que edita desde 1931 (Babini, s/f).

Cabe aún agregar, como factores estimulantes del progreso de la ciencia en la Argentina durante este período, el intercambio cultural y los premios a la producción científica. En efecto, el intercambio cultural, a través de visitas de profesionales extranjeros a nuestro país y de profesores argentinos al extranjero, se intensifica, con el estímulo de algunas instituciones, entre las que merece destacarse el Instituto Cultural Hispánico.

Esta importante institución, está destinada a sostener una cátedra universitaria de cultura española y fomentar el intercambio cultural hispanoargentino, que como dijimos había surgido como iniciativa de una comisión designada en 1912 para honrar la memoria de Menéndez y Pelayo.

En 1947 comenzó a publicar sus *Anales* con la reseña del origen de la institución y de sus actividades

En 1930 Alejandro E. Bunge publica una obra en cuatro volúmenes: *La economía argentina*.

En 1931 se realiza la Primera Reunión Nacional de Estudios Geográficos.

El 13 de agosto de 1931 se crea la Academia Argentina de Letras (AAL). Desde su comienzo mantiene estrechos vínculos con la Real Academia Española en carácter de Correspondiente. También con las demás Academias Hispanoamericanas, la Academia Norteamericana de la Lengua Española y la Filipina, y con la Asociación de Academias de la Lengua Española, con sede en Madrid. En 1933 comienza a editar su órgano oficial el *Boletín*.

4.5. Esbozos de una política científica (1932-1942)

También los historiadores denominan a esta etapa de nuestra historia "La década infame", durante la que el único presidente que termina su mandato fuera Agustín P. Justo (1932-1938).

En un período marcado por un intento impopular de restauración liberal, la ciencia gozó de un ambiente favorable y apuntaron indicios de una política científica de Estado. Ramón Enrique Gaviola impulsó la física teórica y la astrofísica, Beppo Levi encabezó el primer instituto superior de matemática y Aldo Mieli el primero de historia de la ciencia. Hubo una intensa labor de química aplicada y se asistió a la llegada del psicoanálisis. Científicos exiliados de la guerra civil y el antisemitismo italiano nutrieron cátedras universitarias y promovieron un auge editorial que marcó rumbos en el mundo de habla hispana.

El 20 de noviembre de 1932 se realiza la primera "excursión ornitológica" a las islas del Paraná en el buque "Vigilante" de la Armada, amablemente cedido por el Ministro de Marina, a la que asistieron socios de la Asociación Aves Argentinas con sus familiares y miembros, y de la Sociedad Entomológica Argentina. Luego de realizar siete salidas durante la década de 1930, la actividad se suspendería hasta 1984.

En 1933 José Anesi funda la *Revista Geográfica Americana* que dio origen en 1939 a la Sociedad Geográfica Americana, institución de la que fue presidente.

Ese mismo año el Dr. Bernardo Houssay y otras personalidades de la cultura argentina crean la Asociación Argentina para el Progreso de las Ciencias (AAPC), con el propósito de estimular el desarrollo científico y académico del país con la posibilidad de conceder subsidios y becas. Los objetivos principales de la Asociación son propender al avance y la difusión de la ciencia, la formación y especialización de investigadores, el acercamiento entre los científicos y las personas interesadas en el conocimiento de las ciencias y cooperar en investigaciones útiles para el progreso del país para el que concede subsidios y becas.

Desde 1945 la Asociación patrocina una revista mensual: *Ciencia e Investigación*, cuyo objeto es "despertar el interés por la Ciencia y estimular el desarrollo de la investigación científica". La revista, que se inspira en la más sana tradición del periodismo científico y que pronto logró un merecido prestigio, expone "en forma comprensible a toda persona ilustrada temas científicos de actualidad", da "a conocer en notas breves los adelantos científicos más recientes", y hace "la crítica de la bibliografía reciente." Otro de sus fines, y no el menos importante, es "familiarizar a los lectores con la manera de pensar científico: la costumbre de considerar los problemas en forma objetiva y desapasionada, de exigir una demostración de toda afirmación, y de no quedarse satisfecho con palabras eufóricas pero vacías de sentido, de saber reconocer el límite del conocimiento, pues lo ignorado es mucho más que lo sabido."

Además, edita el *Boletín de Noticias* y también en 1935 publica el *Primer informe sobre el estado actual de las ciencias en la Argentina y sus necesidades más urgentes.*

Más adelante, en 1942, da a conocer los resultados de una encuesta: "Qué debe hacerse para el adelanto de la matemática en la Argentina".

Se incrementó la intervención militar en la fabricación de armamentos y en la industria pesada y hubo un importante crecimiento de la industria química. Se creó un posgrado universitario en radiocomunicaciones y, con motivo de la guerra europea, se instaló en la Argentina el laboratorio de investigaciones de la mayor empresa electrónica holandesa.

También en 1933 se crea la Comisión Nacional de Cultura por la ley de régimen legal de la propiedad intelectual que, entre otros fines, concede becas para perfeccionamiento y entrega premios a la producción científica, otorgados por personas, fundaciones e institutos. Dos años después una ley especial instituía un fondo permanente de esa Comisión para premios a la producción nacional o regional en ciencias, bellas artes y letras; así como para la creación de becas de perfeccionamiento científico, artístico y literario. Por la reglamentación de la nueva ley, que entró a regir en 1936, desapareció el anterior sistema de "Premio Nacional de Ciencias" y "Premio Nacional de Letras", clasificándose toda la producción científica y literaria nacional en nueve grupos, con premios cada tres años a tres de ellos. En cuanto a la producción regional, el país se divide en seis zonas para cada una de las cuales se instituyen anualmente tres recompensas para las mejores obras sobre etnología, arqueología e historia de la zona, sobre folklore de la zona, y sobre "temas científicos de la zona", respectivamente.

En ese mismo año se publican los *Anales de la Academia de Ciencias Económicas de Buenos Aires,* el *Boletín de la*

Academia Argentina de Letras y los *Anales de la academia Nacional de Ciencias Exactas, Físicas y Naturales.*

El año 1935 es pródigo en realizaciones que contribuyen a la divulgación científica:

- Se funda en Santa Fe el Instituto Experimental de Investigación y Fomento Agrícola-ganadero.
- Se crea en el seno de la Universidad de La Plata la primera Escuela de Ciencias Astronómicas y Conexas, primera, también, en América Latina.
- Los estudios metereológicos en la Argentina adquirieron un renovado vigor a raíz de la ley de 1935 por la que se creó la Dirección de Meteorología, Geofísica e Hidrología (continuadora de la antigua Oficina Metereológica Nacional) que al mismo tiempo que centraliza toda la actividad metereológica nacional, coordina su labor hidrológica y geofísica con la que realizan otras instituciones del país (Babini, s/f).
- Se funda Sociedad Argentina de Antropología (SAA) que realiza reuniones científicas anuales con el nombre de "Semana de Antropología" y que desde 1937 edita *Publicaciones.*
- La Asociación Química Argentina edita su revista *Industria y Química.*

El año 1936 no le va a la zaga a 1935:

- Se crea el Instituto de Fisiografía y Geología de la Facultad de Ciencias Matemáticas de Rosario, con el objeto, entre otros, de realizar investigaciones fisiográficas, geológicas, mineralógicas, petrográficas y paleontológicas, y que hace conocer trabajos científicos sobre esos temas en sus *Publicaciones* (Babini, s/f).
- Nace la Unión Matemática Argentina que edita su propia revista, actualmente órgano también de la Asociación Física Argentina.

- El Palacio San José, en Entre Ríos, que fue residencia de Justo J. de Urquiza, es declarado monumento nacional para fundar en él un museo regional, que es además un centro de estudios históricos y de publicaciones relacionados con el prócer y con el Archivo que existe en el Palacio.
- Se incorpora al Museo Popular de Entre Ríos el Instituto "Martiniano Leguizamón", formado sobre la base de las colecciones históricas, folklóricas y demás materiales que pertenecieran al escritor e historiador entrerriano y que fueran donadas por sus herederos a esos efectos.
- Se creó la Asociación Bioquímica Argentina que editó su *Revista*.
- Se crea el Instituto de Investigaciones Microquímicas de Rosario que, al año siguiente, inicia sus publicaciones (Babini, s/f).
- José Babini y Julio Rey Pastor fundan la Unión Matemática (UMA) y la edición de su revista, que lo era también de la Asociación Física Argentina (Babini, 1963).
- Vinculada con los trabajos geodésicos se realizó en la Argentina una empresa científica de gran importancia: la medición de un arco de meridiano dispuesta por Ley Nacional de fines de 1936, pero cuyo iniciador y propulsor fue el ingeniero Félix Aguilar, astrónomo y profesor argentino que tuvo a su cargo la estación de Oncativo y fue director del Observatorio de La Plata en los períodos 1919-1921 y desde 1934 hasta su muerte.

   La Dirección científica y administrativa de los trabajos estuvo a cargo de una comisión autónoma formada por representantes del Servicio Hidrográfico de la Marina, el Instituto Geográfico Militar, las Universidades de Buenos Aires, La Plata y Córdoba y el Museo de La Plata, pero la colaboración efectiva de la obra con "todo el personal y material disponible" estuvo a cargo del Instituto Geográfico Militar, el

Servicio Hidrográfico y las universidades de Buenos Aires y La Plata.

El trabajo proyectado se desarrolló a lo largo de todo el país, a través del meridiano 64, desde la frontera norte hasta el paralelo 40, continuó por éste hacia el Occidente y luego hacia el Sur por el meridiano 70 hasta llegar al confín del territorio nacional.

Pero fuera de esos trabajos relacionados directamente con la medición del arco, se realizaron investigaciones sistemáticas en el dominio de las ciencias naturales (Babini, s/f).

- Ricardo Levenne funda el Instituto de Historia del Derecho Argentino y Americano, dependiente de la Facultad de Derecho y Ciencias Sociales de la Universidad de Buenos Aires, y lleva a cabo un importante plan de publicaciones: Colección de textos y documentos (en gran parte reediciones facsimilares), iniciada en 1939; Colección de estudios, iniciada en 1941 y ampliada en 1947 a los estudios para la historia del derecho patrio en las provincias; Conferencias y comunicaciones, iniciada en 1941, y finalmente, en 1949, su *Revista* (Babini, s/f).

Entre 1936 y 1937, en la Editorial Haynes, el Dr. Florencio Escardó, pionero de la Educación para la Salud, publicó artículos firmados en *Mundo Argentino* en la sección "Para las madres" y con el seudónimo de Dr. Bonanfant en *El Hogar*, en la sección "Malas costumbres de chicos buenos" (Puga, 2002).

En 1937 la Sociedad Científica Argentina constituyó un Comité Argentino de Bibliotecarios de Instituciones Científicas que en 1942 publicó un catálogo de publicaciones periódicas científicas y técnicas existentes en las bibliotecas de las instituciones adheridas al Comité.

Concluido este año el edificio actual de Museo Nacional de Ciencias Naturales Bernardino Rivadavia en el Parque

Centenario de la Ciudad de Buenos Aires, el Museo abandona definitivamente los viejos locales de la Manzana de las Luces y de la Plaza Monserrat e instala con mayor amplitud y propiedad sus colecciones. El edifico fue construido de acuerdo con los cánones arquitectónicos y conceptos museológicos vigentes en la primera mitad del Siglo XX. Esto lo convierte, aún hoy, en uno de los pocos museos argentinos que cuenta con un edificio concebido para su función específica. El presente edificio es sólo una tercera parte del proyecto original, preside el vestíbulo un busto de Bernardino Rivadavia y muestra en los detalles decorativos y ornamentales temas basados en la flora y la fauna autóctonas.

El 7 de noviembre de 1937 editorial Sopena Argentina comenzó a editar la revista semanal *Leoplán, magazine popular argentino,* que si bien está catalogada como "literaria" por Fernández (1943: 368), ya que su característica principal consistía en publicar cuentos, relatos y novelas completos, también en sus páginas se publicaron notas de divulgación científica firmadas, por ejemplo, por el Dr. Louis B. Lys y William Engle. Además, podemos considerar que en la revista del 4 de enero 1956 hay publicada una nota sobre el Dr. Bernardo A. Houssay firmada con la iniciales A. R. G. con la aclaración "especial para *Leoplán",* y que en la publicación del 21 de septiembre de 1955 se encuentra una nota titulada "La próxima conquista del espacio", firmada por Martín Caidin.[50] También el especialista en ornitología Carlos Selva Andrade firma su nota "Era un zorzal...". Por lo que se puede inferir que sus editores se preocuparon por divulgar las distintas ciencias recurriendo para ello a plumas consagradas (Leoplán: 1955, 1956).

---

[50] El escritor norteamericano autor de la novela *Cyborg* que sirviera de idea original para la serie *El hombre nuclear.*

Se llevan a cabo Conferencias Bromatológicas Nacionales: Santa Fe, 1935; Córdoba, 1937; Mendoza, 1939 y Tucumán, 1941.

El año 1938 también es un año rico en acontecimientos divulgativos:

- Nace la Academia Nacional de la Historia al oficializarse la antigua Junta de Historia y Numismática Americana. La Academia intensifica su plan de publicaciones (ya en 1924 la Junta había iniciado la publicación de un *Boletín*), entre las cuales apareció la monumental *Historia de la Nación Argentina (desde los orígenes hasta la organización definitiva en 1862)* bajo la dirección general de su presidente el historiador Ricardo Levenne. En esta obra, ordenada por ley, colabora un centenar de historiadores y de ella, entre 1936 y 1950, aparecieron diez volúmenes en catorce tomos, faltando únicamente el tomo dedicado a los índices, un *Manual* de dos volúmenes, y el *Atlas histórico y geográfico*, habiéndose además propuesto completarla con algunos volúmenes para considerar el período 1862-1910.
- A cincuenta años de la muerte de Faustino Sarmiento se inaugura el Museo Histórico Sarmiento, que contiene los muebles, objetos, retratos y documentos del prócer o vinculados con él.
- Rodolfo Rivarola funda en Buenos Aires el Instituto Argentino de Filosofía Jurídica y Social, que publicó una "Biblioteca" con libros de esa especialidad, de autores nacionales y extranjeros.
- José Babini y Aldo Mieli crean, por intermedio de Julio Rey Pastor, el Instituto de Historia y Filosofía de la Ciencia en la Universidad del Litoral y editan una versión argentina de la revista europea *Archeion (Archives Internationales d'Historia des Sciencies)*. La

vida del Instituto fue suprimida en 1943. No obstante su labor e influencia fueron notables.
- El Instituto de Filosofía de la Universidad de Buenos Aires intensificó su plan de publicaciones editando varias colecciones: Filosofía argentina, Clásicos de la filosofía, Filosofía contemporánea, Monografías universitarias, Ensayos filosóficos, amén de tomos de homenaje a grandes filósofos.
- Se crea la Comisión Nacional de Museos, Monumentos y Lugares Históricos.
- Se establece en Quequén por el Museo de Buenos Aires la Estación Hidrobiológica Marina, para realizar estudios oceanográficos y de biología marina de especies que se cultivan en el país en esa Estación.
- En Rosario se crea el Instituto de Matemática de la Universidad del Litoral que es dirigido por el italiano Beppo Levi y edita sus publicaciones y una revista periódica didáctica: *Mathematicae Notae*.
- Comienza la emisión del primer noticiero cinematográfico regular de la Argentina "Sucesos Argentinos" el que estuvo presente en las salas de cine entre 1938 y 1972. Naturalmente, estos sucesos cubrían las noticias científicas que se producían en el país.

De 1939 destacamos tres hechos que contribuyen a la divulgación de la ciencia:

- Se desarrolla, a partir de centros educativos ya existentes y otros nuevos, la Universidad Nacional de Cuyo, con facultades en Mendoza, San Juan y San Luis.
- Se crea en Santa Fe el Instituto de Historia y Filosofía de la Ciencia (Babini, s/f).
- La editorial Sudamericana pone en el circuito comercial del libro su Biblioteca Infantil, con libros como *El niño Dios* escrito por Leopoldo Marechal e ilustrado por Ballester Peña, *Geografía argentina* con textos de

María Rosa Oliver e ilustraciones de Horacio Butler y *El General José de San Martín*, escrito por Julio Rinaldini y bellamente ilustrado por Antonio Berni.

En 1940 se crea el Departamento de Estudios Etnográficos y Coloniales en Santa Fe, que inicia ese año sus publicaciones.

Ese mismo año aparece la *Revista de la Universidad Nacional de Tucumán*. Serie A. Matemáticas y física teórica.

Es de interés observar que los estudios sociológicos están localizados en las cátedras universitarias de esa especialidad y en el Instituto de Sociología de la Facultad de Filosofía de Buenos Aires inaugurado ese año, cuyos fines son "la intensificación de los estudios sociales en el dominio de la ciencia pura, siguiendo la corriente del pensamiento sociológico contemporáneo, y la investigación de la realidad social argentina y americana en el campo de la ciencia aplicada." Desde 1942 el Instituto edita anualmente un *Boletín*.

También en este año el Museo Social Argentino organiza el Congreso Argentino de Población.

En 1941 se funda la Sociedad Argentina de Endocrinología y Metabolismo que edita la *Revista Argentina de Endocrinología y Metabolismo* (RAEM).

Ese mismo año la Ley de la Carta encomienda al Instituto Geográfico Militar los trabajos geodésicos y el relevamiento topográfico del país.

Durante 1942 acontecen numerosas manifestaciones de actividades de comunicación de las ciencias:

- Un grupo de físicos profesionales, estudiantes de física, astrónomos, matemáticos e ingenieros, reunidos con motivo de la inauguración de la Estación Astrofísica de Bosque Alegre, resolvieron constituir una asociación, que en sus comienzos se denominó Núcleo de Física, con el objeto de estimular los estudios sobre la orientación moderna de esta ciencia y realizar reuniones periódicas. En una de esas reuniones, La Plata 1944, los

asistentes transformaron el Núcleo en Asociación Física Argentina, adoptando como órgano de publicidad la *Revista de la Unión Matemática Argentina*; que por lo demás ya había publicado todos los trabajos e informes presentados a las reuniones del Núcleo de Física.
- Se crea en Rosario el Instituto de Matemática Aplicada, que inicia el año siguiente sus publicaciones.
- Se abre en Córdoba el Instituto de Arqueología, Lingüística y Folklore "Dr. Pablo Cabrera", que inicia el año siguiente sus publicaciones.
- La Comisión Nacional de Cultura edita el *Catálogo de publicaciones periódicas científicas y técnicas*.
- La Librería y editorial El Ateneo publica el libro *Nociones de puericultura* del Dr. Florencio Escardó, donde quedan plasmadas sus actividades de educación para la salud en la Maternidad del Hospital Rawson.
- Manuel Savio publica *Política de la producción metalúrgica argentina*.
- En Tucumán, la Facultad de Filosofía edita una colección de Cuadernos de Filosofía, de Historia, de Pedagogía y de Letras. Por lo demás, ya el Departamento había publicado una serie de libros iniciada con las *Lecciones Preliminares de Filosofía* de Manuel García Morente, que tuvieron amplia difusión en el país (Babini, 2007).

Hasta esta fecha los periódicos de carácter científico fundados desde 1938 son:

Periódicos de carácter científico fundados entre 1938 y 1940			
Nombre	Fecha de fundación	Carácter	Director
Luz del porvenir	1938	Científico	
Hora Médica	1939	Científico	Dr. P. Belmes
Metástasis	1939	Científico	H. Méndez
Frente Antituberculoso	1940	Científico	Arce y Roldán
Lucha contra el cáncer	1940	Científico	M. López Delgado
Acción Antituberculosa	1940	Científico	S. Miyara

Cuadro de producción propia teniendo como base Fernández (1943).

Además, las revista científicas publicadas en la Argentina entre 1858-1942 son:

Revistas científicas publicadas entre 1858- 1942. Buenos Aires e Interior.			
Nombre	Fecha de fundación	Carácter	Director
Revista Farmacéutica	1858	Científico	
Le Monde Medical	1890	Científico	P. Astier
Revista del Museo del Plata	1890	Científico	J. Frenguelli
Revista de la Asociación Médica Argentina	1891	Científico	
Semana Médica	1892	Científico	
Revista del Círculo Médico Argentino y Centro de Estudiantes de Medicina	1901	Científico	
Revista Argentina de Dermatología	1907	Científico	
Revista Zootécnica	1909	Científico	
Academia Argentina de Cirugía	1910	Científico	Dr. J. Diez
Revista Médica de Rosario	1911	Científico	
Anales de Química Argentina	1912	Científico	A. Ruspini
Revista Odontológica	1912	Científico	
La Prensa Médica Argentina	1914	Científico	
Revista del Círculo Odontológico	1914	Científico	
Revista de la Universidad Nacional de Córdoba	1914	Científico	
Revista Médica	1914	Científico	
Phoenix	1914	Científico	Max Tepp
Revista de la Industria Lechera y Ganadería	1915	Científico	
Physis	1916	Científico	
El Hornero	1916	Científico	H. Gavio

Revistas científicas publicadas entre 1858- 1942. Buenos Aires e Interior.			
Nombre	Fecha de fundación	Carácter	Director
Tribuna Odontológica	1916	Científico	D. Cohen
Revista Sudamericana de Endocrinología, Inmunología y Quimioterapia	1918	Científico	
El Odontólogo	1920	Científico	
Revista de la Sociedad Argentina de Biología y su Filial del Litoral	1920	Científico	
La Obra	1921	Científico	O. Tolosa
Revista del Centro de Estudiantes de la Facultad de Ciencias Médicas, Farmacia y Ramos Generales	1921	Científico	
Gala	1922	Científico	
Revista de Cirugía	1922	Científico	
Boletín de Higiene Escolar	1922	Científico	
Revista de Apicultura	1924	Científico	
Revista Médica Latinoamericana	1924	Científico	
Vox Médica	1924	Científico	S. Cerpa
Archivos Americanos de Medicina	1925	Científico	L. Blanco
Archivos Argentinos de Enfermedades del Aparato Digestivo y de la Nutrición	1925	Científico	C. Udaondo
Archivos de Oftalmología de Buenos Aires	1925	Científico	R. Argañaraz
Corriente continua	1925	Científico	
Archivos Argentinos de Neurología	1927	Científico	M. Balado
Revista de la Conferencia de Médicos del Hospital Rawson	1927		

Revistas científicas publicadas entre 1858- 1942. Buenos Aires e Interior.			
Nombre	Fecha de fundación	Carácter	Director
Revista de la Sociedad Entomológica Argentina	1927	Científico	
Revista del Centro de Estudiantes de Medicina (Córdoba)	1927	Científico	
Ecos de Prótesis	1928	Científico	
Revista de la Facultad de Ciencias Económicas, Comerciales y Políticas	1929	Científico	A. Greca
Revista Astronómica	1929	Científico	
Memoria del Museo de Entre Ríos	1929	Científico	A. Serrano
Archivos Argentinos de Pediatría	1930	Científico	J. Garraham
Anales de Farmacia y Bioquímica	1930	Científico	
Revista Médica del Hospital Español	1930	Científico	
Revista de la Facultad de Química Industrial y Agrícola	1930	Científico	
Actualidad Médica	1931	Científico	R. Melgar
Archivos de Medicina Legal	1931	Científico	N. Rojas
El Hospital Español	1931	Científico	
Revista de Ortopedia y Traumatología	1931	Científico	S. Amorrortu
Revista del Instituto Bacteriológico	1931	Científico	A. Sordelli
Revista Médica Quirúrgica de Patología Femenina	1932	Científico	
Actualidades Médicas	1932	Científico	J. Spangenberg
Revista Argentina de Otorrinolaringología	1932	Científico	
Revista Argentina de Urología	1932	Científico	I. Gálvez
Variedades Médicas	1932	Científico	D. Biagini

Revistas científicas publicadas entre 1858- 1942. Buenos Aires e Interior.			
Nombre	Fecha de fundación	Carácter	Director
Boletín de la Asociación Médica de Bahía Blanca	1932	Científico	
Archivos Argentinos de Enfermedades del Aparato Respiratorio y Tuberculosis	1933	Científico	
Anales del Instituto de Investigaciones Científicas y Tecnológicas	1933	Científico	H. Daminovich
Archivos de la Asociación Médica del Hospital Pirovano	1933	Científico	P. Quiroga
Revista de la Federación Médica de la República Argentina	1933	Científico	O. Dodero
Boletín del Asilo de Alienados de Oliva-Córdoba	1933	Científico	
Anales de la Sociedad de Puericultura de Buenos Aires	1934	Científico	J. Domianovich
Cátedra y Clínica	1934	Científico	
Gaceta Odontológica	1934	Científico	
Revista Argentina de Cardiología	1934	Científico	
Revista Clínica Marini	1934	Científico	
Revista del Círculo Médico del Noroeste	1934	Científico	
Viva Cien Años	1934	Científico	
Círculo Médico Veterinario de la Provincia de Buenos Aires	1934	Científico	E. Zaccardi
Tribuna Farmacéutica	1934	Científico	L. Pizzorno
Galénica	1935	Científico	
Noticiero Médico Mundial	1935	Científico	J. Costa Elizondo
Farn Folks Guezunt	1935	Científico	S. Sigal

Revistas científicas publicadas entre 1858- 1942. Buenos Aires e Interior.			
Nombre	Fecha de fundación	Carácter	Director
Publicaciones del Instituto Municipal de Nutrición	1935	Científico	
Publicaciones Médicas	1935	Científico	J. Codolosa
Revista Argentina de Tuberculosis	1935	Científico	L. Zunino
Revista de la Asociación de Médicos del Hospital Durand	1935	Científico	J. Piqué
Revista de Medicina Aplicada a los Deportes, Educación Física y Trabajo	1935	Científico	L. Zeno
Revista de la Sociedad Médica de Santa Fe	1935	Científico	
Revista de Medicina Legal y Jurisprudencia Médica	1935	Científico	
Alifar	1936	Científico	J. Baillinou
La Vida Natural	1936	Científico	C. Obadman
Mundo Hospitalario	1936	Científico	A. Tigier
Mundo Médico	1936	Científico	
Psicoterapia	1936	Científico	
Psiquiatría y Criminología	1936	Científico	
Revista Argentina de Reumatología	1936	Científico	
Revista de la Asociación Bioquímica Argentina	1936	Científico	
Revista Neurológica de Buenos Aires	1936	Científico	
Revista Oral de Ciencia Médica	1936	Científico	
Revista Oto-Neuro-Oftalmológica y de Cirugía Neurológica de Sud América	1936	Científico	
Vida Natural	1936	Científico	
Gaceta Médica de Córdoba	1936	Científico	L. Mosca

Revistas científicas publicadas entre 1858- 1942. Buenos Aires e Interior.			
Nombre	Fecha de fundación	Carácter	Director
Revista de la Sociedad de Pediatría de Rosario	1936	Científico	R. Cuestas
Trabajos de la Sociedad de Obstetricia y Ginecología de Córdoba	1936	Científico	
Infancia	1937	Científico	P. de Elizalde
Ortodoncia	1937	Científico	
Prótesis	1937	Científico	G. Bizzozero
Revista Argentina de Radiología			
Revista Argentina de Radiología	1937	Científico	E. Lanari
Revista de Pediología	1937	Científico	L. Siri
Sexología	1937	Científico	
S.H.A.	1937	Científico	
Anales Argentinos de Oftalmología	1937	Científico	C. Weskamp
Lucha Antituberculosa	1938	Científico	A. García
Index	1938	Científico	
Cuaderno Odontológico	1938	Científico	C. Cabanillas
Revista Argentina de Neurología y Psiquiatría	1938	Científico	Fracassi
Ommia	1939	Científico	
La Obstétrica Argentina	1939	Científico	N. Nalé Roxlo
Cirugía Dento Máxilo Facial	1939	Científico	R. Virone
Educación (Revista de Cultura General)	1939	Científico	S. Iconicof
Jornada Médica	1939	Científico	
Kinesiología	1939	Científico	
Kinesis	1939	Científico	O. Pieroni
Gaceta Veterinaria	1939	Científico	A. Vallejo
La Revista de Medicina y Ciencias Afines	1939	Científico	
Verdades sin razón	1939	Científico	
Revista Oral de Ciencias Odontológicas	1939	Científico	M. Galea

Revistas científicas publicadas entre 1858- 1942. Buenos Aires e Interior.			
Nombre	Fecha de fundación	Carácter	Director
Revista de la Clínica Regional Sud	1939	Científico	J. Martorelli
Revista de Pediatría de Córdoba	1939	Científico	J. Bauza
Repertorio Jurídico Mor	1940	Científico	R. Smith
Operatoria Dental	1940	Científico	
Radiodoncia	1940	Científico	O. Alarí
Clínica del Trabajo	1940	Científico	O. Rodríguez Rey
Compendium	1940	Científico	A. Nijensoln
Archivos Clínicos	1940	Científico	E. Mira y López
Biblioteca del Médico Práctico	1940	Científico	A. Guarpa
Boletín de Informaciones Oftalmológicas	1940	Científico	C. Damel
Revista Médica del Hospital Italiano	1940	Científico	S. Dessy
Selección Médica Mundi	1940	Científico	C. Waldorp
Vida Médica	1940	Científico	
Boletín de la Junta de Estudios Históricos de Misiones	1940	Científico	C. Márquez
La Prensa Universitaria	1940	Científico	F. Padilla
Revista de la Sociedad de Pediatría de La Plata	1940	Científico	E. Caselli
Facultas	1941	Científico	P. Ruiz Marín
Guión Sanitario	1941	Científico	C. Scavuzzo
Política Económica	1941	Científico	S. Maldonado
Revista Argentina de Zoogeografía	1941	Científico	J. Yepes
Tecnoquímica	1941	Científico	E. Cárdenas
Adelante	1941	Científico	

Cuadro de producción propia teniendo como base Fernández (1943).

Capítulo V
Bajo la segunda descolonización (1943-1966)

Este período se encuadra en la Tradición Anglosajona que se convierte en hegemónica durante todo el Siglo XX y principios del XXI.

5.1. La ciencia desatendida (1943-1954)

José Babini (2007) denomina así a los años durante los que Juan Domingo Perón ejerció la presidencia: 1946-1951 y 1951-1955.

El final del período liberal trajo aparejado el final de la incipiente política científica de Estado de la década de 1930 y el comienzo de la investigación científica en sede militar.

"Hubo, en cambio, una desatención del gobierno que, en algunos casos, tuvo visos de persecución política" (Babini, 2007: 99). Muchos perdieron sus cátedras y sitios de trabajo, investigadores como Bernardo Houssay, Oscar Orías, Juan T. Lewis y Luis F. Leloir debieron apelar a institutos privados, a la par que se registraba una sensible disminución de la calidad universitaria. Hubo, sin embargo, un tratamiento algo diferente en universidades del interior, como las de Cuyo y Tucumán, donde algunos estudiosos pudieron hallar refugio.

El Instituto de Historia de la Ciencia de Aldo Mieli fue suprimido y la especialidad halló compensación en una importante producción bibliográfica, sobre todo textos clásicos, al calor de las editoriales surgidas en el período anterior. Hacia el final del período, con José Luis Romero, apuntó una renovación historiográfica. En esos inicios de la década de 1950 tuvo también comienzo, en las circunstancias anómalas de la estafa Richter,[51] la investigación en física nuclear y la creación de la Comisión Nacional de Energía Atómica. En 1946, la *Revista de la Unión Matemática Argentina* publicó un *memorándum* sobre "La Argentina y la era atómica" escrito por el físico argentino Ramón Gaviola (1900-1989) (Babini, s/f).

En 1943 el filósofo Francisco Romero publica *Sobre la historia de la filosofía*.

Ese mismo año la Facultad de Filosofía y Letras de la Universidad de Cuyo de Mendoza, crea el Instituto de Filosofía al que la Universidad encomendó, a fines de 1947, la organización de un Congreso Argentino de Filosofía. Por disposición del Poder Ejecutivo Nacional, ese certamen se convirtió en el Primer Congreso Nacional de Filosofía, celebrado a comienzos de 1949 en esa provincia y del que aparecieron en 1950 las actas con los discursos pronunciados y los trabajos en él presentados.

En 1944 se produce una significativa actividad de divulgación científica:

- El Núcleo de Física se convierte en la Asociación Física Argentina.
- Aparece en Buenos Aires la revista *Minerva*, "Revista continental de Filosofía".
- Se crean los primeros laboratorios públicos de investigación tecnológica y se pone en marcha un plan siderúrgico.

---

[51] En 1948 el físico austriaco Ronald Richter convenció al presidente Juan Domingo Perón de que podía controlar la fusión nuclear y producir energía ilimitada con soles en miniatura. Su impostura fue denunciada por el Dr. José Balseiro y sus colaboradores.

- Aparece el primer tomo de *Cuadernos de Historia de España* desde el Instituto de Historia de España dependiente de la Facultad de Filosofía y Letras de la Universidad de Buenos Aires.
- Se abre en nuestro país la editorial Códex dedicada desde sus orígenes a la impresión y publicación de enciclopedias, textos escolares, diccionarios, revistas y obras bibliográficas de diferentes tipos (Kloster, 2005).
- Bernardo Houssay funda el 14 de marzo el Instituto de Biología y Medicina Experimental (IByME) concebido como un Instituto de investigaciones sin fines de lucro como no había en el país, dedicado al estudio de problemas básicos en medicina y biología. Según palabras de Houssay: "Este Instituto es una de las iniciativas más importantes realizadas en nuestro país, para establecer un centro de investigaciones científicas desinteresadas, de carácter privado e independiente de los recursos y la dirección del gobierno o de sus dependencias. Estamos convencidos que este Instituto debe tener vida permanente, para lo cual deberán hallarse recursos y asignarle un personal competente y consagrado."
- En agosto se crea el Instituto de Microbiología Agrícola como dependencia de la Dirección General de Investigaciones del Ministerio de Agricultura de la Nación. En 1958 se lo incorpora al Instituto Nacional de Tecnología Agropecuaria (INTA). con la denominación de Instituto de Microbiología e Industrias Agropecuarias.

El año 1945 descolla por sus manifestaciones de popularización de la ciencia:

- En junio, bajo el gobierno de Edelmiro Farell, se crea TELAM, agencia noticiosa y publicitaria oficial.

- Se realizan las Primeras Jornadas Matemáticas Argentinas.
- Se funda la Sociedad Geológica Argentina, que edita al año siguiente su *Revista* de aparición trimestral dirigida al ámbito científico internacional. Publica artículos científicos originales sobre temas geológicos, especialmente los que contribuyen al avance del conocimiento del área de Argentina y América del Sur (Babini, 2007).
- En Tucumán se crea el Instituto de Mineralogía y Geología de la Universidad de Tucumán que edita *Cuadernos de mineralogía y geología* (Babini, s/f).
- Se crea la Sociedad Argentina de Botánica que edita, a su vez, su *Revista*.
- Se realiza el Primer Coloquio de Historia y Filosofía de la Ciencia (Babini, 2007).
- Bernardo Houssay redacta el texto *Fisiología Humana*, que no tarda en conocerse como "la fisiología de Houssay", contribuyendo notablemente a la formación de muchas generaciones de médicos argentinos y americanos.
- La Asociación Argentina para el Progreso de las Ciencias comienza a editar su revista *Ciencia e Investigación*.
- El 20 de noviembre se crea la Sección Histórica de la Fuerza Aérea en la órbita de la División Archivo General.

El 28 de agosto de 1945 sale el primer número del diario *Clarín* fundado por Roberto Noble, quien fue años antes Ministro de Gobierno en la Provincia de Buenos Aires de Manuel A. Fresco (1936-1939). El matutino tuvo como particularidad el ser uno de los primeros diarios del mundo en incluir un diseño más compacto, *tabloide,* en lugar del típico diseño sábana que usaban los diarios de ese entonces.

Clarín se convirtió en el diario de mayor tirada de la Argentina y en uno de los de mayor difusión en el mundo de habla hispana. En sus páginas incorporó noticias de ciencia en suplementos que fueron cambiando de denominación hasta terminar en la actualidad colocando estas noticias en la sección "Sociedad" del cuerpo principal del diario.

Entre los años 1945 y 1955, durante el primer gobierno peronista, la instalación del libro recreativo y de entretenimiento e histórico en la cultura y educación de los niños es un acontecimiento único en la historia del libro escolar. Fue una tarea que se efectuó a través del Consejo Nacional de Educación, el Ministerio de Cultura y más tarde por la Fundación Eva Perón. Se crea la colección "Biblioteca Infantil General Perón", editada por editorial Peuser, en el año 1949. Está compuesta por doce títulos, entre otros: *Cuentos heroicos argentinos, El niño en la Historia Argentina, Cuentos del 17 de Octubre, Historia de los Gobiernos Argentinos, Una mujer argentina: Doña María Eva Duarte de Perón* y otros títulos.

Simultáneamente se edita y distribuye la Colección Naturaleza, publicada por Códex. La mayoría de estos títulos fueron escritos por Héctor Sánchez Puyol (seudónimo del geólogo Héctor Germán Oesterheld). Estos libros estaban referidos a temas de divulgación científica excelentemente ilustrados por el pintor A. Amuchástegui. Entre otros títulos cabe destacar: *Nidos de pájaros* y *Vida de los colibríes y aves del paraíso*, que aparecieron en el año 1949 y circularon durante todos esos años (Accorsi, 2001).

Ese mismo año Eduardo Braun Menéndez publica su obra *Bases para el progreso de las ciencias en la Argentina*.

En 1947 Bernardo Houssay recibe el Premio Nobel de Fisiología y Medicina por su descubrimiento del papel de la hormona liberada por la hipófisis en el metabolismo de los azúcares.

También en 1947 Federico Leloir constituye y dirige el Instituto de Investigaciones Bioquímicas "Fundación Campomar", orientando su trabajo al proceso por el cual el hígado recibe glucosa y produce glucógeno.

Se crea la Facultad de Arquitectura y Urbanismo por desprendimiento de la Facultad de Ingeniería. Con igual criterio se crea la Facultad de Odontología. La Universidad de Buenos Aires ya cuenta con 14.000 alumnos matriculados, cuyo incremento se acentúa progresivamente. Los años venideros se caracterizan por la creación de nuevas carreras con contenido cada vez más especializado.

También se crea el Museo General Regional de Mendoza, el Museo Provincial de Ciencias Naturales de Córdoba, el Museo Escolar Florentino Ameghino, en Santa Fe y el Museo Provincial en Salta, que comenzaron a editar cada uno su *Revista*.

En 1948 se funda la Sociedad Argentina de Meteorología y la Asociación Argentina de Microbiología.

En1949 se lleva a cabo en Mendoza el Congreso Nacional de Filosofía.

Ese mismo año Ricardo Levene edita la *Revista del Instituto de Historia del Derecho Argentino y Americano* y José Babini publica *Historia de la ciencia argentina*, primer libro escrito sobre el tema. Este sería el primero de una lista de más de cincuenta libros.

El 31 de mayo de 1950 nace la Comisión Nacional de Energía Atómica (CNEA) cuya misión y funciones son:

- Asesorar al Poder Ejecutivo en la definición de la política nuclear.
- Promover la formación de recursos humanos de alta especialización y el desarrollo de ciencia y tecnologías en materia nuclear, comprendida la realización de programas de desarrollo y promoción de emprendimientos de innovación tecnológica.

- Propender a la transferencia de tecnologías adquiridas, desarrolladas y patentadas por el organismo, observando los compromisos de no proliferación asumidos por la República Argentina.
- Ejercer la responsabilidad de la gestión de los residuos radioactivos cumpliendo las funciones que le asigne la legislación específica.
- Determinar la forma de retiro de servicio de centrales de generación nucleoeléctrica u otra instalación nuclear.
- Ejercer la propiedad estatal de los materiales radiactivos fisionables especiales contenidos en los elementos combustibles irradiados.
- Ejercer la propiedad estatal de los materiales fusionables especiales que pudieren ser introducidos o desarrollados en el país.
- Desarrollar, construir y operar reactores nucleares experimentales.
- Desarrollar aplicaciones de radioisótopos y radiaciones en biología, medicina e industria.
- Efectuar la prospección de minerales de uso nuclear, sin que ello implique excluir al sector privado en tal actividad.
- Efectuar el desarrollo de materiales y procesos de fabricación de elementos combustibles para su aplicación en ciclos avanzados.
- Implementar programas de investigación básica y aplicada en las ciencias base de la tecnología nuclear.
- Establecer programas de cooperación con terceros países para los programas enunciados en el inciso precedente y para la investigación y el desarrollo de la tecnología a través del Ministerio de Relaciones Exteriores, Comercio Internacional y Culto.
- Promover y realizar todo otro estudio y aplicación científica de las transmutaciones y reacciones nucleares.

- Actualizar en forma permanente la información tecnológica de las centrales nucleares en todas sus etapas y disponer del aprovechamiento óptimo de la misma.
- Establecer relaciones directas con otras instituciones extranjeras con objetivos afines.
- Celebrar convenios con los operadores de reactores nucleares de potencia, a los fines de realizar trabajos de investigación.

También aparece en Buenos Aires *Acta Physiologica Latinoamericana*, publicación trimestral destinada a difundir los trabajos de fisiología y ramas afines de los investigadores latinoamericanos.

En 1951 Miguel Raggio y Nora Moro-Raggio fundan la revista internacional de botánica experimental *OYTON*. A partir de 1961 es editada por la Fundación Rómulo Raggio.

El 12 de septiembre de este año José Babini crea, en la sede de la Asociación Argentina para el Progreso de las Ciencias presidida por Bernardo Houssay, el Grupo Argentino de Escritores Científicos. Los fines del grupo eran los siguientes:

- Apegarse a la máxima difusión, en forma objetiva, de la ciencia en general, y de todas sus ramas puras y aplicadas, así como de los aspectos humanos y sociales de la ciencia.
- Velar por la mayor seriedad y exactitud de las noticias científicas que se proporcionen al público a través de los grandes medios de información: libro, periódico, cine, radio y televisión.
- Lograr que en esos medios de información la ciencia ocupe un amplio espacio.
- Adoptar todas las medidas tendientes a facilitar la tarea y elevar el nivel del personal responsable que tenga a su cargo la difusión de noticias científicas: periodistas

y corresponsales científicos, asesores y traductores científicos, etc. (Calvo Hernando, 2005).

Al respecto del interés de divulgar la ciencia manifestado por Houssay, Jacobo Brailovsky considera:

> Para mí el Dr. Bernardo Houssay fue el maestro máximo en la divulgación de las ciencias. Con sus limitaciones, por supuesto, porque estaba muy ocupado en la investigación. Pero además de tratar él de divulgar el conocimiento, infundió en el grupo de investigadores que lo rodeaba la idea que la ciencia debía divulgarse. (Cazaux, 2004).

El 13 de julio, ante la necesidad de preservar los bienes materiales que integraban el acervo histórico de la aeronáutica argentina se crea el Museo Aeronáutico, que recién se habilitó el 13 de enero de 1960 en las instalaciones levantadas en el Aeroparque de la Ciudad de Buenos Aires.

Ese mismo año se crea el Consejo Nacional de Investigaciones Técnicas y Científicas (CONITYC). Presidido por el Presidente de la Nación, Juan Domingo Perón, el CONITYC congregó a importantes científicos, entre ellos los físicos José Balseiro y Enrique Gaviola, el ingeniero nuclear Otto Gamba y el astrónomo Juan Bussoloni. Una de las primeras acciones del CONICYT fue la realización del Primer Censo Científico Técnico Nacional, que recopiló información sobre todas las investigaciones llevadas a cabo en la Argentina, tanto en el sector público como en la industria privada. A partir de los resultados del Censo y en línea con las previsiones del Segundo Plan Quinquenal del gobierno, se decidió estimular la formación en física y química en la enseñanza secundaria.

Fue también en 1951 que se realiza la primera transmisión televisiva en la Argentina dando origen al por entonces privado Canal 7 (LR3 Radio Belgrano TV), propiedad del pionero en radio y televisión, Jaime Yankelevich.

En ese momento existían en el país sólo treinta aparatos receptores de TV.

Jaime Yankelevich logra la aceptación del presidente constitucional Juan Domingo Perón de importar equipos de transmisión televisiva con la condición impuesta por la esposa de Perón, Eva Perón, de que la primera transmisión se hiciera desde la Plaza de Mayo el Día de la Lealtad Popular. Así fue y el 17 de octubre de 1951 se realizó esta primera transmisión con el agregado "[...] es expreso deseo de Eva Perón [...]." De esta manera, Argentina fue el segundo país en el continente en poseer la nueva tecnología.

El 4 de noviembre de 1951 se iniciaron las transmisiones regulares de Canal 7, emitiendo entre las 17.30 y las 22.30 hs. Su identificación era LR3 Radio Belgrano Televisión. Años más tarde, tras la desvinculación con la emisora que le diera el nombre, se comenzó a llamar LS82 TV Canal 7.

El 30 de noviembre, el presidente Juan Domingo Perón firma el Decreto n° 24.103 para la fundación de la Fábrica de Motores y Automotores. Al año siguiente se crea IAME (Industrias Aeronáuticas y Mecánicas del Estado) en reemplazo del Instituto Aerotécnico, con la intención de producir aviones, tractores, motocicletas y automotores. La empresa comienza sus actividades dentro del ámbito de la Fábrica Militar de Aviones en la Provincia de Córdoba. La intención presidencial era comenzar con la producción seriada de automotores el 1 de noviembre de 1952.

La fábrica se encontraba en actividad desde 1927 y su calificado personal técnico estaba orientado fundamentalmente a la producción aeronáutica. Por otra parte, las instalaciones y equipamiento también estaban destinadas a esa actividad industrial, por lo tanto para producir automotores se debió realizar un gran esfuerzo de recursos humanos y en equipos que se sumaron a las instalaciones ya existentes. La incorporación de esta industria dinámica a la actividad del IAME significó un aumento de su personal del 55% llegando a ocupar entre operarios, técnicos y administrativos 9.000 personas.

La producción automotriz se inicia con el sedán para cuatro pasajeros denominado Institec. Este vehículo económico contaba con un motor de dos tiempos y dos cilindros producido en la Fábrica de Motores y Automotores. Derivado del sedán se lanza más tarde una versión Pick Up.

Al mismo tiempo se desarrollaba un pequeño vehículo utilitario que contaba con una cabina metálica de chapas perfiladas o moldeadas y una caja de madera con capacidad de carga para media tonelada. Estaba equipado con un motor naftero de origen latinoamericano derivado de unos tractores adquiridos como material sobrante de la guerra. Surge así el Rastrojero. A pesar de su aspecto rústico, el vehículo, lanzado al mercado en 1952, era robusto y confiable, y en poco tiempo se incrementó y más tarde se decidió reemplazar los naftenos por uno diesel. Luego de analizar diferentes alternativas se optó por el motor Borgward de 42 HP de origen alemán. Para proveer a los rastrojeros de estos propulsores se levantó en la localidad de Isidro Casanova la primera fábrica argentina de motores gasoleros.

IAME presentó en 1953 el automóvil deportivo "Justicialista" con carrocería de plástico. Además de autos se fabricaban motos Puma y los tractores Pampa. La gama de automóviles creció con la producción de los modelos sedán Institec Graciela, con motor de tres cilindros, el sedán Graciela Wartburg de cuatro puertas, los camiones frontales Dinborg y los automóviles naftenos Borgwarg Isabella de dos puertas.

En 1956 IAME pasa a denominarse DINFIA (Dirección Nacional de Fábricas e Industrias Aeronáuticas) y se crea IME (Industrias Mecánicas del Estado) destinada a la producción automotriz.

La política antiindustrial de la dictadura del "Proceso de Reorganización Nacional", implementada por su ministro de economía Martínez de Hoz cierra definitivamente IME S.A. por decreto del 11 de abril de 1980.

En 1953, debido al aumento del alumnado, se desdobla la Facultad de Ciencias Exactas, Físicas y Naturales en Facultad de Ciencias, Exactas, Físicas y Naturales y Facultad de Ingeniería. Entre otras publicaciones edita cuatro series de sus *Contribuciones científicas* e inicia en 1958 sus Cursos y seminarios de matemática.

Ese mismo año Editorial Columba, en su Colección Esquemas, comienza a publicar una serie de libros de divulgación científica que se identifican por la respuesta a "Qué es", y luego la temática a desarrollar. El primer número fue *Qué es la filosofía* de Francisco Romero.

En 1954 se abre el Instituto de Investigaciones Científica y Técnicas de las Fuerzas Armadas y el Departamento de Investigaciones Científicas de Mendoza.

En 1955 se crea en la Universidad de Buenos Aires un Departamento Editorial que tomó a su cargo la publicación de la *Revista de la Universidad de Buenos Aires*, que había sido creada en 1904, e inició la publicación de una serie de libros de Agronomía y Veterinaria, Ciencias Económicas, Derecho y Ciencias Sociales, Filosofía, Letras e Historia.

Por otro lado, este mismo año, usando parte de lo que fueron las instalaciones del Proyecto Huemul, la Comisión Nacional de Energía Atómica creó el Instituto de Física de Bariloche, siendo su primer director José Antonio Balseiro.

El 25 de noviembre de 1955 se funda la Asociación Paleontológica Argentina (APA), que desde 1957 edita ininterrumpidamente la revista especializada *Ameghiniana*. Se trata una publicación de aparición trimestral destinada a trabajos científicos originales sobre temas paleontológicos de diversa índole.

En 1956 Enrique Gaviola crea en la Universidad de Córdoba el Instituto de Matemática, Astronomía y Física.

5.2. La recuperación frustrada (1956-1966)

Caracterizan a este período los gobiernos militares y las democracias restringidas.

El 16 de septiembre de 1955 Juan Domingo Perón (1951-1955) fue derrocado por la Revolución Libertadora, nombre con el que se autodenominó la dictadura militar que gobernó la República Argentina. El primer gobernante de la Revolución Libertadora fue el general Eduardo Lonardi, quien fue sucedido por Pedro Eugenio Aramburu.

La década que siguió a la caída de Juan Domingo Perón se caracterizó por una renovación de las universidades nacionales, que incluyó la creación de otras dos, la del Sur y la del Nordeste, y el estímulo de la investigación científica en sede universitaria. Hubo centros de investigación en física teórica, ciencias de la computación y sociología mientras la física nuclear iniciaba un importante desarrollo al amparo de la Comisión Nacional de Energía Atómica.

Se llevó adelante una política científica activa que incluyó la puesta en marcha del Consejo Nacional de Investigaciones Científicas y Técnicas, que implantó la carrera de investigador científico, y el impulso de la investigación tecnológica con la creación de dos Institutos Nacionales: el INTI, de tecnología industrial, y el INTA, de tecnología agropecuaria.

Durante este período se abrieron las importaciones, se radicaron empresas extranjeras y comenzaron los estudios de grandes presas hidroeléctricas, a la par que se mejoraba el equipamiento de las centrales térmicas y se ponía en marcha el primer reactor nuclear. La admisión de inversiones privadas en la explotación petrolera, impulsada desde el gobierno entre 1958 y 1962, se tradujo en un gran incremento de la producción, como ocurrió también en el sector siderúrgico.

Llegaron las primeras computadoras, y los primeros aparatos de transistores, comenzó la formación superior de personal de computación y de ingenieros electrónicos y se produjo la primera computadora experimental.

Dentro del campo de la literatura latinoamericana, la década de 1960 configura el marco de una intensa renovación narrativa que, desde el punto de vista editorial y de público, da origen al denominado *boom* de la literatura latinoamericana. En la Argentina, este proceso tiene como centro de divulgación al Instituto Di Tella, centro de experimentación estético y científico, que promueve la investigación en ciencias sociales y la modernización artística y audiovisual (teatro, *happenings*, cine, literatura, plástica), y a la revista *Primera Plana* (1962) que, dirigida por Jacobo Timmerman, acerca la nueva literatura a sectores mayores de público. A lo largo de la década, se produce un proceso de modernización de las prácticas y las estéticas literarias por la crisis y transformación de las poéticas realistas y la incorporación de técnicas narrativas diferentes, que implican rupturas de orden lineal de la historia, multiplicidad de puntos de vista en el relato, e incorporación de discursos provenientes del psicoanálisis, la sociología, la historieta y el periodismo.

La investigación científica e incluso la formación superior en sus materias sufrieron un rudo golpe en 1966, cuando la intervención dispuesta por la dictadura de Juan Carlos Onganía motivó la renuncia masiva de autoridades y docentes de la Universidad de Buenos Aires. El desmantelamiento de cátedras y centros de investigación provocó pérdidas, en algunos casos irreparables, cuyos efectos se sintieron hasta la última década del Siglo XX.

Se conoce como la "Noche de los Bastones Largos" al desalojo por parte de la policía, el 29 de julio de 1966, de cinco facultades de la Universidad de Buenos Aires, ocupadas por las autoridades legítimas –estudiantes, profesores y graduados– en oposición a la decisión del gobierno militar del general Juan Carlos Onganía de intervenir las universidades y anular el régimen de cogobierno. La represión fue particularmente violenta en las facultades de Ciencias Exactas y de Filosofía y Letras. El nombre proviene de los bastones largos usados por la policía para golpear con dureza a las autoridades universitarias, los estudiantes, los profesores y los graduados, cuando los hicieron pasar por una doble fila al salir de los edificios, luego de ser detenidos. Fueron detenidas 400 personas y destruidos laboratorios y bibliotecas universitarias. En los meses siguientes cientos de profesores fueron despedidos, renunciaron a sus cátedras o abandonaron el país. En total emigraron 301 profesores universitarios, de ellos 215 eran científicos; 166 se insertaron en universidades latinoamericanas, básicamente en Chile y Venezuela, otros 84 se fueron a universidades de Estados Unidos, Canadá y Puerto Rico; los 41 restantes se instalaron en Europa (Slemenson, 1970: 118).

El desarrollo científico disminuyo así como la inversión en instalaciones y, sobre todo, en estudiantes e investigadores de tiempo completo.

En las siguientes décadas el país creció escasamente en recursos humanos calificados y en conocimiento y trajo como consecuencia que los científicos y profesionales formados no encontraran lugar en donde desarrollar sus capacidades y emigraran en busca de oportunidades a otros países más desarrollados, generándose así el fenómeno conocido como "fuga de cerebros".

No es de extrañar, entonces, que César Milstein (1927-2002), uno de los científicos argentinos más prestigiosos del mundo, recibiera el Premio Nobel de Medicina en 1984, trabajando en la Universidad de Cambridge por su trabajo en el desarrollo de anticuerpos monoclonales. En efecto, después de recibirse en 1957 de Doctor en Ciencias Químicas en la Facultad de Ciencias Exactas y Naturales de la

Universidad de Buenos Aires, fue becado por la Universidad de Cambridge donde logró su segundo doctorado en 1960, trabajando bajo la dirección del bioquímico molecular Frederick Sanger. Milstein regresó a la Argentina en 1961 como jefe de la División de Biología Molecular del Instituto Nacional de Microbiología, pero sólo estuvo un año en el cargo para regresar a Inglaterra tras el golpe militar de 1962.

Estando en Cambridge pasó a formar parte del Laboratorio de Biología Molecular y trabajó en el estudio de las inmunoglobinas, adelantando el entendimiento acerca del proceso por el cual la sangre produce anticuerpos. Fue por este trabajo que lograría el Premio Nobel.

Pero, no obstante, 1956 es generoso en actividades de divulgación científica:

- Se crea el Instituto Antártico Argentino. Este Instituto ofrece en su página *web* un *link* sobre material de divulgación. Al acceder a él se encuentra informacióm sobre, por ejemplo, geografía, historia antártica, aves, mamíferos, aspectos de la vida humana, etc.
- Se comienza a editar el *Boletín del Instituto de Historia Argentina y Americana Dr. Emilio Ravignani*.
- Se crea la Universidad Nacional del Sur y la Universidad del Nordeste.
- Se crea la Academia de Geografía que en 1957 publica los *Anales de la Academia de Geografía*.
- Se constituye el Instituto Nacional de Tecnología Agropecuaria, INTA. Con el propósito de "impulsar y vigorizar el desarrollo de la investigación y la extensión agropecuarias y acelerar con los beneficios de estas funciones fundamentales: la tecnificación y el mejoramiento de la empresa agraria y de la vida rural". Depende del Ministerio de Agricultura, Ganadería y Pesca. El INTA le otorga importancia a la comunicación y utilizan todos los medios en la medida de las

posibilidades y la adecuación al mensaje: folletos, boletines de noticias, sitio *web*, ediciones INTA, videos, exposiciones, etc.
- El IAME pasa a ser la Dirección Nacional de Fabricaciones e Investigaciones Aeronáuticas, DINFIA.

Entre 1956 y 1963 la Editorial Ediar publica *La Gran Enciclopedia Argentina*, I-VIII, de Diego Abad de Santillán.

Este año también se crea el Instituto de Histología y Embriología de Mendoza "Dr. Mario H. Burgos" de la Facultad de Ciencias Médicas de Universidad Nacional de Cuyo-CONICET, que edita la revista indexada *Biocell* de periodicidad de tres números anuales. Publica artículos y notas breves originales y revisiones en áreas de biología celular y molecular, desarrollo embrionario, cito e inmunohistoquímica y microscopía electrónica.

Ese mismo año Gino Germani crea la primera carrera universitaria de Sociología en la Universidad de Buenos Aires. Al respecto la Licenciada en Sociología y doctorada en Demografía Susana Torrado aporta:

> Llama la atención que en medio de un gobierno dictatorial se creara una carrera universitaria que tiene tendencia a pensar de una manera progresista. "Pero el impulso que toma la universidad al crear en esa época las carreras de sociología y psicología no fueron un producto de la Revolución Libertadora, no las impulsaron desde el gobierno sino porque había un equipo de gente que estaba interesada en estas cuestiones y las desarrollaron" –enfatiza.
> La investigadora cuenta que "antes del año '57 existía Filosofía Social y la gente que estaba en la cátedra era antifascista. Gino Germani, quien había llegado a la Argentina en 1934 escapándose del fascismo de Italia, se había alejado de la universidad durante los años del justicialismo por problemas con las autoridades peronistas que había en la UBA y había vuelto en 1955 a la Facultad de Filosofía y Letras donde había ingresado como profesor interino y a la sazón había pasado a ser profesor titular."

En sus recuerdos no pasa por alto que "al mismo tiempo existía un grupo de estudiantes estrechamente vinculados con las luchas libertarias del movimiento estudiantil del '45 y del '56, cuya cultura político-moral estaba enraizada en las luchas antifascistas de la Guerra Civil Española y la Segunda Guerra Mundial. La envergadura de su lucha, le permitió al movimiento estudiantil incidir de manera determinante en primer lugar, en el nombramiento de José Luis Romero como rector interventor de la UBA y luego, en la designación en el '56 de Gino Germani como director del Departamento y de la Licenciatura en Sociología." (Cazaux, 2007).

También se constituye el Instituto Nacional de Tecnología Industrial (INTI) que fue ratificado por ley durante el gobierno del Dr. Arturo Frondizi. Este Instituto buscó instalar un escenario que tuvo dos grandes objetivos:

a) Contar con una herramienta de apoyo tecnológico a la industria, de alcance nacional, tanto a través de la prestación de servicios de ensayos, asistencia técnica o capacitación, como de la ejecución de tareas de innovación y desarrollo.

b) Instrumentar una forma nueva de colaboración público-privada, donde se hiciera habitual la posibilidad de asociaciones circunstanciales o permanentes detrás de objetivos de mejora sectorial o regional.

Por otro lado se crea la Comisión de Investigaciones Científicas de la Provincia de Buenos Aires.

El 27 de mayo de 1957 se instala el Museo de la Casa Rosada para dar testimonio de la vida y la obra de los presidentes argentinos transcurridos no menos de treinta años de sus mandatos.

Tiene como tarea la investigación, documentación, conservación y difusión del patrimonio. Sus salas exhiben una exposición permanente y una temporaria y llega al interior del país con una exposición itinerante. Además, el museo posee una Biblioteca, con Archivo y Hemeroteca, que en la actualidad llega a guardar 17.000 volúmenes de incalculable valor histórico, especializada en Historia Argentina y relacionada –sobre todo– con los máximos mandatarios del país. También se hacen visitas guiadas al Museo y al Palacio de Gobierno dirigidas a todo tipo de público que se realizan en diversos idiomas. Desde el 6 de enero de 2002 se puede visitar por Internet.

El gobierno militar de Pedro Eugenio Aramburu licitó tres frecuencias nuevas en la ciudad de Buenos Aires: Canal 9, Canal 11 y Canal 13, con un límite de tiempo para comenzar las transmisiones de cinco años, hasta 1961. La empresa Cadena difusora de Televisión S.A., el 9 de junio de 1960, bajo el lema "el nueve, a las nueve, por el nueve", inicia las transmisiones de LS83 Televisión. Sus primeros años estuvieron signados por el uso de series estadounidenses, compradas a la cadena NBC, empresa que a la vez era accionista del medio.

El año 1958 es un año de particular significación en lo referente a manifestaciones que contribuirán a la comunicación de la ciencia:

- Se crea Yacimientos Carboníferos Fiscales.
- Se constituye el Consejo Nacional de Investigaciones Científicas y Técnicas (CONICET) y lo preside Bernardo Houssay.
- Se conforma la Comisión Mixta Técnica Argentino-Paraguaya para el estudio del aprovechamiento hidráulico de las islas Apipé y Yacyretá.
- El 28 de abril se funda el Museo y Biblioteca Ricardo Rojas en un hermoso edificio que fue la vivienda del destacado escritor hasta su muerte en 1957.[52]

---

[52] El edificio, ubicado en Charcas 2837 de la actual ciudad de Buenos Aires, que en términos generales, imita un palacio altoperuano, materializa la doctrina Euríndica de Ricardo Rojas. Dicha palabra derivada de Europa

- Se crea la carrera de Ciencias Antropológicas en la Facultad de Filosofía y Letras de la Universidad de Buenos Aires.
- Se realizan las Primeras Jornadas Argentinas de Epistemología e Historia de la Ciencia.
- Se promulga la ley de Universidades Privadas.
- Se crea la Universidad Católica Argentina que inicia su labor académica en medio del debate de la enseñanza libre. Su primera sede fue el edificio de la antigua Nunciatura Apostólica, en la calle Riobamba 1227.
- El 13 de diciembre se funda la Sociedad Argentina de Fisiología Vegetal (SAFV) que un año después celebró la Primera Reunión Argentina de la Ciencia del Suelo.
- Se crea la Asociación Argentina de la Ciencia del Suelo (AACS) con la misión de estimular el desarrollo de todos los conocimientos que atañen a la Ciencia del Suelo que se concreta a través de: organización de

---

y las Indias es un neologismo inventado por el escritor para designar su teoría cultural, según la cual en América existen influencias indígenas y europeas, que actúan sobre el hombre y el ser nacional.

Distingue cuatro etapas en el proceso de evolución: la indígena, el período hispánico, la independencia y el cosmopolitismo, sobre los que ejercen influencias el territorio, la raza, la tradición y la cultura. Sobre la base de su doctrina, Ricardo Rojas inspiró la construcción de su residencia, obra del arquitecto Ángel Guido. La fachada es una réplica de la que ofrece la Casa Histórica de Tucumán.

La puerta cancel presenta motivos de la mitología incaica. El patio de recepción o patio arequipeño tiene al frente un gran frontispicio también decorado con simbolismos incaicos, al igual que las pilastras que bordean el claustro. Se penetra a la casa propiamente dicha por el recibimiento, luego se observa el salón (hoy Sala de Actos) con varias vitrinas, le sigue la denominada sala colonial, después el patio español y el comedor. La hermosa casona se continúa con la biblioteca incaica y el escritorio del literato. En el piso superior, se exhiben una biblioteca, la salita íntima y el dormitorio.

Ricardo Rojas fue poeta, ensayista y maestro con doctrina propia. Sus escritos que comprenden trabajos eruditos, monografías, obras teatrales, poemas y ensayos, se nutren en el diálogo que cruza la Europa hispánica con la América Indiana.

reuniones y congresos científicos; constitución de comités y subcomités de trabajo; preparación de publicaciones y difusión de las actas de las reuniones y congresos y de toda información científica útil para los edafólogos y fomento de relaciones entre entidades afines del país y el extranjero.
- Se inicia la radioastronomía en la Argentina con la instalación en la Facultad de Agronomía de la Universidad Nacional de Buenos Aires de un interferómetro solar en 86 MHz y a su vez se crea la Comisión Astrofísica y Radioastronomía (CAR). (Cielo Sur).

Es de destacar que en junio de 1958 el Departamento Editorial de la Universidad de Buenos Aires fue sustituido durante la presidencia del Dr. Arturo Frondizi (1958-1962), por iniciativa de su hermano, rector de la Universidad de Buenos Aires, Risieri Frondizi, por la Editorial Universitaria de Buenos Aires, EUDEBA, que a partir del año siguiente inició una extensa labor editorial publicando hasta fines de 1961 más de 150 títulos. Al principio fue Sociedad del Estado, transformándose luego en una Sociedad de Economía Mixta.

La idea fue crear una editorial que trascendiera las ediciones meramente universitarias, que renovara la bibliografía un tanto caduca de textos científicos y académicos y que sirviera a su vez de divulgación de los temas con poco espacio en las editoriales comerciales (Eudeba y Maunás, Delia, 1995).

Para cumplir con este objetivo el filósofo Risieri Frondizi llama al entonces director del Fondo de Cultura Económica Mexicano, Arnaldo Orfila Reynal, con el fin de asesorarse en el complejo mundo de la edición y colocar los cimientos del proyecto. Cuando Arnaldo Orfila ha de retornar a México se le encarga la elección del director de la editorial; tras entrevistarse con los aspirantes y analizar la biblioteca personal de cada uno de ellos, escoge al hijo de exiliados rusos, profesor de análisis matemático José Boris Spivacow (o Spivacov) (1915-1994), quien fue su primer editor.

A partir de 1959, inició una extensa labor editorial. En poco tiempo y con el lema "Libros para todos", Spivacow y sus colaboradores convierten a la recién nacida Eudeba en una de las más importantes y prestigiosas editoriales del momento, no sólo por la calidad de sus publicaciones, sino también por una ágil y eficaz distribución que llevará el sello Eudeba a todos los rincones del mundo de habla castellana y a desbordar las librerías de la época convirtiéndose en los pioneros en cuanto a la introducción de los libros en los quioscos. En este sentido se destacó la colección "Cuadernos", en la que aparecieron introducciones a multitud de temas, en su mayoría traducciones de la colección *Que sais-je?* que la editorial *Presses Universitaires de France* venía publicando desde los años cuarenta, de los que editó hasta fines de 1961, más de 150 títulos.

Uno de los ámbitos donde el papel de Eudeba resultó decisivo fue el de la ciencia, publicando multitud de manuales y ensayos sobre diversos aspectos que por sus características difícilmente hubieran tenido cabida en editoriales convencionales. Es el caso de la clásica *Historia de la ciencia* del estadounidense George Sarton (1884-1956), publicada durante 1965 en cuatro volúmenes.

Dentro de la física, por ejemplo, tradujo a algunos clásicos, como al italiano Alessandro Volta (1745-1827) o al inglés Michael Faraday (1791-1827). E hizo lo mismo con notables representantes de la física del Siglo XX, es el caso de dos premios Nobel, el italiano Enrico Fermi (1901-1954) en 1968 y el alemán nacionalizado inglés Max Born (1882-1970). Otros ensayos de física destacados publicados por Eudeba fueron: *El nacimiento de una nueva física*, escrito por el historiador estadounidense de la ciencia Bernard

Cohen (1914-2003); *El átomo inquieto*, a cargo del profesor estadounidense Alfred Romer (1906-1998), en 1961, y ese mismo año, del escritor e ingeniero John Robinson Pierce (1910-2002), *Electrones, ondas y mensajes*. Además publicó, entre otros, al físico e inventor inglés Charles Vernon Boys (1855-1944), a su compatriota de origen austríaco Hermann Bondi (1919-2005) y a los estadounidenses Bernard Jaffe (1916-1986) y George Gamow (1904-1968).

Fueron notables sus aportaciones a la divulgación de la astronomía al publicar el *Siderius nuncius* de Galileo Galilei (1564-1642) traducido como *El mensajero de los astros*, y *Las revoluciones de las esferas celestes* del astrónomo polaco Nicolás Copérnico (1473-1543). Del mismo modo traduciría manuales introductorios a diversos aspectos de la astronomía escritos por el divulgador francés Paul Couderc (1899-1981). Un hito en la historia de Eudeba fue la publicación en 1963, por primera vez en castellano, de *Los sonámbulos*, escrita por el novelista y ensayista inglés de origen húngaro Arthur Koestler (1905-1983) y que aborda la historia de la astronomía, uno de los mayores éxitos del género y que continúa reeditándose en la actualidad. Otros destacados astrónomos traducidos por Eudeba fueron el francés de origen ruso Vladimir Kourganoff (1912-2006) y el estadounidense Michael William Ovenden (1926-1987).

En el terreno de la biología, Eudeba publicó notables ensayos entre los que se destacan varias obras divulgativas del biólogo y neurofisiólogo francés Paul Chauchard (1912-2004), como su *Compendio de biología humana* en 1961, o la *Breve historia de la biología* a cargo del bioquímico y escritor estadounidense de origen ruso Isaac Asimov (1920-1992). Sobresalen varias publicaciones sobre genética, como *Las bases físicas y químicas de la herencia* del premio Nobel estadounidense George W. Beadle (1903-1989); y *La evolución, la genética y el hombre* del genetista y zoólogo estadounidense de origen ucraniano Theodosius

Dobzhansky (1900-1975). Igualmente Eudeba tradujo en 1960 *La herencia humana* del biólogo francés Jean Rostand (1894-1977). Otros importantes biólogos publicados por Eudeba fueron el estadounidense John Tyler Bonner (n. 1920), el inglés Conrad Hal Waddington (1905-1975) y uno de los padres de la etología, Karl von Frisch (1886-1982).

Sobre matemáticas, traduciría la obra clásica *El cálculo infinitesimal*, y *Origen y polémica* de los clásicos Isaac Newton (1642-1727) y Gottfried Wilhelm Leibniz (1646-1716). Otro ensayo notable traducido por Eudeba fue *Las grandes corrientes del pensamiento matemático* en 1962, escrito por el francés François Le Lionnais (1901-1984), también del matemático y educador estadounidense Irving Adler (n. 1913) editaría *La nueva matemática*.

Asimismo Eudeba publicó acerca de otros aspectos más específicos de la ciencia, como la *Historia de la geología* del francés André Cailleux (1907-1986), o sobre química, traduciendo obras divulgativas de los químicos franceses Georges Champetier (1905-1980) y Bernard Pullman (1919-1996). Y editó ensayos de medicina, es el caso de *La etiología de la tuberculosis* del bacteriólogo alemán Robert Koch (1843-1910), o el estudio sobre Pasteur del estadounidense de origen francés René Jules Dubos (1901-1982).

Y se ocupó de otras facetas del saber humano, poniendo al alcance de los lectores interesados trascendentes ensayos. En economía, por ejemplo, tradujo a influyentes autores del Siglo XX, como al sociólogo y economista estadounidense de origen noruego Thorstein Veblen (1857-1929), el italiano Libero Lenti (1906-1993) o el estadounidense Clark Kerr (1911-2003) entre otros. En la colección "Cuadernos" publicó a notables economistas, como el historiador italiano de economía Carlo Maria Cipolla (1922-2000) y su *Historia económica de la población mundial* y varias obras del francés Jean Fourastié (1907-1990), entre ellas *¿Por qué trabajamos?* en 1963. Más economistas que aparecieron en el sello Eudeba fueron los franceses Bertrand Nogaro (1880-1950), Alfred Sauvy (1898-1990) y Pierre George (1909-2006).

Notables juristas fueron traducidos por Eudeba, como el estadounidense de origen austríaco Hans Kelsen (1881-1973) y su vigente *Teoría pura del derecho* en 1960; *El problema del positivismo jurídico* del filósofo italiano, además de jurista, Norberto Bobbio (n. 1909), y del francés Michel Villey (1914-1988) el ensayo *El derecho romano*. También aparecieron publicados en Eudeba otros destacados juristas, como los franceses Henri Lévy-Bruhl (1884-1964) y Henri Batiffol (1905-1989).

Otra esfera del saber en la que Eudeba se destacó fue en la de la sociología. Publicó a importantes sociólogos del Siglo XX, como el estadounidense George C. Homans (1910-1998), de quien tradujo varias obras, entre ellas *El grupo humano*; del noruego Johan Galtung (n. 1930) editó en dos tomos su *Teoría y método de la investigación social*; también en dos volúmenes publicaría *Historia y elementos de la sociología del conocimiento* del estadounidense Irving Louis Horowitz (n. 1929). Más sociólogos que aparecieron en el sello que nos ocupa fueron el alemán Hans Paul Bahrdt (1918-1994), el austríaco Joseph Alois Schumpeter (1883-1950), Peter Heintz (1920-1983) y el estadounidense de origen alemán Reinhard Bendix (1916-1991).

Eudeba además tradujo obras fundamentales para el desarrollo de la psicología del Siglo XX, como *Psicología social* del estadounidense de origen polaco Solomon E. Asch (1907-1996), y varias obras de Theodore Mead Newcomb (1903-1984), como *Cultura y personalidad* y el *Manual de psicología social* en dos tomos a lo largo de 1964. Igualmente y en el ámbito de la psicología infantil publicó el gran clásico de Arthur Jersild (1902-1994) *Psicología del niño* en 1961, y diversos ensayos acerca de ese mismo tema a cargo del psicólogo estadounidense Werner Wolff (1904-1982). Otro eminente psicólogo traducido por este sello fue el estadounidense Gordon Willard Allport (1897-1967) –una de sus obras más recordadas es *La naturaleza del prejuicio*–, además del alemán Erich Stern (1889-1959) y su *La psicoterapia en la actualidad*. Igualmente cabe reseñar la publicación en 1962 de *Arte y percepción visual* del teórico de cine y psicólogo de la percepción Rudolf Arnheim (1904-2007).

También, Eudeba tuvo protagonismo en el campo de la antropología. Publicó uno de los grandes clásicos del Siglo XX, *Antropología estructural* de Claude Lévi-Strauss (1908-2009), en 1968. Además traduciría *El hombre primitivo como filósofo* del antropólogo y etnólogo estadounidense de origen polaco Paul Radin (1883-1959) en 1960, y dos años más tarde, *Tipos humanos* del antropólogo social británico Raymond Firth (1901-2002). Otro antropólogo publicado por Eudeba fue el francés Henri Victor Vallois (1889-1981).

Además, en filosofía ofreció traducciones notables, es el caso de Platón (428-348 a. C.) de quien publicaría sus diálogos más reconocidos, todos ellos registrados en el ISBN argentino, excepto *Gorgias*, publicado en 1967. Asimismo editó *El arte de la retórica* de Aristóteles (384-322 a. C.). Y tradujo interesantes estudios sobre la filosofía griega, entre éstos destacan varias obras del filósofo y profesor francés Jean Brun (1919-1994), excepto su monografía sobre el estoicismo, publicada en 1962. Otro filósofo francés que se ocupó del pensamiento griego fue André-Jean Festugière (1898-1982), de quien publicaría *Libertad y civilización entre los griegos* y *Epicuro y sus dioses*, en la colección "Cuadernos".

Otra obra clásica, en este caso de filosofía medieval, fue *Cuestiones parisienses*, del místico y filósofo alemán Meister Eckhart (1260-1328), publicada en 1967. En este sentido debemos señalar la edición de *La filosofía medieval* escrita por el francés Edouard Jeauneau (n. 1924). Más clásicos aparecidos en Eudeba fueron tres obras del siglo XVIII: el

Tratado de las sensaciones, del francés Étienne Bonnot de Condillac (1714-1780), la *Historia natural de la religión*, de David Hume (1711-1776), y *El hombre máquina*, obra escrita por el médico y filósofo materialista Julien Offroy de la Mettrie (1709-1751).

También publicó Eudeba a importantes filósofos del Siglo XX: el positivista lógico inglés Alfred Jules Ayer (1910-1989), de quien tradujo su famoso *Lenguaje, verdad y lógica* en 1965, o el francés Jean-François Lyotard (1924-1998) y su ensayo divulgativo *Los existencialismos*, publicado en 1960 dentro de la colección "Cuadernos"; asimismo *La lógica de la transferencia* del finlandés Georg Henrik von Wright (1916-2003). Más filósofos aparecidos en el sello que nos ocupa fueron el inglés Stephen Toulmin (1922-2009), el ruso Basile Zenkovski (1881-1962) y los franceses Gilles-Gaston Granger (n. 1920), Jules Vuillemin (1920-2001) y André Cresson (1869-1950).

La historia resultó ser otro de los campos sobre el que Eudeba publicó bastantes obras. Se destacan las dedicadas a Grecia y a Roma. Sobre el mundo heleno tradujo: del historiador sueco Martin Persson Nilsson (1874-1967) su *Historia de la religión griega* en 1961; varias obras del historiador de la religión alemán Walter Otto (1874-1958), entre ellas *Teofanía* y *Los dioses de Grecia; Orfeo y la religión griega* del historiador William Keith C. Guthrie (1906-1981), y del helenista francés Louis Séchan (1882-1968), *El mito de Prometeo* en 1960.

Acerca de Roma publicaría la *Historia de Roma*, del historiador francés André Piganiol (1883-1968), en 1961; *Roma de los orígenes a la última crisis*, del historiador y arqueólogo ruso Mijail I. Rostovtsev (1870-1952), y del alemán Franz Altheim (1898-1976) traduciría varias obras entre ellas *El Dios invicto* de 1966. Además publicó del estadounidense Tenney Frank (1876-1939) *Vida y literatura en la república romana*, y una biografía sobre César del francés Jacques Madaule (1898-1976). También editó sobre cultura etrusca, por ejemplo, *Etruscología* del arqueólogo italiano Massimo Pallottino (1909-1995).

Por otro lado, un hecho que merece ser resaltado es que en 1958 el periodista científico Miguel Mulhmann, a quien ya hemos presentado, del diario *La Razón*, se convierte en el creador de la denominación de "Mal O'Higgins" para identificar a la epidemia de Fiebre Hemorrágica Argentina que ese año asolara a nuestro país, por primera vez, en esta ciudad, pequeña localidad en el partido de Chacabuco – muy cercano a Junín–, Provincia de Buenos Aires, cuando publica una nota sobre esta enfermedad con este nombre. Fue así que *La Razón* se posicionó como el periódico que informó por primera vez al país y al mundo sobre esta virosis (Agnese, 2007).

El hecho fue que el 5 de junio de 1958 *La Razón* anunció al país y al mundo "Una rara enfermedad alarma a la modesta población de O'Higgins, que en poco tiempo provocó 5 muertos."

Según relata el propio Muhlmann (1983: 205) el periódico se había interesado en el tema luego de recibir una carta fechada el 3 de junio, firmada por Jorge Maraggi, dueño del almacén de Ramos Generales de O'Higgins, quien comentaba la muerte de personas por una enfermedad desconocida coincidentemente con el deceso de numerosos caballos. Se había divulgado la posibilidad que se tratara de casos de encefalomielitis equina o, para el común de la gente, "la locura del caballo", por la elevada temperatura de los enfermos, los desvaríos en que caían y la muerte de varios de estos animales por esa causa. Maraggi describía la situación de un pánico generalizado y denunciaba la falta de respuestas de las autoridades sanitarias ante el clamor de los vecinos.

Reconoce Graciela Agnese (2007) que el desarrollo de la grave epidemia de 1958 coincidió, en el orden político, con la asunción de nuevas autoridades: Arturo Frondizi, como Presidente de la Nación, y Oscar Allende, en la provincia, ambos de la Unión Cívica Radical Intransigente, asumieron sus cargos el 1 de mayo de 1958. El Dr. Rosario Locícero, médico de O'Higgins, efectuó las primeras notificaciones telefónicas en marzo ante la Dirección de Investigaciones Biológicas y Prevención Sanitaria de la Provincia de Buenos Aires. El intendente del partido de Alberti, el médico Raúl Vacarezza, las formalizó por escrito en mayo. Las autoridades sanitarias provinciales respondieron destacando en estas localidades a dos técnicos para informarse y recoger material de estudio. A pesar de las gestiones de los funcionarios locales, hasta el mes de junio no se pudo observar una decidida y significativa intervención de las autoridades provinciales o nacionales. Cuatro días después del artículo de *La Razón*[53] anunciando la enfermedad, es decir, el 9 de junio, el Dr. Alberto Castagnino, subsecretario de Salud Pública de la provincia, se presentó en la redacción del diario, para anunciar una acción de asistencia y profilaxis que comprendía campañas de desratización, desinfección y divulgación a cargo de visitadores de higiene, epidemiólogos y técnicos. El Dr. Vacarezza se lamentó, en la primera mesa redonda de profesionales que se realizó en esta localidad, el 15 de junio, sobre la falta de apoyo de las autoridades, expresando "hasta ahora nada concreto se ha hecho [...]. Hemos visto con tristeza que el estímulo a estas investigaciones han provenido de *La Razón* (*La Vanguardia*, 1958: 2).

Si bien la enfermedad no ocupó la primera plana y no fue objeto de una nota editorial, el diario *La Razón*, durante los meses de junio y julio, realizó publicaciones diarias sobre la epidemia, con artículos que alternaban entre las páginas

---

[53] Que según datos del IVC tenía una tirada aproximada de 500.000 ejemplares.

5 y 11. En ellos se reiteraban conceptos sobre el temor de los pobladores, informaban sobre número de fallecidos e índice de mortalidad, publicaban comunicados oficiales de las autoridades sanitarias nacionales como provinciales y destacaban, mencionando acciones específicas, la labor de los médicos locales como de los investigadores llegados de Buenos Aires. Así, un artículo fue titulado "O'Higgins: hervidero de investigación científica", y el 11 de junio, al hablar de la Comisión Científica enviada por el Ministerio de Salud de la Provincia de Buenos Aires expresaba: "Esta comisión se internó en las chacras, estuvo en contacto con las personas dedicadas a la recolección de las cosechas, embaló rastrojos y otros desperdicios para observar posteriormente mediante técnicas bacteriológicas de cultivos si existen gérmenes patógenos, también trasladó aves, roedores e insectos para determinar su posibilidad como agentes vectores." La terminología específica (técnicas bacteriológicas, gérmenes patógenos, vectores, etc.), que se reiteraban en varios de los artículos, reflejaba al autor de los mismos, el Dr. Miguel Mulhmann, Doctor en Ciencias Naturales y redactor científico del periódico (Agnese, 2007).

Como dijimos, *La Razón* dio una gran importancia a esta problemática, y si bien no la ubicó en páginas centrales, dedicó extensos artículos, con tintes sensacionalistas, prácticamente a diario durante los meses de junio y julio. Y, luego de la desaparición del brote (fines de julio) el diario continuó hasta fines de 1958 con publicaciones que se hacían eco de la discusión suscitada entre los investigadores sobre el posible agente etiológico de la Fiebre Hemorrágica, conocida posteriormente con el nombre popular de "mal de los rastrojos" (Agnese, 2007).

Este diario, aporta Ulanosky (1997: 146-147) se había presentado desde su fundación como el primer periódico de noticias de interés general alejado de tendencias partidistas; "sin embargo en los fines de la década de 1950 y en los años 1960 se convirtió en un periódico de derecha y, según algunos testimonios, en vocero de algunos 'servicios'." Ulanosky, seguramente, está haciendo referencia al tratamiento de la información sobre la enfermedad que terminamos de analizar.

De 1959 destacamos los siguientes acontecimientos de interés para nuestra historia de la divulgación científica:

- La editorial Códex comienza a publicar la revista infantil *Selecciones Escolares*, concebida como un material de apoyo docente y entretenimiento. Además de apoyo escolar, la revista ofrecía información sobre la realidad social, científica y tecnológica que contribuía a engrosar los conocimientos de los niños en un orden más amplio que el de las aulas. En este sentido pueden citarse notas de difusión que señalan las ventajas de un novedoso sistema de diapositivas; "La conquista más grande del siglo", referida a la fusión que transforma el hidrógeno en helio y el posible aprovechamiento pacífico de la energía atómica, o "El bisturí en el corazón", que versa sobre los adelantos de la cirugía cardiovascular. Es de destacar la sección de curiosidades "¿Lo sabías?", dedicada a la difusión de conocimientos dispersos como, por ejemplo, lo agudo del olfato del buitre, la ciudad con mayor cantidad de árboles, la plata más venenosa, el origen de la muralla china, la ostra más grande vista en el mundo, etc. (Padula Perkins, 2000).
- Se crea el Consejo Nacional de Educación Técnica.
- La Universidad Obrera Nacional pasa a ser por Ley la Universidad Tecnológica Nacional.
- Se funda la institución privada Asociación Argentina de Geofísicos y Geodestas.
- La Asociación Argentina de Dermatología (AAD), comienza a editar la *Revista Argentina de Dermatología* que se publica desde entonces de manera ininterrumpida.

- Con los auspicios de la UNESCO la Universidad de Buenos Aires crea el Centro Regional de Matemática para América Latina que tuvo gran influencia en el desarrollo de la matemática argentina. Funciona en el Departamento de Matemática de la Facultad de Ciencias Exactas. Por medio de este Centro la Matemática de Buenos Aires ha irradiado a distintos países latinoamericanos. Han trabajado en el Centro becarios que regresan a sus países con la capacitación adecuada para desempeñarse como docentes en distintas universidades.
- En 1960 se realiza el "Primer Congreso de Folklore", en Buenos Aires. Durante su transcurso se le confiere el título de "Padre de la Ciencias Folklórica Argentina" a Juan B. Ambrosetti (Barrera, 1988: 366).

El 1 de octubre de 1960 comenzó sus transmisiones LS85 Canal 13. El canal fue licitado a la empresa Productora Argentina de Televisión S.A., integrada por el cubano Goar Mestre, la cadena estadounidense CBS y la empresa Time-Life. A mediados de los sesenta Editorial Atlántida compró las acciones de la CBS y Time-Life, y el canal comenzó a competir fuertemente con los otros dos canales abiertos privados (Canal 9 y Canal 11) de la ciudad de Buenos Aires, los que habían pasado por un proceso similar.

Junto con la inauguración de Canal 13, en octubre de 1960 Pedro Muchnick pone en el aire "Buenas tardes, mucho gusto".[54] En sus 22 años de emisión pasaron por el programa médicos como Alberto Cormillot, a quien nos interesa rescatar por su permanente presencia tanto en medios gráficos

---

[54] Programa para gente con vocación hogareña cuyo guión estuvo a cargo de Blanca Cotta, secretaria de redacción de la revista con el mismo nombre que ya editaba Pedro Muchnik. Motivo por el cual la gran mayoría de los especialistas del programa de televisión fueron los colaboradores de esta publicación gráfica.

como radiales y televisivos hasta la actualidad, con su tarea de divulgar los cuidados de la salud en los distintos medios de comunicación. Cormillot, entonces, contestaba preguntas que realizaba la audiencia sobre temas de salud, la gran mayoría referentes al cuidado de los niños y la mujer.

También es en la década de 1960 cuando, en Canal 7, el Dr. Florencio Escardó, todas las tardes a las 18 hs., presentó la audición "Volver a vivir", que tuvo alto *rating* (Puga, 2002).

En la década de 1960 se creó la Secretaría de Ciencia y Técnica en el ámbito de la Presidencia de la Nación. Su principal objetivo fue el de coordinadora, a nivel nacional, de todos los organismos del sector. Hasta ese momento no existía una instancia superior y, desde el gobierno, ante la falta de una política global y de intercambio y coordinación de esfuerzos entre las instituciones, se percibió la necesidad de crearla. Por lo que desde su creación las políticas científicas que se tomaron en el país se establecieron desde esta dependencia y les cupo, a su turno, a los diferentes secretarios de Ciencia y Tecnología implementarlas.

Es en 1960 que se crea la Carrera de Investigador Científico a través del Consejo Nacional de Investigaciones Científicas y Técnicas.

En este año también la Sociedad Científica Argentina realiza el Coloquio "Cibernética y Biología" y se abre el Museo Nacional de Aeronáutica.

El año 1961 es un año de numerosos acontecimientos que contribuirán a la comunicación de las ciencias:

- Se instala en el Instituto de Cálculo de la Facultad de Ciencias Exactas de la Universidad de Buenos Aires la primera computadora del país, una Ferranti Mercury bautizada Clementina. Fue traída desde Inglaterra por su director, Manuel Sadosky, dando un gran impulso a los métodos analíticos de cálculo.

- Se crea la Fundación y el Museo Rómulo Raggio. En el Museo se realizan muestras rotativas de obras de arte.
- El Museo Botánico de la Universidad Nacional de Córdoba comienza a editar la publicación *Kurtziana*.
- Se constituye el Buque Museo Fragata "Presidente Sarmiento". La Fragata, anclada en la zona céntrica porteña de Puerto Madero, ofrece una muestra inherente a la Armada en el país de fines del Siglo XIX y primera mitad del XX, sus viajes de instrucción y los puertos en los que recaló. Este barco, botado por primera vez en 1897, estuvo presente en la coronación del rey de Gran Bretaña, Eduardo VII; del de España, Alfonso XII; del de Gran Bretaña, Jorge V, en el centenario de la Independencia de México; en la inauguración del Canal de Panamá; y en muchísimas otras ocasiones históricas. Un registro a bordo de la Fragata da cuenta de ellas. La embarcación es visitada por miles de personas al año.
- Se crea la Comisión Nacional de Investigaciones Espaciales (CNIE) organismo dependiente de la Fuerza Aérea Argentina.

Canal 11 de Buenos Aires comienza sus transmisiones, pocos días antes de que venciera el plazo dado por el gobierno al licenciatario para comenzar a operar. Anunciado como el "canal de la familia", en un principio fue administrado por una sociedad vinculada a la Iglesia Católica, asociada con la cadena estadounidense ABC y la *Westinghouse Electric Corporation*.

En 1962 el Consejo Nacional de Investigaciones Científicas y Técnicas edita el *Catálogo colectivo de publicaciones periódicas existentes en bibliotecas científicas y técnicas argentinas*.

También este año el Dr. Bernardo Houssay, como presidente del Consejo Nacional de Investigaciones Científicas y Técnicas, realiza el Primer Seminario de Divulgación Científica con la participación de científicos y periodistas que escribían sobre ciencia en los medios.

Ese mismo año la editorial Eudeba publica *Los derechos del niño,* obra del Dr. Florencio Escardó, y la Asociación Ornitológica del Plata comienza a publicar *Nuestras Aves,* de aparición semestral.

Deseamos destacar que es también en 1962 cuando el periodista científico Miguel Mulhmann publica el libro *Ciencia y periodismo.*

El 1° de agosto de 1963 se constituye la Fundación Bunge y Born, al celebrar el grupo económico Bunge y Born sus ochenta años en la Argentina.

La Fundación Bunge y Born es una organización sin fines de lucro cuya misión es "promover la investigación científica mediante premios, subsidios y becas y facilitar toda clase de actividades en beneficio de la comunidad en materia de educación, salud y cultura."

En cumplimiento de su misión la Fundación Bunge y Born:

- Adjudica un premio anual a la investigación científica en forma ininterrumpida desde 1964 y otorga subsidios y becas a investigadores.
- Entrega materiales para el desempeño de cientos de escuelas rurales primarias ubicadas en lugares alejados de todas las provincias argentinas. Organiza y financia programas de formación y capacitación para docentes y aporta recursos para el desarrollo de otras actividades educativas.
- Administra diversos fondos con destinos específicos. Financia becas para la realización de investigaciones y estudios de alto interés para la salud. Efectúa donaciones de equipamiento médico a establecimientos e institutos hospitalarios y aporta fondos para programas

de prevención y tratamiento de enfermedades. En el área cultura aporta fondos para programas de conservación del patrimonio histórico, de monumentos y documental, incluyendo la conservación preventiva de diversas colecciones.

También este año, la Sección Histórica del Archivo de la Fuerza Aérea Argentina fue elevada a División.

El 16 de junio de 1964 el Dr. José Arce funda el Instituto de Investigaciones Históricas "Museo Roca" con el fin de difundir los estudios sobre la personalidad y la trayectoria del Gral. Julio A. Roca (1843-1914), promoviendo nuevas investigaciones y preservando en su acervo objetos, documentos y libros.

El 10 de diciembre del mismo año, la casa fue declarada Monumento Histórico, y abrió sus puertas al público como museo el 17 de junio de 1964. El inmueble, ubicado en Vicente López 2220/2230, fue originariamente vivienda particular del donante, quien encargó su construcción al arquitecto Francisco Squirru en los años 1930.

Además se inaugura el Observatorio Astronómico "Félix Aguilar", hoy de la Universidad Nacional de San Juan.

Este año Carlos Varsavsky funda en La Plata el Instituto Argentino de Radioastronomía, perteneciente al Consejo Nacional de Investigaciones Científicas y Técnicas, y es también su primer director.

Si bien la radioastronomía se había iniciado en la Argentina en 1958, como ya dijimos, al crecer el interés por esta temática y debido a la posición privilegiada del país, el CONICET, la Comisión de Investigaciones Científicas de la Provincia de Buenos Aires, la Universidad Nacional de La Plata y la UBA deciden en 1962 crear el Instituto Argentino de Radioastronomía (IAR), cuyas funciones serían: promover y coordinar la investigación y desarrollo técnico de la radioastronomía y colaborar en la enseñanza.

Científicos e ingenieros viajan al exterior para perfeccionar sus conocimientos y adquirir experiencia en técnicas de observación de la línea de 21 cm.

En los años siguientes se continúa aumentando la incorporación de instrumentos de medición en el Instituto.

Desde el 8 de octubre de 1964 hasta el 9 de enero de 2002 Manuel García Ferré edita la revista *Anteojito*, con secciones didácticas como "Preguntando se aprende", "¿Saben anteojitos...?" y "Aprendamos jugando". Tuvo una publicación ininterrumpida durante 37 años, con 1.925 números.

Hacia 1965 Canal 9 pasó a manos del locutor Alejandro Romay, y en 1966 debuta como columnista el médico Mario Socolinsky, en el programa "Mujeres siglo XX", conducido por Maricarmen y Elsa San Martín.

En 1966 se celebra el Cuarto Congreso Internacional de Historia de América.

En ocasión de celebrase el 75° aniversario del Banco de la Nación Argentina se creó, el 26 de octubre de este año, el Museo Histórico y Numismático del Banco de la Nación Argentina, ubicado en el primer piso de la sede central del banco. El objetivo del museo fue reunir, conservar y exhibir las reliquias y objetos vinculados con la entidad y testimonios de la historia económica argentina.

El 25 de junio de 1966 sale al aire el Canal 2 de La Plata de manos de Rivadavia Televisión S.A., compuesta por los propietarios de la radio que llevaba ese mismo nombre, y del hoy desaparecido diario *El Mundo*. Debido a la cercanía de esa ciudad con Buenos Aires, desde un principio fue posible sintonizarlo en la mayor parte del conglomerado urbano (aunque de manera bastante deficiente cuanto más al norte se encontrara la antena receptora). Al no llegar de manera clara a la Capital Federal, donde se medía el *rating*, comenzó a verse afectada la economía del 2 al punto de tener que prácticamente cerrar las puertas y convertirse en una *cuasi* repetidora de Canal 13.

5.3. Las dictaduras militares (1966-1983)

En este período hubo años de gobiernos militares, y a los años comprendidos entre 1973 y 1976 se lo conoce como Nuevo Peronismo. Entre 1976 y 1983 se da el proceso dictatorial de reorganización nacional.

El abogado Félix Luna,[55] interesado en la historia y perteneciente a la Unión Cívica Radical, ante la instalación en nuestro país en 1966 de la dictadura militar autodenominada Revolución Argentina, que luego de derrocar al presidente radical Arturo Illia disolvió los partidos políticos, concibe la publicación de la revista de divulgación histórica *Todo es Historia* como un sucedáneo de la acción política prohibida por la dictadura. Esta publicación se publica mensualmente sin interrupciones desde 1967.

Luna ya había imaginado la posibilidad de crear una revista de divulgación histórica en 1959, inspirado por la revista francesa *Miroir de l' Histoire*, aparecida en 1957. Pero no fue hasta 1966 que el proyecto comenzó a tomar cuerpo por los motivos expuestos:

> El gobierno había prohibido la actividad política. Aunque esta medida fuera de relativa eficacia, era evidente que durante un tiempo mucha gente no tendría cauces para sus preocupaciones políticas. ¿Qué era entonces, lo más aproximado a la política? La historia (Luna, 1977).

Los primeros editores fueron Alberto y Ricardo Honegger. Desde su primer número el editorial sentó una política de amplitud temática e ideológica para el abordaje de la historia argentina y la publicación de los artículos:

---

[55] Félix Luna falleció a los 84 años el 5 de noviembre de 2009. En tapa de la revista *Todo es Historia* de ese mes se colocó su foto con el epígrafe Félix Luna (1925-2009), transformándose de esta manera él también en parte de la historia argentina. Su hija Felicitas Luna lo sucedió en la dirección de la publicación.

[...] contaremos la historia libremente, sin prejuicios de ninguna clase. Por eso no habrá exclusiones en nuestras páginas, ni de temas, ni de personajes, ni de épocas, ni de autores. No hay nada que no pueda ser dicho aquí por prejuicios o reticencias (Luna, 1967).[56]

La publicación, desde su lanzamiento, ha mantenido un diseño similar. Cada número tiene una extensión de 96 páginas, y uno de sus artículos es destacado en la tapa, con letras más grandes y una imagen alusiva. Además del artículo principal, incluye otros tres o cuatro artículos de importancia. Los escritores son historiadores o protagonistas de la Historia.

Adicionalmente la revista tiene secciones fijas que se han mantenido estables, como la "Carta del Director", "El desván de Clío" escrito por León Benarós y "Lectores amigos". Otras secciones fijas recurrentes fueron o son el "Diccionario de argentinísimos", que escribía Emilio Corbiere, "Redescubriendo Buenos Aires", "Libros", "La fotohistoria del mes" escrita por Felicitas Luna, "Papeles de historia" escrita por Gregorio Caro Figueroa, etc.

Ocasionalmente, *Todo es Historia* ha publicado suplementos sobre temas especiales ("Historia de las comunicaciones", "Historia de Coca Cola", etc.) y suplementos estudiantiles, orientados a los contenidos escolares.

La mayor parte de los artículos están vinculados a la Historia Argentina, pero en ocasiones publica textos referidos a hechos históricos correspondientes a otros países o acontecimientos no nacionales. Entre ellos se destacan los cuadernillo publicados en la primera década, que acompañan cada número, bajo el título de "Todo es Historia en América y el Mundo", con informes dedicados

---

[56] Este párrafo pertenece al Editorial del primer número de la revista aparecida en mayo de 1967.

al "Bogotazo", "Historia de la industria argentina", "Mar del Plata", "Historia de Canal 7", entre otros.

En 1966, como repulsa al golpe militar del general Onganía y tras "La noche de los bastones largos", Eudeba fue controlada, ante lo que Boris Spivacow y su equipo –Oscar Díaz, Beatriz Sarlo, Aníbal Ford, Horacio Achával, Graciela Montes, Susana Zanetti, Jorge Lafforgue y otros–, tras ocho años de intensa dedicación, abandonan por dignidad la editorial universitaria y, con capital propio, fundan el Centro Editor de América Latina (CEAL), donde continuarán su tormentosa labor editorial.

> En esos ocho años, la editorial se había transformado en un "boom". Las vueltas de la historia señalan que, apenas tres días antes del 29 de julio de 1966, Eudeba, había lanzado en una Feria del Libro que se hizo en las Galerías Apolo de la Av. Corrientes, la "Serie los Contemporáneos" en homenaje a los 150 años de la Independencia (Amigo, 1998: 56).

Al abandonar la editorial Eudeba, Spivacow y su equipo dejan tras de sí 800 títulos (más de cien al año) y cerca de mil más en preparación, 281 reediciones, 11 millones de ejemplares vendidos, unas cuentas saneadas, un enorme y merecido prestigio y el ser considerada como una de las más importantes editoriales en todos los países de habla castellana. En ocho años, de la nada consiguieron ser un transmisor de las novedosas corrientes culturales que sacudieron los años sesenta en todo el mundo.

A partir de 1967, desde el Ministerio de Educación, y a partir de 2008 desde el Ministerio de Ciencia, Tecnología e Innovación Productiva, a través de su Área de Actividades Científicas y Tecnológicas Juveniles, se organizan las Ferias Nacionales de Ciencia y Tecnología Juvenil que tienen como objetivo contribuir a la consolidación del pensamiento científico y tecnológico de los participantes, desarrollar sus habilidades de investigación y divulgación, fomentar el intercambio de experiencias entre los diferentes actores, priorizar y destacar el impacto del proyecto y/o trabajos científico-tecnológico en el espacio geográfico y social, y evidenciar la capacidad de realización de los participantes.

En 1967 el Dr. Miguel Mulhmann publica el libro *Evolución de la Ciencia en el periodismo*.

El 5 de abril de 1968 se lleva a cabo en la ciudad de Buenos Aires la apertura para el público del Planetario Galileo Galilei que realiza desde entonces una importante actividad de divulgación científica de la astronomía. Es un sitio visitado por alumnos de colegios y particulares. También se realizan actividades como cursos gratuitos, por ejemplo, "La dimensión ambiental del planeta Tierra", "Astronomía general, descubrir, observar y disfrutar el cielo". También se pueden usar los telescopios para hacer observaciones, visitar la Carpa Solar, asistir a las charlas de divulgación, o las actividades especiales, como las conferencias o el planetario para ciegos

Con ocasión del Seminario de Periodismo Científico celebrado en el Instituto de Cultura Hispánica de Madrid, en 1967 se inicia la Asociación Iberoamericana de Periodismo Científico (AIPC) y se constituye formalmente en Medellín (Colombia), con motivo de la celebración en 1969 de un Seminario Nacional de Periodismo Científico. Entre sus fundadores está el pionero de los autores de bibliografía en castellano sobre periodismo científico, el español Dr. Manuel Calvo Hernando, quien fuera su primer presidente. El vicepresidente fue el Dr. Jacobo Brailovsky.

El objetivo básico de la AIPC es promover y facilitar la difusión de la información científica a través de los instrumentos de comunicación colectiva de los países de habla española y portuguesa, y lleva a cabo, para cumplir estos fines, las tareas siguientes:

- Sensibilización de las autoridades nacionales e internacionales, científicos, propietarios de medios,

informativos y otros grupos sociales sobre la influencia del periodismo científico en el desarrollo y bienestar de nuestros países.
- Promoción de relaciones e intercambios entre los divulgadores científicos de América, España y Europa.
- Organización de cursos, congresos, seminarios, coloquios y otras reuniones para intercambiar experiencias e iniciativas, facilitar un conocimiento mutuo entre los profesionales de la información y de la ciencia de estos países y difundir la necesidad de la divulgación de la ciencia y las técnicas para que puedan llegar a toda la población.
- Organización de encuentros entre periodistas y científicos para una mejor cooperación que permita llegar a un entendimiento mutuo que elimine incomprensiones y malentendidos.

La AIPC está constituida por las asociaciones nacionales de los países miembro. A ellas les cabe desarrollar trabajos relacionados con sus objetivos fundacionales y, especialmente, organizar periódicamente los Congresos Iberoamericanos de Periodismo Científico.

En 1969 también se constituye la Asociación Argentina de Periodismo Científico cuyo fundador y primer presidente fue el Dr. Jacobo Brailovsky y su primer vicepresidente el Dr. Miguel Muhlman.

El 29 de diciembre de este año se crea el Instituto de Astronomía y Física del Espacio (IAFE) que realiza una importante actividad de divulgación científica. Este Instituto es dependiente del Consejo Nacional de Investigaciones Científicas (CONICET) y de la Universidad de Buenos Aires. Sus principales líneas de investigación se desarrollan en el campo de la Aeronomía, Astrofísica de Altas Energías, Astrofísicas del Medio Interplanetario, Astrofísica Estelar, Astrofísica Numérica, Ciencia Planetaria, Colisiones

Atómicas, Física Estelar y Planetaria, Física Solar, Plasmas Astrofísicos, Restos de Supernovas y el Gas Interestelar, Teledetección Cuantitativa y Teorías cuánticas relativistas y Gravitación.

También en 1969 el Dr. Florencio Escardó publicó la *Enciclopedia Gastronómica Infantil* y fundó la revista *Manina*, que tuvo mucho éxito (sic) (Puga, 2002: s/p).

En 1969 la Asociación Argentina de Microbiología (AAM) comienza a editar la *Revista Argentina de Microbiología,* de frecuencia trimestral

El 11 de julio se constituye el Centro Argentino de Meteorólogos (CAM) que edita periódicamente desde 1970 la revista *Meteorológica*. Lleva editados hasta el presente 28 volúmenes y "fue durante muchos años la única publicación científica en idioma español especializada en temas de Meteorología y Ciencias de la Atmósfera." Además, desde sus inicios ha intentado concientizar a la sociedad acerca del rol preponderante de la Meteorología en el manejo óptimo de los recursos naturales para el desarrollo sostenible organizando conferencias, talleres y mesas redondas.

En 1970 Canal 11 queda en manos del empresario editorial Ricardo García, quien le dio al canal una orientación popular y lo llevó a pelear el liderazgo de los índices de audiencia.

En 1970 Luis Federico Leloir, médico y químico recibió el Premio Nobel de Química por sus investigaciones centradas en los nucleótidos de azúcar, y el rol que cumplen en la fabricación de los hidratos de carbono.

Este año la División Historia de la Fuerza Aérea es elevada al rango de Departamento de Asuntos Históricos. En ese entonces, dependía de la Jefatura Militar del Comando en Jefe y dirigía el Museo Nacional de Aeronáutica (MNA), el Archivo General de la Fuerza, la División Historia del Círculo de la Fuerza Aérea y la Biblioteca Nacional de Aeronáutica (BNA).

En 1972 se funda la Asociación Argentina de Ecología (AsAE) que edita dos publicaciones: la revista científica *Ecología Austral*, de aparición semestral, que publica trabajos originales e inéditos de investigación científica teórica o experimental en cualquier rama de las ciencias ambientales, así como revisiones y actualizaciones que resumen el estado actual del conocimiento sobre un tema y ayudas didácticas destinadas a ser material de lectura para alumnos de grado; y la *Agenda electrónica* que publica novedades de la especialidad.

Este año comienza sus actividades la Sociedad Argentina de Análisis Filosófico (SADAF), una sociedad civil sin fines de lucro dedicada a promover la reflexión filosófica. Edita la publicación *Análisis filosófico* destinada a promover trabajos de filosofía teórica y práctica que contribuyan al desarrollo del análisis filosófico.

El 2 de diciembre de 1972 se estrenó la obra de teatro *La Lección de Anatomía* –título que alude al famoso cuadro homónimo de Rembrandt–, bajo la dirección de Carlos Mathus, como parte del Primer Congreso Internacional de Medicina Psicosomática que se realizaba en Buenos Aires. Desde entonces la obra estuvo treinta años en cartel a través de los cuales superó con éxito la censura de los gobiernos militares por los que atravesó nuestro país.

A partir del gobierno del presidente José Cámpora 1973 y que continuó luego hasta 1975, con el entonces Ministro de Educación de la Nación Jorge Taiana, se impulsó y editó *El diario de los chicos*, publicación que llegó a todo el país, en un formato exclusivo, con una gráfica moderna e información de actualidad nacional e internacional. Se publicaron *Historietas populares* con contenido temático histórico y de divulgación científica: "La vinchuca asesina", en la colección "Los finales de la dependencia, historietas de la liberación", integrados por "La Vuelta de Obligado",

"Chacho", "A volar se ha dicho", "Felipe Varela", "Santiago y su bosque", por la editora nacional Códex, en el año 1974.

En 1974, con Juan Perón nuevamente en el poder (1973-1974), el gobierno nacional estatizó Canal 9 junto con Canal 11 y Canal 13, supuestamente con el objeto de llevar una política de medios al estilo europeo, donde la televisión estaba monopolizada, o casi, por el Estado. Romay inició un litigio judicial que duraría diez años y terminaría con la restitución del canal en 1984. Durante la última dictadura militar de 1976 a 1983, los tres canales fueron entregados a las tres ramas de las fuerzas armadas. Canal 9 fue administrado por el Ejército, Canal 11 por la Fuerza Aérea y Canal 13 por la Marina.

Ese mismo año el interventor de Canal 9 llama al médico Mario Socolinsky para el programa "La salud de nuestros hijos", al mediodía, donde Socolinsky quería "captar a los papás". Luego pasó a ATC, donde consiguió seis Martín Fierro. Se mantuvo en el aire hasta el año 2003.

Mientras tanto, la Editorial Eudeba, desde que renunciaran sus miembros fundadores, fue en picada: la conducción pasó de mano en mano –diez gerentes en siete años–, las tiradas se redujeron y subieron los precios. Hasta que, en junio de 1973, el interventor de la UBA, Rodolfo Puiggrós, les ofreció al ensayista Arturo Jauretche y al periodista Rogelio García Lupo reflotar el perfil original de Eudeba (Amigo, 1998: 56).

Al respecto García Lupo, quien actuó como director ejecutivo entre 1973 y 1974, destaca:

> La orientación de Eudeba acompañó los movimientos políticos del país con puntualidad y en 1973, con la llegada del peronismo al gobierno, el rector universitario, Rodolfo Puigrós, designó al escritor Arturo Jauretche al frente de la editorial. Fue una gestión breve, que culminó con la muerte de Jauretche en 1974 y con un insólito auto de fe poco tiempo después: una noche de 1976, los militares del general Jorge

Videla incineraron todas las obras editadas bajo la dirección de Jauretche, incluyendo textos científicos de probada neutralidad ideológica.

La perdurable presencia de los libros de Eudeba en el mercado latinoamericano y su vasto catálogo de autores y títulos, que en ocasiones llegó a superar los dos mil, rescatan la dimensión de un proyecto cultural que abrió a las ideas a cientos de miles de jóvenes.

Diezmada por el general Onganía, atormentada por el general Videla, el mayor de sus enemigos resultó el general Xerox, que sustituyó con millones de fotocopias baratas los elegantes manuales a precios económicos que identificaron a Eudeba en el mundo universitario de habla hispana (Amigo, 1998: 56).

Jauretche y García Lupo no duraron mucho en sus cargos. "Presentamos la renuncia el 18 de septiembre de 1974. Después de la muerte de Perón nos planteamos que había que huir rápidamente. Todos los días eran muy pesados. Las amenazas de bomba eran una rutina." (Amigo, 1998: 57).

Durante el desarrollo del Primer Congreso Iberoamericano de Periodismo Científico, llevado a cabo en Caracas del 10 al 16 de febrero de 1974, el Dr. Miguel Muhlmann presentó su ponencia "La ética del periodismo y la enfermedad del siglo", donde formulaba recomendaciones sobre la ética del periodismo científico. Esas recomendaciones fueron recogidas en la declaración de principios éticos del periodismo científico, aprobada entre las conclusiones de este Primer Congreso (Calvo Hernando, 1977: 44-47).

Con este Congreso se inicia la práctica de redactar una Declaración en cada Congreso. En la de Caracas se pide que "El periodismo científico sea reconocido como el instrumento más idóneo para satisfacer los objetivos de la educación permanente, y su acción debe ser estimulada y ampliada en las naciones iberoamericanas, tanto por los gobiernos cuanto por los organismos internacionales, para contribuir al desarrollo integral de los pueblos." (Memoria, 1977).

El 6 de diciembre de 1974 se constituye en Buenos Aires la Asociación Amigos del Museo Argentino de Ciencias Naturales Bernardino Rivadavia.

En 1975 Manuel García Ferré comienza a publicar en fascículos semanales coleccionables el *Libro Gordo de Petete* con contenido didáctico, que tuvo también su versión televisiva durante la década de 1970 y comienzos de los años ochenta. Petete era un muñeco que representaba un pingüino de la Antártida quien junto a una joven presentadora contaban el porqué de las cosas tal y como si fuera una enciclopedia. El programa consistía en cortos de 2 minutos y mostraba información audiovisual que daba nombre al programa.

En 1976 el Instituto de Botánica Darwinion comienza a editar la revista *Hickenia*.

Bajo el gobierno de la Junta Militar (1976-1983)[57] se inauguró el 1 de mayo de 1978 el Centro de Producción de TV en colores Argentina 78 TV, tenía como fin transmitir todas las alternativas de la Copa Mundial de Fútbol llevada a cabo en el país ese año. Finalizado el campeonato, el complejo fue otorgado a Canal 7, que cambió su imagen bajo el nombre de Argentina Televisora Color (ATC).

Durante el período de nuestra historia que abarcó la actuación de este gobierno *de facto* los programas de investigación dependieron cada vez más del esfuerzo ascético de sus promotores que de la sistematicidad y el apoyo de las instituciones. La creencia casi iluminista en los valores de la ciencia que había alimentado el proyecto modernizador previo a 1966 fue reemplazada por un escepticismo paralizante en cuanto a las funciones del conocimiento.

---

[57] Jorge Rafael Videla, Emilio Massera y Orlando Ramón Agosti, constituyeron la Junta Militar que depuso a la presidente María Estela Martínez de Perón quien había sucedido a Domingo Perón en el mando, al ser la vicepresidente cuando falleció su marido en 1974, mientras cumplía la tercera presidencia

Con el tiempo la persecución política se fue agravando y el régimen militar que se inició en 1976 intervino las universidades públicas y persiguió a los investigadores, muchos de los cuales debieron exiliarse y otros pasaron a la lista de desparecidos por la dictadura argentina (Lázara, 1987).

En mayo de 1976 el interventor de la Editorial Eudeba, capitán de navío Francisco Suárez Battan, a través de memos internos, ordenaba achicar su catálogo: "Ruego a usted que los libros que se detallan a continuación deben ser incluidos entre los detenidos, etiquetados y empaquetados." Poco tiempo después, el 26 de febrero de 1977, militares con armas largas se llevaron miles de libros que nunca más aparecerían.

En 1977 el Dr. Miguel Mulhmann publica el libro *Sensacionalismo en el Periodismo científico*.

Entre los días 21 y 26 de marzo de 1977 se lleva a cabo en Madrid el II Congreso Iberoamericano de Periodismo Científico. En la Declaración de Madrid se insistió en los problemas de transferencia de tecnología y en los efectos que el mercado tecnológico mundial plantea a nuestras sociedades (Memoria, 1977).

En 1978 el Museo de Farmacobotánica Juan A. Domínguez de la Facultad de Farmacia y Bioquímica de la Universidad de Buenos Aires comienza a editar la publicación *Dominguezia*.

En 1979, por Canal 13, comenzó a salir al aire el ciclo documental de una hora de duración "La Aventura del Hombre", conducido por Mario Grasso y con la voz de Ernesto Fritz. El equipo, además, estuvo conformado por documentalistas dirigidos por el productor ejecutivo y realizador Eduardo J. Terrile, quienes recorrieron los innumerables confines del país y de América en vehículos preparados para todo tipo de terreno, con su propio material de filmación, elementos de campamento, botes neumáticos, equipos de montañismo, tubos y trajes de buceo y cámara de televisión subacuática.

El programa, con cambios de canal, se mantuvo vigente por 23 años y durante su emisión realizaron viajes y expediciones a lejanas latitudes, sitios recónditos y geografías bien diferenciadas, desde la selva amazónica hasta los glaciares fueguinos, desde las profundidades del mar en Galápagos hasta las grandes alturas andinas de Tiwanaco y Machu Pichu. Mario Grasso también condujo "Planeta Tierra".

Simultáneamente por Canal 7 se emitía el programa educativo y cultural "Historias de la Argentina Secreta" de Roberto Vacca, que recorría el país en la búsqueda de conocer rincones e historias de nuestra geografía.

Del 7 al 11 de octubre de este año se lleva a cabo el III Congreso Iberoamericano de Periodismo Científico en México D.F. Durante su desarrollo se hizo hincapié en la proyección social del periodismo científico y sus relaciones con el medio ambiente (Memoria, 1979).

También en 1979 inicia sus actividades la Estación Astronómica Río Grande (EARG), que desde entonces contribuye al monitoreo de la Rotación de la Tierra y el Movimiento del Polo y al mejoramiento de los catálogos estelares en el Hemisferio Sur.

Este año se crea la Sociedad Argentina de Botánica que organiza la 1ª Jornada Argentina de Botánica y comienza a editar su *Boletín*. También publica libros de la especialidad.

Ese mismo año Canal 2 pasa a la órbita del gobierno provincial.

En 1980 el Centro Interamericano de Psicología y Ciencias Afines (CIIPCA), patrocinado por el Consejo Nacional de Investigaciones Científicas y Técnicas (CONICET), comienza a publicar *Interdisciplinaria*, de frecuencia semestral.

En 1980 la Asociación Aves Argentinas crea la Escuela Argentina de Naturalistas.

"En 1980, con una orden judicial, el gobierno militar decidió la quema de un millón y medio de ejemplares del

Centro Editor en un baldío de Sarandi, lo que resume las batallas ideológicas de la época" (San Martín, 2006).

En 1982, dada la relevancia que había adquirido el Departamento de Asuntos Históricos de la Fuerza Aérea, se transforma en Dirección de Estudios Históricos (DEH). A partir de esa fecha, que coincidió con el fin del conflicto de las Islas Malvinas y la creciente preocupación por registrar la historia oficial de la Fuerza, se consideró excesiva semejante concentración de organismos, cada uno con propia identidad.

En este año, en el Suplemento de *La Nación* de los domingos, se publican entrevistas desarrolladas bajo la técnica de perfil de destacados científicos argentinos representantes de los distintos campos de la ciencia: el físico Horacio S. Ghilmetti, el geólogo Arturo J. Amos, el físico nuclear Daniel Bes, el médico, químico y filósofo Andrés Stoppani, el biólogo Eduardo De Robertis y el matemático Luis Santaló, durante seis semanas seguidas realizadas por el Dr. Antonio Pérez-Prado reconocido médico hematólogo y periodista. En 1983, bajo el título *Argentinos en la Ciencia*, Ediciones Tres Tiempos edita el libro que contiene los seis trabajos. En un párrafo del prólogo del libro Pérez-Prado resume las características de los científicos al ser entrevistados:

> Definidos los campos y elegidos sus voceros, el trabajo se hizo con repetidas entrevistas a cada uno, intercambio y discusión de notas, amistosísimas charlas de ilimitada curiosidad. No son estas páginas que recogen su esencia una muestra de "literatura de grabador". Los científicos temen el registro vivo de la palabra en el calor de la charla y no disfrutan con el documento de sus pensamientos en voz alta. Prefieren, a veces con admirable, exasperante constancia, volver sobre los temas, limpiar el discurso de circunstanciales malezas y deliciosas, prescindibles, florecillas. Desean aclarar los conceptos; no les interesa, en igual medida, la expresión elegante o la imagen de brillo; son muy cautos y, frente a un público inteligente, aunque lego, sienten la mirada fija del más crítico de sus colegas. (Perez-Prado, 1983: 3).

Este año la Asociación Aves Argentinas comienza a editar la revista *Nuestras Aves*, de la mano del socio Miguel Woites.

El 8 de septiembre se crea en la ciudad de Buenos Aires la Asociación Herpetológica Argentina (AHA). Inicialmente la sede de la AHA fue el Museo de La Plata. En 1993 pasó a funcionar en la Fundación Miguel Lillo de Tucumán, y desde 2001 su sede es nuevamente en Museo de La Plata.

Entre los años 1982 y 1994 publicó diez volúmenes del *Boletín* de la AHA, destinado a notas cortas, novedades zoogeográficas y artículos técnicos, reemplazado en la actualidad por el *Boletín electrónico*. De manera discontinua también publicó la Serie Divulgación, orientada a la difusión de temas relacionados con los anfibios y los reptiles y la Serie Monografías, para artículos que por su volumen no podían ser incluidos en los *Cuadernos de Herpetología*.

Entre el 30 de septiembre y el 3 de octubre se realiza el IV Congreso Iberoamericano de Periodismo Científico en Sao Paulo, Brasil. Durante su transcurso se analizó que los diarios de América Latina dedicaban muy poco espacio a los temas educativos científicos, aunque, eventualmente, se publicaban artículos sobre enfermedades u otro tipo de acontecimientos, que tenían alguna relación con la ciencia, pero en muy contadas ocasiones se exponían las bases científicas de tales hechos. Además, se observó que estos textos estaban escritos por redactores que carecían de formación en la especialidad.

Los trabajos del Congreso se plasmaron en la Declaración de Sao Paulo, en la que se definía el periodismo científico como "un excelente medio de enlace entre la comunicación de la ciencia y el público en general, ya que tiene por objetivo hacer de la ciencia y la tecnología elementos integrales de la cultura general de una sociedad". En otros textos y encuentros quedó afirmada la relación íntima y directa entre ciencia y sociedad (Memoria, 1982).

El 17 de noviembre se puso en marcha el diario *Tiempo Argentino*. El diario importaba a la Argentina la tendencia en boga en el mundo: el "arrevistamiento". Es decir, un diseño con fotografías a gran tamaño y con suplementos que usaban la técnica de las revistas semanales. Desde distintos suplementos se abordaron temas de interés científico. Fundamentalmente, el destinado a "Salud" y "Ciencia y Tecnología". Supo, además, publicar este tipo de temáticas en otros dos suplementos: "Hombre" y "Mujer".

Entre 1982 a 1985 el médico Alberto Cormillot visita 64 museos de catorce países con el objeto de observar y estudiar formas pedagógicas de exhibir temas vinculados con el hombre y la salud, y entre 1982 y 1983 dirige y conduce por Canal 11 el programa "La Hora de la Salud" y luego "El Arte de Vivir".

Capítulo VI
Bajo la democracia (1983 a la actualidad)

La llegada de la democracia en 1983 eliminaría la persecución ideológica, pero las políticas puestas en práctica por los distintos gobiernos siguieron siendo de involución, y no se contó con un amplio proyecto de desarrollo integral. El vacío económico, político y cultural hizo posible una política científica realista. Terminó la fuga de cerebros por motivos políticos pero recrudeció la debida a motivos económicos, debido a los continuos ajustes y falta de oportunidades de trabajo. Durante la gestión del presidente Carlos Menem (1989-1999) una política errática dejó como legado dos centros de investigación localizados en Anillaco y Diamante, las ciudades natales de Carlos Memen y de su Secretario de Ciencia y Técnica, el Dr. Domingo Liotta. Por otra parte su Ministro de Economía Domingo Cavallo hirió el orgullo de la comunidad científica al mandarlos a "lavar los platos", frase dicha como respuesta a Susana Torrado (Doctora en Demografía e investigadora del CONICET), que había denunciado los efectos de la política de ajuste.

En una entrevista que le realicé a la Dra. Torrado en el 2007 para la Galería de Científicos del portal Universia-Argentina se refirió así a este episodio:

> Durante la convertibilidad, instaurada en nuestro país desde 1991 hasta comienzos del 2002, en el '94 comenzó a aumentar la tasa de desocupación. Yo ya estaba investigando el tema inmigrantes, que dentro del rubro del trabajo es fundamental y, en un reportaje radial critiqué las políticas económicas

implementadas afirmando que a partir de ese momento comenzaba un proceso que iba a ser mucho mayor que el que era hasta entonces.

El Ministro de Economía de ese momento era Domingo Cavallo, mentor del Plan de Convertibilidad bajo el gobierno de Carlos Menem. Cavallo se enojó mucho, producto de su carácter colérico y machista ante el hecho de que lo criticara una científica social que según él *no sabía nada* y además de eso ¡era mujer! –rememora Susana Torrado al hacerla evocar su mediática participación ante la orden de "ir a lavar los platos" impartida por el funcionario de marras.

Al par –reconoce la socióloga– que el mandato no fue sólo para mí, como bien lo interpretó el CONICET, que son muy respetuosos respecto a los científicos. Tenía que ver con el poder, cómo un ministro puede atacarnos y qué imagen transmite este hecho a la sociedad. Que se disculpe después no cambió nada.

Si bien recalca que "personalmente no me afectó, porque era ¡tan tonto! pero... cuando me di cuenta de lo que significaba en términos de la comunidad científica pedí derecho de réplica y comencé a dar reportajes por televisión porque había sido el medio utilizado por él para darme la orden. A partir de ahí comenzó a armarse una cosa mucho más grande que creo que fue beneficiosa porque quedaba como que desde la nación era esa la opinión que tenían de los científicos. Fue un desprestigio muy grande. Soberbia de poder. Creo que después Cavallo se arrepintió." (Cazaux, 2007).

La Asociación Ciencia Hoy, entidad civil sin fines de lucro que divulga el estado actual y los avances logrados en la producción científica y tecnológica de la Argentina y el Uruguay, realizaba en el editorial de su revista, en 1998, el siguiente comentario:

> Si bien las políticas generales y científico-tecnológicas aplicadas en el período 1930-1983 tuvieron variados grados de éxito (hecho que también puede decirse del lapso 1880-1930), hay bastante acuerdo en que, para la década de los ochenta, daban signos elocuentes de crisis, en otros, el patético desempeño de la última dictadura militar (con

sus violaciones de los derechos humanos y su delirio bélico en las Malvinas, seguido por el escaso éxito del gobierno constitucional en establecer sobre bases firmes la actividad científico-tecnológica. Cuarenta años de alta inflación desembocaron en dolorosos episodios de hiperinflación, al tiempo que acontecía la cuasi disolución de la capacidad operativa del Estado y la virtual quiebra de empresas públicas. Como parte de esa crisis, se produjo una importante –y seguramente irreversible– emigración de científicos, motivada por la intolerancia ideológica, la violación de las libertades cívicas (incluyendo la académica) y por falta de oportunidades económicas, de participación política y de reconocimiento profesional y social, factores estos últimos que no desaparecieron con el restablecimiento del régimen democrático (*Ciencia Hoy*, 1998).

La universidad siguió formando científicos de alta calidad que emigraban a mejores tierras. La ciencia se hizo en pequeña escala y a costas de sacrificios personales, hasta que en el 2003 se comenzaron a tomar medidas para revertir esta situación.

Después de la crisis económica del 2001, el país comenzó a crecer económicamente, y la ciencia argentina, pese a todo, se dio el lujo de tener la capacidad de construir sus satélites de investigación propios, crear su propio modelo de central nuclear de cuarta generación, exportar pequeños reactores nucleares, y tener programas bien estructurados en informática, nanotecnología y biotecnología (Bassi, 2007).

En marzo del 2002, bajo el gobierno del Dr. Eduardo Duhalde, el Ministerio de Educación pasó a llamarse Ministerio de Educación, Ciencia y Tecnología y a depender de él las Secretarías de Educación, de Políticas Universitarias y la de Ciencia y Tecnología que se denominó de Ciencia, Tecnología e Innovación Productiva.

Es de destacar que en febrero del 2006 la revista *Nature* publicó un estudio donde nuestro país figuraba en una lista junto con otros dieciocho países que lideraban proyectos y que aumentaron sus presupuestos del área en el 2006, y, además, la publicación británica consideraba que seguíamos siendo un líder regional, respaldados por nuestra tradición científica (Román, 2006).

En diciembre de 2007, al asumir la presidencia de la Nación la Dra. Cristina Fernández de Kirchner, la Secretaría de Ciencia, Tecnología e Innovación Productiva sube a rango de Ministerio, con la denominación de Ministerio de Ciencia, Tecnología e Innovación Productiva. Es necesario destacar esta decisión, pues implica un reconocimiento para la ciencia, la tecnología y la innovación productiva inédito en la historia de nuestro país.

A partir de esta recategorización de la ciencia y la tecnología se comenzaron a tomar decisiones que contribuyeron a un mayor desarrollo de esta área en nuestro país.

Además, la presidenta se interesó por convertir en ley el programa de repatriación de científicos "Raíces", para promover el retorno de los alrededor de 7.000 científicos argentinos que trabajaban en ese momento en el exterior, y generar la integración entre ellos y los residentes en nuestro país.

Si bien el programa "Raíces" había sido creado en 1992, recién a partir del 2003 sus actividades se concretaron y el programa pasó de ser una base de datos a convertirse en un fondo de repatriación y financiamiento de otras actividades de vinculación.

A partir del 2007 este Programa se subdivide en dos áreas con diferentes características: el Subprograma de Subsidios de Retorno y el Subprograma César Milstein.

Los Subsidios de Retorno están orientados a facilitar la instalación en el país de investigadores argentinos residentes en el extranjero que tengan una oferta de trabajo en una institución pública o privada en la Argentina. En el caso de que el investigador interesado no posea una oferta laboral en la Argentina, el programa posibilita la difusión de su *curriculum vitae* en su base de datos de unas 3.500 empresas, institutos y universidades.

El fondo César Milstein está destinado a apoyar la vinculación de los investigadores argentinos residentes en el exterior con el medio científico y tecnológico local a través de residencias de no menos de un mes y no más de cuatro meses. Se dirige a investigadores argentinos residentes en el exterior que quieran pasar parte de su año sabático o de una licencia prolongada en el país o investigadores jubilados que quieran trabajar en el país durante parte de un año.

6.1. La socialdemocracia (1983-1989): Raúl Alfonsín

En lo referente a la educación primaria y secundaria, durante el gobierno del Dr. Raúl Alfonsín se puso en práctica El Primer Plan de Lectura Nacional: "Leer es crecer", desarrollado bajo la dirección de la profesora Hebe Clementi de la Dirección Nacional del Libro. Se trató de un proyecto sobresaliente y excepcional por su diseño y alcance. Tuvo su mayor envergadura entre los años 1986 y 1988, período durante el que concretó Talleres de escritura y lectura a lo largo y ancho del país con más de 150 talleristas.

En 1983 el gobierno interviene Canal 11, y en octubre de ese mismo año Canal 2 es nuevamente privatizado y gana la licitación Radiodifusora El Carmen S.A., cuyas caras visibles eran José Hirsuta Cornet y Teresa Flouret. Pero debido a la falta de equipos y el capital para adquirirlos, la permisionaria se pone de acuerdo con Estrellas Producciones S.A. y en diciembre de 1987 se hizo cargo de la programación del canal el empresario Héctor Ricardo García, anterior dueño de Canal 11, quien lo rebautizó Teledos y logró llevar al canal al segundo puesto en el *rating*. Sin embargo, la mala relación entre García y los otros accionistas terminó con la salida forzada del dueño del diario *Crónica*. A partir de este momento el canal pasó a llamarse Tevedos, el *rating* se desmoronó y cayó al último lugar.

Por otro lado, el Centro de Investigaciones y Estudios Turísticos comienza a editar la publicación *Estudios y Perspectivas en Turismo*.

La periodista científica Julia Bowland se hace cargo del área Calidad de Vida de Radio Mitre.

Entre octubre de 1983 y diciembre de 1986 Cormillot es columnista diario de *La Noticia*, de Canal 11 y durante 1983 y 1984 es el director científico de Expovida (Educación para la Salud), una exposición dedicada a la salud realizada en el predio de la Sociedad Rural Argentina con la presentación, respectivamente, de "Alicia 1" y "Alicia 2", una estructura semejante a un cuerpo humano de 50 metros de largo, para ser recorrida por dentro por el público, con fines didácticos. Fue visitada por centenares de miles de personas.

En 1984, el Archivo General de la Fuerza Aérea fue dividido en dos: el Administrativo que permaneció en la jurisdicción de la Jefatura Militar, y el Histórico Documental que continuó dependiendo de la Dirección de Estudios Históricos. Biblioteca Nacional Aeronáutica se transformó en dependencia autónoma subordinada a la Secretaría General de las Fuerzas Armadas.

Este mismo año la Estación Astronómica Río Grande (EARG) desarrolla un programa de Geodesia Satelitaria aplicado a resolver problemas regionales que requieran la definición y materialización de sistemas de referencia terrestres

Durante la década de 1980 se puso en el aire el ciclo de programas "Los Grandes Temas Médicos", con la conducción del Dr. René Favaloro.[58] El programa, emitido

---

[58] René Jerónimo Favaloro (1923-2000), médico cirujano torácico argentino. Realizó el primer *bypass* aorto-coronario en el mundo.

durante cuatro años en los canales 13 (años 1983 y 1985) y 7 (años 1986 y 1988), obtuvo premios como la "Cruz de Plata Esquiú", otorgado por Editorial Esquiú S.A. (1984) y el "Santa Clara de Asís" (1985).

A mediados de la década de 1980 comenzó a delinearse el proyecto de la Universidad Trashumante bajo la idea inicial del grupo independiente Sendas, que se unió a varios docentes de la Facultad de Humanidades de la Universidad Nacional de San Luis.

> Ya en 1997, con el apoyo del Consejo Directivo de la Facultad se puso en marcha el proyecto "Caminando el otro país", un plan ambicioso y esperanzador, que proponía recorrer el país a bordo de un colectivo antiguo, que había pertenecido a los geólogos de la Universidad y que, acondicionado como casa rodante, llevaría a cada pueblo la posibilidad de compartir y reflexionar en talleres abiertos (Picabea, 2005: s/p).

A este colectivo, del año 1970, se lo denominó "El Quirquincho". En él se inscribían todos los pueblos visitados desde Ushuaia hasta La Quiaca. La gira comenzó el 11 de marzo de 1998, y en cada localidad en la que se detenían se realizaba un taller de educación popular que duraba dos días.

Esta experiencia está volcada en el libro *Universidad Trashumante,* que en el 2004 escribiera uno de los fundadores del proyecto, Roberto Iglesias.

También la Facultad de Ciencias Naturales y el Instituto Miguel Lillo de San Miguel de Tucumán de la Universidad Nacional de Tucumán crean la Sociedad Argentina para el Estudio de los Mamíferos (SAREM), y la Asociación Argentina de la Ciencia del Suelo comienza a editar la revista *Ciencia del Suelo.*

Es en la década de 1980 que el diario *Clarín* empieza a publicar un suplemento de ciencias que denominó "Ciencia y Técnica". Para ser relanzado posteriormente, a raíz de un rediseño del periódico, como "Lo Nuevo en Ciencia, Tecnología y Salud". Luego los contenidos asignados a este suplemento fueron reubicados en el cuerpo informativo del diario en una subsección de aparición dispar titulada también "Lo Nuevo en Ciencia, Tecnología y Salud", que se adjuntaba a la sección "Información general" del diario.

También en esta década el diario *La Nación* comienza a publicar el suplemento "Ciencia".

En la misma época en el noticiero de Canal 9 el odontólogo Tulio Huberman realizaba la columna de ciencias, lugar que posteriormente ocupó el médico Claudio Zin.

En 1984 se crea el Centro Cultural Rector Ricardo Rojas que depende del Área de Extensión Universitaria de la Universidad de Buenos Aires y que se presenta como "un centro de producción, de creación, de formación y de difusión del Arte y la Cultura. Su propósito es "abrir un espacio cultural que responda a los requerimientos de la sociedad".

Entre sus publicaciones se encuentran libros, revistas, CD y videos. Junto con la Editorial Eudeba, en lo referente a las ciencias, ofrece el Proyecto Nautilus con la colección "Los libros del Nautilus", donde se abordan los grandes temas científicos desde el punto de vista de la divulgación, y también *Nautilus,* que es una revista nave en formato electrónico "para viajar por las agitadas aguas del conocimiento". Se trata de una revista "para que los chicos y los no tan chicos piensen la ciencia".

En 1984, el primer rector de la democracia, Francisco Delich, inició una demanda por "apoderamiento de libros" y calculó que los textos del Centro Editor detenidos por el Ejército siete años antes fueron más de 1.250.000, a un costo de 150.000 dólares (Amigo, 1998: 57).

También en 1984, en el Centro de ex becarios de la Organización de Estados Americanos, se comienzan a dictar cursos y seminarios de periodismo científico a mi cargo.[59]

---

[59] Se dictaron cursos y seminarios destinados a distintos públicos: para médicos, para comunicadores de instituciones públicas y privadas, para

Ese mismo año el CONICET, el Instituto de Investigaciones Bioquímicas de la Fundación Campomar y la Universidad de Buenos Aires, establecen un Programa de Divulgación Científica, que promueve la formación sistemática de divulgadores de la ciencia a través de un programa de becas, así como un curso semestral de divulgación científica dirigido por Enrique Belocopitow. A la par se crea una agencia de noticias, CyTA, destinada a generar información acerca de los trabajos que se realizaban en la Fundación Campomar y en las distintas instituciones de investigación nacional, para ser reproducidas por los medios de comunicación de todo el país.[60]

Ese mismo año César Milstein recibe el Premio Nobel de Fisiología y Medicina y es declarado ciudadano ilustre de la ciudad de Bahía Blanca, donde recibe el título de Doctor *Honoris Causa* de la Universidad Nacional del Sur.

Desde 1985 la Asociación Herpetológica Argentina (AHA) publica semestralmente los *Cuadernos de Herpetología*, destinados a presentar trabajos relacionados con todos los aspectos de la investigación científica en anfibios y reptiles.

En 1985 se crea la Facultad de Psicología de la Universidad de Buenos Aires.

---

periodistas y para egresados de las distintas disciplinas académicas. Estas actividades de capacitación tuvieron una extraordinaria respuesta ante la convocatoria. A tal punto que se debió abrir comisiones en distintos horarios para dar cabida a la demanda. Atribuyo este interés, en primer lugar, a la posibilidad de apertura, tanto intelectual como profesional, que brindó la democracia instaurada en 1983 y a que, hasta la fecha, no había existido este tipo de capacitación abierto a públicos heterogéneos. Continué con esta actividad hasta el año 1993, en que a raíz de ser nombrada Secretaria General de la Asociación Argentina de Periodismo Científico canalicé estos cursos y seminarios a través de esta institución.

[60] Los primeros becarios con que contó esta institución surgieron de la convocatoria que realicé entre los asistentes al primer curso de periodismo científico que dicté en el Centro de ExBecarios de la OEA.

Este año García Ferré comienza a editar la versión argentina de la publicación española *Muy Interesante*, que vende en Madrid 386.000 ejemplares y que se convierte, también, en un éxito editorial en nuestro país. En la edición nacional se combinan informaciones de ciencia y tecnología con notas de sociología, psicología, medicina y ecología. Los temas son comunes a los de la edición española, lo que cambia es el tratamiento. Son distintas, también, la tapa y la diagramación, y se incorporan contenidos y comentarios locales. Esta publicación llega, además, a Chile, Bolivia, Paraguay y Uruguay con una circulación, sumada la de nuestro país, de más de 120.000 ejemplares.

En 1984, luego de un largo proceso judicial, Alejandro Romay, propietario del Canal 9, fue restituido en la dirección de la señal.

Por su parte el Dr. Manuel Sadosky, como secretario de Ciencia y Tecnología, promovió la creación de una comisión nacional de informática, para establecer las bases de un plan nacional de informática y tecnología. En ese marco nacieron la Escuela Superior Latinoamericana de Informática (ESLAI) y la Escuela Argentino-Brasileña de Informática (EABI). Ambas iniciativas apuntaron a formar personas con dominio de la informática y capaces de desempeñarse como docentes e investigadores, para estar en condiciones de satisfacer las necesidades del desarrollo y de los futuros estudios de posgrado en América Latina.

También en 1986, mientras el Dr. Sadosky estuvo al frente de la Secretaría de Ciencia y Técnica de la Nación, el cineasta Carlos Sorín es invitado a participar de un ciclo de ATC, hoy Canal 7, auspiciado por esta Secretaría que se denominó "La era del ñandú", un documental que parodiaría el auge en la Argentina de la década de 1980 de una sustancia sintetizada a partir del veneno de las serpientes de cascabel sudamericanas a la que se le atribuyó propiedades antitumorales.

Se trató de la sustancia conocida como *crotoxina*, que si bien investigaciones posteriores dieron cuentas de que fue un fraude, donde incluso el CONICET estuvo involucrado y en donde se experimentó con seres humanos sin ningún tipo de autorización, la idea de una "cura para el cáncer" revolucionó la opinión pública e invadió los medios de comunicación de la época.

"La era del ñandú" cuenta de la probable existencia de la BIO K2, una sustancia obtenida de los ñandúes que promete longevidad. En el universo apócrifo creado por Sorín, el Dr. Kurz contaba su vida, mostraba la desesperación de los porteños por acceder a la BIO K2, y también el compromiso obsesivo del comunicador de un canal de noticias por brindar la "mejor" información.

El mediometraje fue una crítica al mal manejo de la investigación de la *crotoxina*, hecho que denunciaba con total comicidad presentando como serio documental una ficción que recién en la mitad de su proyección daba cuenta de lo que en realidad era: en ella hay desde un mega operativo policial para encontrar al ladrón de un ñandú o un niño asegurando tener veintitantos, hasta psicoanalistas interpretando las ahora nuevas etapas del ser humano y un gobierno preocupado por la jubilación de personas de 200 años.

En 1986 se crea la Secretaría de Ciencia y Tecnología en la Universidad de Buenos Aires, y su primer Secretario fue el profesor Mario Albornoz. El Dr. Guillermo Jaim Etcheverry, quien fuera decano de la Facultad de Medicina entre los años 1986 y 1990, evalúa la creación de esta Secretaría:

> En 1986 las universidades empezaron a mostrar gran interés en el tema de la investigación y con un presupuesto independiente se crea la Secretaría de Ciencia y Tecnología en la UBA y en las otras universidades también. Es decir, ahí hubo como un renacer por el interés de las ciencias en la universidad que hasta entonces estaba monopolizado por el CONICET. Las universidades empezaron a tomar un poquito más de control

sobre la investigación que se hacía en la propia universidad. Pudieron dar becas, subsidios. Manejar un poco más su propia investigación y tener más actividad en la planificación y en la organización de la investigación (Cazaux, 2009).

Se crea la Red de Divulgación Científica de la Universidad de Buenos Aires, con los Centros de Divulgación Científica y Técnica establecidos en las diferentes facultades (Agronomía, Farmacia y Bioquímica, Psicología). Su misión será cumplir con la tarea de transferencia a la sociedad de los productos de la investigación científica obtenidos en la UBA y para divulgar los conocimientos científicos generados en todo el mundo.

A la sazón ya existían centros de divulgación en algunas de las dependencias e institutos vinculados de la UBA como la Fundación Campomar, Plaza Houssay y las Facultades de Psicología, Agronomía y Ciencias Exactas. Al crearse esta Red de Divulgación Científica los Centros se ampliaron a razón de uno por facultad.

La Red fue concebida para actuar en tres áreas. En primer lugar, la de producción de material de divulgación científica para distintos medios de comunicación (diarios, revistas, radio y televisión), tomando como fuentes a los expertos y los *papers* de investigación publicados en revistas científicas extranjeras y nacionales de primer nivel, y sometiendo los artículos a revisión científica.

En segundo término, la formación en recursos humanos, tanto en la modalidad de becas de iniciación y perfeccionamiento *full-time* o de pasantías en los centros como en cursos especialmente diseñados para graduados universitarios o estudiantes avanzados.

En tercer lugar, los centros de divulgación realizan investigación vinculada a sus propios intereses en el campo de la divulgación científica. Por su parte Mario Albornoz[61] aporta:

---

[61] Mario Albornoz es experto en política y gestión de actividades de política científica y tecnológica con amplia experiencia en el país y en América

Durante mi gestión de ocho años como Secretario de la Secretaría de Ciencia y Tecnología de la UBA puse en marcha la Red de Divulgadores Científicos de la Universidad de Buenos Aires. Había un nodo en cada facultad y creamos una red de comunicadores científicos en la que muchos de los periodistas científicos actuales dieron sus primeros pasos. Estos nodos subsisten en algunas facultades como las de Ciencias Exactas y Psicología. Son las que fueron capaces de sostener una acción. Como lo hizo Enrique Belocopitow con la Fundación Campomar. Ha generado capacidades, trabajos a largo plazo, trabajo con continuidad, vocación profunda, tenacidad, superación ante las dificultades. Esto me parece que es el otro trabajo que se hace de abajo hacia arriba, que a lo mejor es donde más habría que hacer porque las verdaderas políticas de Estado, más allá de que los argentinos siempre tenemos este tema para quejarnos de los gobiernos, las políticas de Estado se hacen cuando los actores de abajo son capaces de sostener una acción. Si hay una red potente de comunicadores sociales va a haber una política de Estado. Si no hay una red potente va a haber oportunismo y en cuanto se abra una convocatoria se van a presentar para obtener recursos (Cazaux, 2009).

Latina. Desde 1969 ha desarrollado actividad académica y se ha desempeñado en cargos públicos. Es Director del Centro de Estudios sobre Ciencia, Desarrollo y Educación Superior (REDES). Tiene a su cargo la dirección del Centro Argentino de Información Científica y Tecnológica (CAICYT), dependiente del CONICET. Es el Coordinador de la Red Iberoamericana de Indicadores en Ciencia y Tecnología (RICYT) del Programa Iberoamericano de Ciencia y Tecnología para el Desarrollo (CYTED), desde 1996. Es Coordinador del Observatorio de Ciencia, Tecnología e Innovación, de la Secretaría de Ciencia y Tecnología (SECYT) desde 2003. En tal carácter, ha sido el Coordinador de la elaboración del Plan Estratégico de Ciencia, Tecnología e Innovación 2005-2015. Entre 1986 y 1994 fue Secretario de Ciencia y Técnica de la Universidad de Buenos Aires (reelegido en 1990). Este cargo implicaba la responsabilidad de la planificación de las actividades de investigación científica en el conjunto de la universidad, la elaboración de estudios para orientar las estrategias a largo plazo, y la gestión de los programas de formación de recursos humanos en investigación, equipamiento científico, subsidios, cooperación científica internacional y transferencia de conocimientos (Organización de Estados Iberoamericanos).

En 1986, el Centro de Divulgación Científica de la Facultad de Farmacia y Bioquímica de la Universidad de Buenos Aires empieza a ofrecer cuatro cursos de divulgación científica semestrales.

También se crea en San Juan el Complejo Astronómico El Leoncito (CASLEO) de carácter multiinstitucional, ya que participan en el convenio, además del CONICET, las universidades nacionales de La Plata, Córdoba y San Juan.

El 26 de mayo de 1987 sale el diario *Página 12* con un formato intermedio entre el sábana de *La Nación* y el *tabloide* de *Clarín*. "Nos planteamos hacer un diario que le hablara a la gente en su lenguaje cotidiano. Que rescatase el humor ácido que tanto usan los argentinos para contarse las novedades. Pensamos que este país necesitaba un medio pluralista con un único compromiso con la democracia y los derechos humanos. Que sirviera para informar con independencia y, más que respuestas, planteara las preguntas correctas", explica su fundador Jorge Lanata.

El periodismo de investigación se transformó en marca registrada del diario. El *Swiftgate,* el *Narcogate,* el *Milkgate* y tantos otros escándalos compartieron el sufijo *gate* con el mítico *Watergate* norteamericano.

Es de destacar que *Página 12* fue el primer medio que acompañó sus ediciones con una importante colección de libros junto con las ediciones dominicales. También fue pionero en la incorporación de fascículos de alta calidad para complementar información brindada por el diario. Entre sus suplementos consideró al poco tiempo de su fundación, el destinado a la comunicación de las ciencias: "Futuro" (*Página 12*).

Entre 1987 y 1988 el Dr. Alberto Cormillot es director y conductor del programa "Su salud al Día con el Dr. Cormillot", por ATC Argentina Televisora Color.

Durante el desarrollo de la vigésimo cuarta Conferencia General de la UNESCO, en octubre de 1987 se presenta la idea de iniciar las Olimpíadas Internacionales para estudiantes de nivel secundario.

Por otro lado, se constituye la Asociación Toxicológica Argentina (ATA).

Los doctores Jacobo Brailovsky y Miguel Muhlmann obtuvieron en 1987 el Diploma al Mérito en Comunicación y Periodismo Científico Técnico de la Fundación Konex.

El 24 de agosto de este año, en el salón de la Sociedad Rural Argentina, se presenta la *Guía para la identificación de las aves de la Argentina y Uruguay*. Los autores de la obra, Tito Narosky y Darío Izurieta, encabezaban las disertaciones coordinadas por Miguel Woites, principal mentor y responsable de la revista *Nuestras Aves*. Conocida como la "guía de Tito", esta obra se convirtió en poco tiempo en el principal referente para reconocer las aves silvestres del país.

También, se realiza la puesta en marcha del Programa de Ciencia y Técnica (UBACYT).

En 1987 la Asociación Herpetológica Argentina (AHA) se convierte en la precursora de la realización de los Congresos Latinoamericanos de Herpetología, al organizar en San Miguel de Tucumán el Primer Congreso Argentino y Primer Congreso Sudamericano de Herpetología. Hasta fines de 2009 ha realizado diecisiete reuniones de comunicaciones herpetológicas, diez congresos argentinos de herpetología y siete congresos latinoamericanos en Venezuela, Brasil, Chile, Uruguay, México, Perú y Cuba.

En 1988 se crea la Asociación Civil Ciencia Hoy sin fines de lucro. Sus objetivos son:

- Divulgar el estado actual y los avances logrados en la producción científica y tecnológica de la Argentina.

- Promover el intercambio científico con el resto de América Latina a través de la divulgación del quehacer científico y tecnológico de la región.
- Estimular el interés público con la ciencia y la cultura.
- Editar una revista periódica que difunda el trabajo de científicos y tecnólogos argentinos, y de toda América Latina, en el campo de las ciencias formales, naturales, sociales y de sus aplicaciones tecnológicas.
- Promover la creación de una red teleinformática académica para uso de los investigadores.
- Promover, participar y realizar conferencias, encuentros y reuniones de divulgación del trabajo científico y tecnológico rioplatense.
- Colaborar y realizar intercambios de información con asociaciones similares en otros países.

El mismo año de su fundación comienza a editar la revista de divulgación científica y tecnológica *Ciencia Hoy*, hermana de la brasileña *Ciencia Hoje*. Su director es el Dr. Patricio Garrahan. En su primer editorial se exponen las razones que justificaban su creación y los principios que guiaron su política editorial:

> *Ciencia Hoy* divulga al público no especializado temas relacionados con todas las ramas de la ciencia y la tecnología, haciéndolo mediante artículos escritos por científicos argentinos. Pretende tener calidad literaria, gráfica y artística para transmitir la idea de que los resultados de la ciencia son bienes culturales valiosos y que informarse sobre ellos es una experiencia placentera. Intenta modificar la habitual idea de que la ciencia es algo que únicamente se efectúa en otras partes del mundo y en la que sólo participan argentinos que viven en otros países (*Ciencia Hoy*, diciembre 1988 / enero 1989).

En 1988 se crea la Facultad de Ciencias Sociales por nucleamiento de las carreras existentes de Ciencia Política,

Ciencias de la Comunicación, Relaciones del Trabajo, Sociología y Trabajo Social.

En agosto de este año el médico Alberto Cormillot es el director científico de Expobienestar '88, exposición dedicada a la educación para la salud y el bienestar realizada en el Predio Municipal de Exposiciones de Buenos Aires.

Además, se constituye el Consejo de Profesionales en Sociología.

También, la Sección de Antropología Social del Instituto de Ciencias Antropológicas de la Facultad de Filosofía y Letras de la Universidad de Buenos Aires crea la Revista *Cuadernos de Antropología Social*.

Ese mismo año abre sus puertas el Museo Participativo de Ciencias del Centro Cultural Recoleta, dirigido por la Fundación Museo Participativo de Ciencias, basado en la filosofía "Prohibido no tocar" y "Aprender haciendo". Su misión es "proporcionar un lugar para aprender a través de la participación directa, con un mensaje provocador en las exhibiciones". Ya que "aprender no es una actividad forzosamente aburrida", sostienen sus organizadores. Este museo es un espacio donde los niños y los adultos entienden por qué suceden las cosas, haciendo que sucedan. Está pensado para "Curiosos de 4 a 100 años", con más de 250 experimentos interactivos distribuidos en salas temáticas.

Además, el Museo cuenta con una "Muestra Itinerante" que viaja a zonas alejadas de Buenos Aires para difundir su misión y permitir, a aquellos que viven fuera del Gran Buenos Aires, tener la oportunidad de experimentar en un Museo Participativo.

En 1989 comienza a llevarse a cabo la Olimpíada Informática Argentina (OIA) que se realiza a nivel nacional y permite seleccionar a los alumnos que representarán al país en las Olimpíadas Internacionales de la Categoría "Programación".

6.2. La democracia neoliberal (1989-1999): Carlos Saúl Menem

El año 1989 inicia un período de numerosas actividades de divulgación científica:

- Entre 1988 y 1989 y entre 1991 y 1992 Cormillot es columnista del programa "Utilísima" y, además, en 1989 es columnista del programa "Vivir Hoy" por ATC Argentina Televisora Color.
- Se crea el Centro de Divulgación Científica y Técnica de la Facultad de Ciencias Exactas, Físicas y Naturales de la Universidad de Buenos Aires bajo la dirección de Enrique Belocopitow.
- La agencia noticiosa privada DyN establece un servicio de noticias científicas producido por el Centro de Divulgación Científica de la Universidad de Buenos Aires. El servicio sería suspendido en 1992.
- Se lleva a cabo el 1er Congreso Internacional de Etnohistoria organizado por la Sección Etnohistoria de la Facultad de Filosofía y Letras de la Universidad de Buenos Aires. Este congreso fue el origen de la publicación *Memoria americana-Cuadernos de Etnohistoria*.
- El diario *Página 12* comienza a publicar, teniendo como su director al Licenciado en matemática y periodista científico Leonardo Moledo, un suplemento semanal titulado "Futuro", que se ocupa de los problemas sociales, económicos y humanísticos de la ciencia, con un enfoque internacional. También, durante unos años, este diario publicó otro suplemento, "El verde", sobre temas ecológicos y en el que se combinaban la ciencia con política, sociedad y debates ideológicos acerca del hombre y el medio ambiente.
- La Facultad de Psicología de la Universidad de Buenos Aires inicia la edición de su *Anuario de Investigaciones*.

- La facultad de Humanidades y Ciencias Sociales de la Universidad Nacional de Jujuy comienza a editar *Cuadernos*.
- Comienza a editarse la revista de divulgación científica *Descubrir* de editorial *Perfil*. Aunque se director asegura "más que una publicación de divulgación científica, *Descubrir* es una revista de ideas y conocimiento". Ejemplo de esta propuesta es la serie denominada "La ruta de Carl Sagan", con la edición de videos y números especiales (De Vedia: 1998).
- La editorial Atlántida dio a conocer su revista de divulgación científica *Conozca Más*. Esta publicación está destinada, principalmente, para la franja de edad comprendida entre los 12 y los 18 años. Sus lectores son el 75% varones (De Vedia, 1998).

Los canales 2, 11 y 13 estuvieron bajo administración del Estado hasta 1989, año en que fueron privatizados durante la presidencia del Dr. Carlos S. Menem (1989-1995; 1995-1999). El Canal 7, dirigido por el conductor Gerardo Sofovovich, pasó de ser una sociedad del Estado a una Sociedad Anónima, existiendo planes para su privatización que finalmente no se concretaron.

En cambio se concretó la privatización de dos de los tres canales porteños propiedad del Estado Nacional (Canal 11 y Canal 13), se formó la sociedad Televisión Federal S.A., con la participación de Editorial Atlántida y ocho canales privados del interior del país. El 80% de la compra lo absorbió el grupo asociado a la Editorial Atlántida y el 20% la *News Corporation* (la Fox, del empresario australiano Rupert Murdoch). Este grupo se adjudicó el Canal 11, al cual renombraron como Telefé cuando se hicieron cargo de éste, el 22 de diciembre de ese año. Canal 13 se entregó al grupo *Clarín* como subsidiaria de la empresa "Arte Radiotelevisivo Argentino S.A.", más conocido como

ARTEAR, sociedad mayoritariamente propiedad de la editora del diario *Clarín*.

A partir de la década de 1990, varios países crearon Observatorios de Ciencia, Tecnología e Innovación, con el propósito de desarrollar sus capacidades de producción y análisis de información para la toma de decisiones en esta temática. Inscribiéndose en esta corriente internacional la Secretaría de Ciencia y Tecnología e Innovación Productiva constituye el Observatorio Nacional de Ciencia, Tecnología e Innovación Productiva (ONCTIP), cuya finalidad es fortalecer a aquella secretaría en la realización de diagnósticos y en la formulación de políticas y planes, así como la de apoyarla para requerimientos específicos vinculados con la formulación de políticas de Ciencia, Tecnología e Innovación.

En 1990 se realiza en Valencia, España el V Congreso Iberoamericano de Periodismo Científico. En la Declaración de Valencia se insistió en lo que ya se pedía en los congresos anteriores: la creación de cátedras de periodismo científico en escuelas y facultades de Comunicación, y se afirmaba que el Periodismo Científico "debe convertirse en un instrumento de defensa contra la dependencia tecnológica, causa, en buena parte, del subdesarrollo y de las adversas condiciones socioeconómicas latinoamericanas, que no sólo se reflejan en el hambre y en la pobreza, sino también en el atraso y en las interferencias de la soberanía." (Memoria, 1990).

Clausuró la reunión el director general de la UNESCO, profesor Federico Mayor Zaragoza, oportunidad en que se propuso a la UNESCO la celebración del Día Mundial del Periodismo Científico, que todavía no se ha hecho realidad.

La Red de Divulgación Científica de la Universidad de Buenos Aires edita desde 1991 el boletín *TECNO* de divulgación científica de la Secretaría de Ciencia y Técnica de la Universidad de Buenos Aires.

En 1991 se crea UBATEC S.A., empresa dedicada a la transferencia de tecnología, consultoría y prestación de servicios, propiedad de la Universidad de Buenos Aires, del Gobierno de la Ciudad de Buenos Aires, de la Unión Industrial Argentina y la Confederación General de la Industria.

Durante 1991, Eduardo Eurnekián, dueño de la empresa de cable Cablevisión, compró Radiodifusora El Carmen S.A., juntando al Canal 2, Cablevisión y las radios porteñas América, del Plata (AM), Metro y Aspen (FM) y creó la Corporación Multimedios América. Este cambio no sólo afectó al nombre del canal, que desde el lunes 15 de abril de 1991 pasó a ser América TV, sino que además mejoró la recepción de éste, junto a nuevos estudios en el barrio de Palermo.

Ese mismo año, con "el objetivo fundamental de estimular en los jóvenes la capacidad para resolver problemas", nace la Olimpíada Matemática Argentina (OMA) a través de la Fundación Olimpíada Matemática Argentina (FOMA), con la idea de coordinar sus actividades con los ministerios, secretarías y consejos de educación de las distintas jurisdicciones.

En 1991 la Facultad de Ciencias Agropecuarias de la Universidad de Córdoba comienza a editar la publicación de periodicidad anual *Agriscientia,* que tiene por objetivo estimular la divulgación de los aportes originales al conocimiento en las ciencias agropecuarias.

También se crea la Comisión Nacional de Actividades Espaciales (CONAE), continuadora de la tarea de la Comisión Nacional de Investigaciones Espaciales (CNIE).

La CONAE depende del Ministerio de Relaciones Exteriores, Comercio Internacional y Culto de nuestro país, y es el organismo competente para entender, diseñar, ejecutar, controlar, gestionar y administrar proyectos, actividades y emprendimientos en materia espacial en todo el ámbito de la República Argentina. Su misión es ejecutar el Plan Espacial Argentino que culmina en el año 2015.

Este plan tiene como principal objetivo la generación desde el espacio de información referida al territorio nacional de la Argentina, que combinado con la de otros orígenes, contribuya a mejorar las áreas de la actividad social y económica del país:

- Actividades agropecuarias, pesqueras y forestales.
- Hidrología, clima, mar y costas.
- Gestión de emergencias naturales.
- Vigilancia del medio ambiente y recursos naturales.
- Cartografía, Geología y producción minera.

Para cumplir con su misión la CONAE cuenta con información espacial generada por satélites construidos y diseñados en la estadounidense NASA, provee la plataforma satelital y la mayoría de los instrumentos de dichos satélites. Éstos son controlados desde la estación terrena Teófilo Tabanera situada en la Provincia de Córdoba (está prevista para antes del 2015 la creación de dos estaciones satelitales más, posiblemente en Tierra del Fuego y en la Antártida). Tal es el caso de los denominados Satélites de Aplicaciones Científicas (SAC). Más de ochenta universidades, entes, organismo y empresas nacionales participan en los proyectos y actividades de este Plan Espacial.

La CONAE ha puesto en órbita, con la ayuda de la NASA, varios satélites. El SAC-B fue lanzado en 1996. Los objetivos del SAC-B, como primer satélite científico argentino, fueron el estudio avanzado de la física solar y la astrofísica, mediante la observación de fulguraciones solares, erupciones de rayos gamma y radiación X de fondo difuso y átomos neutros de alta energía. La misión permitió el entrenamiento de un grupo humano importante tanto para la preparación de los centros de control (*hardware* y *software*) como para el control de los satélites.

El SAC-A fue lanzado el 3 de diciembre de 1998. La misión fue concebida como modelo tecnológico como parte de la Misión SAC-C. Puso a prueba una serie de instrumentos desarrollados en el país, potencialmente aplicables en otras misiones. Estuvo también dedicado a experimentar tanto la infraestructura de material como la humana de los equipos de telemetría, telecomando y control.

El SAC-C es el primer satélite argentino de observación terrestre. Fue lanzado en noviembre de 2000 y su función es obtener información de nuestro país para satisfacer necesidades que no son cubiertas por otros satélites. La misión SAC-C cubre tanto la Observación de la Tierra como mediciones con fines científicos.

La observación de nuestro planeta, particularmente del territorio argentino, se obtiene a través de imágenes ópticas orientadas al estudio de ecosistemas terrestres y marinos, y para novedosas aplicaciones en salud, como la epidemiología panorámica, así como para alertas muy tempranas y gestiones ambientales. En los aspectos científicos obtiene datos de temperatura y vapor de agua de la atmósfera, campo magnético y onda larga del campo gravitatorio terrestre, y estudia la estructura y la dinámica de la atmósfera y de la ionosfera.

Actualmente se están desarrollando los satélites SAC-D, y la serie de satélites SAOCOM, en conjunto con la ASI (Agencia Espacial Italiana) como parte del programa SIASGE.

El trienio 1991-1993 es conocido como la época de oro de las revistas de divulgación científica: *Conozca Más*, de Editorial Atlántida con una tirada de 160.000 ejemplares; *Descubrir*, de Editorial Perfil con 135.000 unidades, y García Ferré que continúa entregando la versión argentina de *Muy Interesante*, con 135.000 ejemplares. Todas de aparición mensual.

Desde 1992 el suplemento de Ciencia y Tecnología del diario *Clarín* se fue convirtiendo en el suplemento

"Lo Nuevo", dedicado a notas de investigación, al estilo de *Science, Times,* de *The New York Times.* Desde entonces hasta finales del siglo dio un giro incorporando color, numerosas fotografías e ilustraciones al estilo de *Popular Science.*

Durante la segunda mitad de la década de 1990, Eurnekián se deshizo sucesivamente de todas las empresas que formaban el multimedio, primero Cablevisión y luego el resto del conglomerado.

En 1993 se crea la Sociedad Argentina de Periodismo Médico (SAPEM) perteneciente a la Asociación Médica Argentina. Desde su origen se dedicó a dictar cursos bianuales de especialización en periodismo médico a médicos, y a organizar, también cada dos años, congresos internacionales de Periodismo Médico y Salud. Primero de manera presencial y, posteriormente, en la modalidad virtual.

Los médicos egresados de estos cursos comenzaron a tener sus propios programas en Canales de cable como, por ejemplo, "Hola doctor".

También el Centro de Divulgación Científica y Técnica de la Facultad de Ciencias Exactas, Físicas y Naturales de la Universidad de Buenos Aires empieza a dictar un curso-taller de Introducción al Periodismo Científico, dirigido a alumnos y graduados universitarios.

Este mismo año la Secretaría de Investigación y Desarrollo Tecnológico de la Universidad Nacional de Mar del Plata comienza a publicar la revista de divulgación científica y tecnológica *Nexos.*

Se funda la Asociación Argentina de Sedimentología (AAS), con base en La Plata, para dedicarse a la difusión de información científica sobre sedimentología, estratigrafía, ciencias ambientales, geología marina y de costas, geología del Cuaternario y disciplinas relacionadas. En 1994 comienza a publicar *Latin American Journal of Sedimentology and Basin Analysis.*

Entre 1993 y 1994 el Dr. Alberto Cormillot es director y conductor del programa diario "Vivir Mejor con el Dr. Cormillot" por ATC Argentina Televisora Color y conduce, además, el programa "Vivir Mejor" por Radio Splendid.

Este año la Asociación Toxicológica Argentina comienza a editar *Acta toxicológica argentina* de aparición semestral.

En 1994 el diario *La Nación* deja de publicar el suplemento "Ciencia" para convertirlo inicialmente en una sección fija, luego en una sección de aparición esporádica. Hasta que en 1999 reubica algunos de los textos que antes destinaba a esta sección específica, en secciones inespecíficas del cuerpo informativo del diario, como "Información General". También publica el suplemento "Salud", de frecuencia mensual. Posteriormente comienza a publicar una sección diaria bajo el nombre "Ciencia y Salud".

Simultáneamente, en la década de 1990, los diarios *La Nación* y *Clarín* comienzan a editar un suplemento de Informática.

En 1994 la Asociación Geológica Argentina empieza a publicar la *Revista de la Asociación Geológica Argentina*.

En 1994 Gregorio Klimovsky publica su primer libro *Las desventuras del conocimiento científico*. Sobre la difusión lograda por esta publicación Klimovsky expresó:

> Si bien Gregorio Klimovsky se dedicó a la matemática, su especialidad fue la filosofía de la ciencia. Fruto de su interés por esta disciplina es su libro *Desventuras del conocimiento científico*, publicado en 1994 y varias veces reeditado. "Aunque también muy fotocopiado –agrega, y comparte un dato–: en *La Nación* salió una nota en la que decía que en la Argentina había una gran cantidad de copias ilegales de libros, fotocopias. Que la Cámara del Libro había hecho una investigación para conocer cuáles eran los más fotocopiados. El resultado fue Klimovsky y Freud." (Cazaux, 2007).

En diciembre de 1994 se edita el primer número de *Exactamente*, la revista de la Facultad de Ciencias, Exactas, Físicas y Naturales de la Universidad de Buenos Aires. En el editorial de este número 1, el Decano de la Facultad y Director de la revista, Dr. Eduardo F. Recondo establece sus objetivos: "Aspiramos a que sea un canal abierto que nos permita relacionarnos en forma directa con aquellos sectores más ligados a la Educación, la Ciencia, y la Tecnología; esto es, las escuelas de enseñanza media, la comunidad universitaria, y las empresas."

También este año la Academia Argentina de Letras instituye el Premio Literario Academia Argentina de Letras, que se entrega de manera anual y alternativamente a obras de poesía, narrativa y ensayo. El premio consiste en medalla y diploma.

En este año dos universidades realizan actividades de capacitación en periodismo científico:

- La Universidad de La Plata dicta un posgrado de Periodismo Científico en la Facultad de Periodismo.
- La Universidad Nacional de Córdoba abre un Seminario de Periodismo Científico en la Escuela de Ciencias de la Información y comienza a publicar el boletín *Divulgación Científica*.

En 1994 editorial Albatros edita la colección "Los que se van" en tres tomos, donde brinda un panorama general de los factores que devienen en la retracción o extinción de las especies, además de acercar un estudio detallado de cada vertebrado amenazado detectado hasta esa fecha, cuyo autor es Juan Carlos Chebez. El Tomo 1, *Problemática Ambiental. Anfibios y Reptiles*, contiene un análisis de las listas y los libros rojos de la historia de la conservación de la naturaleza; una guía educativa junto con cuentos conservacionistas de interés didáctico y las fichas de las tres especies extintas de nuestra fauna. También la descripción exhaustiva de las especies de anfibios y reptiles más amenazados, junto con su bibliografía específica. El Tomo 2, *Aves*, incluye las características, la distribución, las costumbres y el estado de conservación de las aves más amenazadas de la Argentina, junto con su bibliografía específica; y el Tomo 3, *Mamíferos*, presenta el mismo abordaje pero referidos a los mamíferos. Como complemento de esta serie publicó *Otros que se van. Peces, anfibios, reptiles, aves y mamíferos amenazados,* que es una lista complementaria de especies amenazadas e incluye un listado de peces raros o amenazados de nuestra fauna, además de otros reptiles, otros anfibios, otras aves y otros mamíferos con algún grado de amenazada cierta o potencial. Estas publicaciones se reeditaron con actualizaciones en 1999 y 2006.

Entre 1994 y 1996 Cormillot es director y conductor del programa diario "Vivir Mejor" por América TV.

Desde 1995 la Universidad Nacional de Río Cuarto desarrolla una experiencia de divulgación científica consistente en la producción de notas periodísticas para ser difundidas a través de medios de comunicación radiales, televisivos e impresos. Es un trabajo desarrollado desde la Coordinación de Comunicación Institucional (CCI) que tiene como objetivo difundir la producción científica y tecnológica de este centro de investigación.

En 1995 se crea formalmente la Red de Editoriales Universitarias Nacionales (REUN) con el objetivo inicial de constituirse en un canal de divulgación de la producción editorial de las universidades argentinas.[62] Las editoriales universitarias que participan de esta reunión son las de las universidades nacionales del Centro de la Provincia

---

[62] Este sitio fue diseñado y desarrollado por la Biblioteca Central y el CIPTE (Centro de Información, Producción y Tecnología Educativa) dependientes de la Secretaría Académica a partir de la Iniciativa del Consejo Editorial de la Universidad Nacional del Centro de la Provincia de Buenos Aires.

de Buenos Aires, de Misiones, de Cuyo, de la Pampa, de Córdoba, de Jujuy, de Tucumán, de San Juan y de La Plata. Este espacio está abierto, además, a las editoriales no universitarias. La REUN ha participado como tal de algunas Ferias Internacionales del Libro, tanto en Argentina como en otros países, también en la Feria Internacional del Libro Universitario en Mérida, en diversas oportunidades, de la feria del libro de Sao Paulo, de la de Santiago de Chile y de casi todas las ferias regionales y provinciales de nuestro país.

Es este año también que la UNESCO elige a la Argentina como la sede sur para instalar el Observatorio Pierre Auger en Malargüe, Provincia de Mendoza, que comenzó a funcionar en 2005 (aunque fue inaugurado oficialmente en 2008). Se trata de un emprendimiento conjunto de más de veinte países en el que colaboran unos 250 científicos de más de treinta instituciones, con la finalidad de detectar partículas subatómicas de alta energía que provienen del espacio exterior denominadas rayos cósmicos. Algunos de estos rayos tienen energías anormalmente superiores a los que usualmente bombardean la Tierra y producen un efecto llamado lluvia cósmica o cascada atmosférica extensa. El emprendimiento Pierre Auger es el único en el mundo diseñado para estudiar específicamente estas lluvias. Poder conocer el origen y el porqué de ellas permitirá entender mejor el proceso de creación del universo.

En el edificio de Malargüe se construyen los detectores de rayos cósmicos que luego son esparcidos en los campos vecinos en un radio de unos 30 km a la redonda. El centro de montaje fue realizado con la ayuda económica de la Provincia de Mendoza y de la Nación Argentina. Además de la investigación y la construcción de los detectores se realizan tareas de difusión. También se realizan visitas guiadas de escuelas a la institución y tiene una página *web* que permite realizar actividades interactivas.

En 1996 el Licenciado Leonardo Moledo publica una *Agenda científica* y la serie de fascículos *Un viaje por el universo*, ambos editados por el diario *Página 12*.

El 1 de marzo de 1996 la Facultad de Medicina de la Universidad de Buenos Aires inicia el Hospital Virtual de Argentina (HVA), con una organización básica elemental a título experimental para ser puesto en marcha el 21 de octubre de ese mismo año, durante el desarrollo de la Cumbre Mundial de Decanos y Expertos en Educación Médica. El HVA se pensó como una Red de Centros de Procesamiento de Información en Ciencias de la Salud que ofrece servicios e información disponible a través de Internet durante las 24 horas. Sus objetivos son desarrollar actividades de grado, posgrado, de investigación y divulgación científica.

Desde 1996 la Estación Astronómica Río Grande (EARG) lleva adelante un programa especial de Divulgación de la Astronomía (ProDIA) conjuntamente con la Facultad Regional Río Grande de la Universidad Tecnológica Nacional, a través del que funciona el Planetario de Río Grande.

En 1996 el médico Alberto Cormillot es el director científico de Expodiet y Vida Sana, exposición realizada en la Sociedad Rural Argentina de Buenos Aires.

En este año el Instituto de Estudios Clásicos de la Universidad Nacional de La Pampa comienza a editar la publicación anual *Circe de clásicos y modernos*, con el objetivo de publicar trabajos originales que versen sobre Filología, Filosofía, Historia, Literatura y Tradición Clásica.

En julio de 1996 soy elegida presidente de la Asociación Argentina de Periodismo Científico (AAPC). Por este motivo viajo en representación de la AAPC a Santiago Chile para participar del VI Congreso Iberoamericano de Periodismo Científico realizado del 12 al 14 de agosto de este año. Durante su desarrollo propongo como sede del VII Congreso Iberoamericano de Periodismo Científico a la Argentina. Moción que es aceptada.

Este Congreso de Santiago tuvo como lema "Periodismo Científico en la Era Digital". Durante su desarrollo se aprobó la Declaración de Santiago donde se subraya que los medios de comunicación se esfuerzan en informar, orientar y brindar cohesión a una sociedad aquejada por diversos problemas, que se especifican en la declaración, y que constituyen una herramienta fundamental para afianzar la justicia, la paz social, la democracia y el bienestar colectivo. Y es en ellos donde se inserta y suma el afán cotidiano del periodismo científico que informa sobre el nuevo conocimiento y que a la vez orienta sus proyecciones.

El avance de la tecnología digital –se dice también en la declaración– ha abierto carreteras y autopistas de la información a través del espacio y ha generado un cambio sustancial en los medios de comunicación. "Nos preocupa que esta explosión del saber acumulado, atrape más que libere y confunda más que oriente, sobre todo a las nuevas generaciones. Advertimos contra la fascinación de sus respectivos pueblos y culturas, para tratar de contrarrestar los datos procedentes de países de gran desarrollo." (Memoria, 1996).

En la década de 1990 el Dr. Tulio Huberman crea la publicación *Gracias doctor,* donde se divulgan temas sobre la salud y que también cuenta con una página *web*.

En 1997 Enrique Belocopitow gana el "Premio Konex" de Platino a la Divulgación Científica, categoría Comunicación-Periodismo. También a la revista *Todo es Historia*, en ocasión de cumplirse treinta años de publicación ininterrumpida, la Fundación Konex le entrega el Premio Konex en el rubro Comunicación y Periodismo.

La Asociación de Ciencias Naturales del Litoral comienza a publicar la revista *Natura Neotropicalis*.

Este año el suplemento "Lo Nuevo" del diario *Clarín* se convierte en uno de Informática y las notas de ciencia se incorporan a la sección "Sociedad" del cuerpo principal del diario.

Entre 1996 y 1998 el Centro Argentino de Meteorólogos (CAM) editó la revista *Tiempo Presente*, que tuvo por objetivo difundir un amplio espectro de temas de Ciencias de la Atmósfera y asuntos conexos –con énfasis en lo interdisciplinario– de interés general para toda la comunidad científica y para el ámbito educativo. Este *newsletter* se repartió gratuitamente en un importante número de escuelas públicas de la ciudad de Buenos Aires.

Entre 1997 y el 2000 Cormillot es director y conductor del programa "Vivir Mejor con el Dr. Cormillot", ATC Argentina Televisora Argentina.

En 1997 la Asociación Aves Argentinas comienza a editar la revista de difusión *Naturaleza & Conservación*.

También este año el Instituto de Estudios Socio-Históricos de la Facultad de Ciencias Humanas de la Universidad Nacional de La Pampa publica la revista de historia regional *Quinto Sol*.

En mayo de 1997 nace el Museo de Astronomía y Geofísica por iniciativa de la Red de Museos de la Universidad Nacional de La Plata.

Como fruto de la creación de la Red de Editoriales de Universidades Nacionales (REUN), en 1998 las universidades de Cuyo, el Litoral y La Pampa y el diario *Página 12* comienzan a editar una serie de libros que se ofrecen a los lectores del diario junto con la publicación del día. Citamos como ejemplo el trabajo de la Doctora e investigadora en historia Noemí Girbal de Blacha[63] *Ayer y hoy de la Argentina Rural, Gritos y susurros del poder económico (1880-1997)*. Quien al respecto de esta publicación expresó:

> Yo siempre digo que estoy muy agradecida a un librito que sacó el diario *Página 12* hace muchos años que se llamaba

---

[63] En la actualidad, la Dra. Girbal continúa como investigadora en historia, pero además es miembro del Directorio del CONICET como Vicepresidente de Asuntos Científicos.

Ayer y hoy de la Argentina rural junto con el diario del domingo. Me habían pedido una colaboración y la pude hacer porque hacía veinte años que yo venía haciendo historia agraria. No lo hubiera podido escribir de otra manera. Y este librito se leyó en el exterior y mucho, porque numerosas personas se pusieron en contacto conmigo a propósito de este trabajo que tuvo una tirada de 120.000 ejemplares, ya que como dije se repartió junto con el diario.
No es un libro prestigioso, que se diga "qué buena edición". Tiene en la tapa una caricatura de *Caras y Caretas* y muestra el pasado rural de la Argentina desde 1890 hasta el año de la edición de la publicación. Pero, la verdad, a mí me dio la posibilidad de llegar a gente que yo nunca hubiera pensado. Fue una tarea de divulgación sobre la historia agraria de nuestro país (Cazaux, 2009).

En julio de 1998 la Comisión Nacional de Energía Atómica comienza a editar el *Boletín Enérgico CNEA*.

Este año, Alejandro Romay decide vender la frecuencia de Canal 9 al grupo australiano Prime TV, que le cambió el nombre por Azul Televisión. Al poco tiempo este grupo vendió las acciones a Telefónica.

Hacia fines de la década de 1990, las revistas de divulgación científica que habían vivido su apogeo entre 1991 y 1993 comenzaron a perder ventas, a tal punto que en 1998 *Muy Interesante* presenta una venta de 50.000 ejemplares; *Conozca Más*, 40.000, y *Descubrir*, 17.000. Datos que se podían confirmar en el Instituto Verificador de Circulaciones (IVC)[64] (De Vedia, 1998).

---

[64] El Instituto Verificador de Circulaciones (IVC) es una asociación civil sin fines de lucro constituida con el objetivo de controlar, certificar y difundir los promedios de circulación neta pagada y tirada de medios gráficos del país. La información producida constituye así la única medición cuantitativa, global y sistemática de medios disponible para conocer fehacientemente el costo por contacto de los avisos, contribuyendo a la transparencia del mercado. En el contexto competitivo que caracteriza al mercado gráfico, el hecho de que un medio esté asociado a la entidad es un claro factor de diferenciación y de confiabilidad, y

En la nota de *La Nación* que menciona este fenómeno los directores de estas tres publicaciones atribuyen la caída en las ventas a "la expansión del tema científico en las páginas de los diarios y al crecimiento de los canales de TV por cable dedicados a estos asuntos (*Discovery, TV Quality, Discovery Kids,* Educable, Infinito y otras señales." (De Vedia, 1998).

6.3. Bajo la socialdemocracia (1999 a la actualidad)

En 1999 la Carrera de Psicología de la Facultad de Humanidades y Ciencias de la Educación de la Universidad Nacional de La Plata edita la *Revista Internacional Orientación y Sociedad* de periodicidad anual. Es un espacio de producción interdisciplinaria, nacional e internacional, de las diferentes experiencias relacionadas con la orientación, el empleo y el trabajo, en los niveles individuales, institucionales y comunitarios, tanto en los aspectos preventivos como asistenciales.

En 1999 organizo y dicto en la Facultad de Informática, Ciencias de la Comunicación y Técnicas Especiales de la Universidad de Morón dos Seminarios de Periodismo Científico: uno destinado a periodistas, y otro a profesionales egresados de otras disciplinas.

En el año 2000 la Facultad de Ciencias Sociales de la Universidad Nacional del Centro de la Provincia de Buenos Aires comienza a editar la revista *InterSecciones en Antropología*.

Ese mismo año, el paquete accionario de Telefé fue comprado por Telefónica de Argentina, subsidiaria de la empresa española Telefónica.

---

es para el editor una herramienta eficaz de *marketing*, que asimismo permite conocer la evolución de la competencia.

A mediados del año 2000 América TV pasó a formar parte de una sociedad constituida por Carlos Ávila y su familia. La familia Ávila, creadora de la empresa Torneos y Competencias, dedicada a la transmisión de eventos deportivos, le aportó al canal una vasta programación dedicada mayormente al deporte y el periodismo.

En el año 2000, de la mano de la Licenciada en biología Ileana Lotersztain y de la Licenciada en física Carla Baredes, nace la editorial Iamiqué, "libros científicamente divertidos" de divulgación científica, con la serie "Preguntas que ponen los pelos de punta" y que continúa en dos series clasificadas por temas, una de ciencias naturales y otra de ciencias sociales. Dentro de la serie de ciencias naturales se encuentran las subseries: "Asquerosología", "¡Qué bestias!", "Ciencia para contar", "Sueños curiosos", "Destinos insólitos", "Los animales por fuera", "Pura vida", "Los fuera de serie" y la ya mencionada "Preguntas que ponen los pelos de punta". La de ciencias sociales propone: "Las cosas no fueron siempre así" y "Los fuera de serie" (Ediciones Iamiqué).

Entre el 16 y el 18 de noviembre de este año se lleva a cabo el VII Congreso Iberoamericano de Periodismo Científico que organicé como presidente de la Asociación Argentina de Periodismo Científico junto con la Facultad de Informática, Ciencias de la Comunicación y Técnicas Especiales de la Universidad de Morón en la sede de esta institución.

Durante su desarrollo fui proclamada presidente de la Asociación Iberoamericana de Periodismo Científico, ya que de acuerdo con lo que establece el reglamento de esta organización el presidente del país miembro que organice el Congreso Iberoamericano pasa a ser el presidente de la Asociación Iberoamericana hasta que se realice un próximo congreso en otro país de la región (Memoria, 2000).

Fernando de la Rúa, durante su presidencia (1999-2001), afrontó el desafío de recuperar la señal de Canal 7, y el 1º de mayo, coincidiendo con el aniversario número veinte de la primera transmisión a color, sale al aire Canal 7 Argentina, con una programación que incluía más programas de entretenimientos sin dejar de lado los ciclos culturales y educativos.

Es este año que el Ministerio de Educación de Argentina empieza a transmitir la serie de programas de televisión educativa "Cine Científico", orientada a jóvenes del tercer ciclo. Cada programa está dedicado a un tópico científico, protagonizado por una personalidad local junto con interlocutores juveniles. Los programas se transmiten todos los jueves por Canal 7. Silvia Finocchio es la responsable del proyecto y Mariana Podetti y Horacio Tignanelli los coordinadores generales.

También el Centro Cultural Rojas empieza a organizar el Ciclo de Charlas sobre ciencias.

Por otro lado, la Facultad de Humanidades y Ciencias de la Educación de la Universidad Nacional de La Plata, a través del Centro de Estudios Históricos Rurales, comienza a editar la publicación *Mundo agrario: revista de estudios rurales*.

Es durante el año 2000 que el CONICET crea el Instituto Multidisciplinario de Historia y Ciencias Humanas (IMHICIHU) como unidad ejecutora, con el objetivo de nuclear grupos de investigación de reconocida trayectoria y sólida formación profesional, que actuaran de manera independiente entre 1990 y dicha fecha (Instituto Multidisciplinario de Historia y Ciencias Humanas, IMHICIHU). Tales grupos incluyen antiguos Programas de Estudios Prehistóricos (PREP), de Investigaciones Medievales (PRIMED), de Estudios Egiptológicos (PREDE) y de Investigaciones Geodemográficas (PRIGEO). A ese núcleo original se sumó, en octubre de 2004, el Programa Atlas Permanente del Desarrollo Territorial de la Argentina (PROATLAS).

También este año la Asociación Herpetológica Argentina (AHA) publicó el libro *Categorización de los anfibios y reptiles de la República Argentina*, de cuya confección participó un importante número de herpetólogos de diversos ámbitos geográficos e institucionales del país. Entre 1998 y el 2000 los autores participaron de reuniones y talleres, a partir de los cuales los editores consiguieron reunir una sustancial cantidad de información que se resumió en la mencionada obra. El libro es hoy de lectura obligada para los miembros de los distintos organismos nacionales y provinciales responsables del control y protección del la fauna.

El Instituto de Astronomía y Física del Espacio (IAFE), el sábado 11 de noviembre de 11 a 18 horas de este año, llevó a cabo la primera Jornada de divulgación del Instituto. El Programa de actividades consistió en la realización de siete charlas de divulgación de 45 minutos de duración; una visita por el Instituto donde los asistentes pudieron recorrer los diferentes rincones de investigación, cada uno de ellos con investigadores para explicar y contestar preguntas. Se armaron especialmente carteleras de divulgación en las que cada grupo explicaba sus temas de estudio y metodología. Se contó con material de experimentación con el cual el público podía interactuar, una simulación por computadora de choques de galaxias, videos y CD de instrumentos del Sol en órbita, entre otros recursos. Además, se pudieron observar las manchas solares con telescopio.

También la Sociedad Argentina para el Estudio de los Mamíferos (SAREM) edita el *Libro Rojo de los mamíferos Amenazados de la Argentina*.

Del 9 al 24 de marzo de 2001 se realiza la exposición "Dinosaurios y mamíferos fósiles en el Palacio de Correos". Esta exposición se llevó a cabo con motivo de la emisión de sellos postales de mamíferos fósiles sudamericanos que sacó a la venta el Correo Argentino.

La Comisión Nacional de Energía Atómica edita desde el 2001 la *Revista de la Comisión Nacional de Energía Atómica*.

Entre el 2001 y 2007 el periodista científico Leonardo Moledo fue director del Planetario de la ciudad de Buenos Aires Galileo Galilei, donde desarrolló una innovadora e intensiva actividad, como llevar telescopios a los barrios de la ciudad.

En este Planetario, Moledo instauró en el 2001 el ciclo "Viernes de la ciencia", que continuó repitiéndose todos los años, ocasión en que se congrega a importantes científicos argentinos.

También Moledo organizó en ese espacio el primer café científico, el tercer martes de cada mes, convocando a uno, dos o tres científicos argentinos para que conversaran del modo más libre con una concurrencia habilitada para hacer cualquier pregunta. El diálogo se publicaba el sábado siguiente en el suplemento "Futuro" del diario *Página 12*. Además, congregó al Planetario y a la Cátedra de Periodismo Científico de la Facultad de Ciencias Sociales de la Universidad de Buenos Aires, para dictar el curso "Ciencia para Periodistas".

Del 25 de julio al 20 de agosto de 2001 se realiza la muestra fotográfica de Juan Campomar "Ciervos autóctonos y exóticos de la Argentina", en el Centro Cultural Borges, Galerías Pacífico, Buenos Aires, que contó con el auspicio de la Fundación Félix de Azara.

El 5 de agosto, gracias al importante trabajo de remodelación de uno de los hangares del Instituto Nacional de Aviación Civil, efectuado por la Dirección de Estudios Históricos de la Fuerza Aérea, su Museo de la Fuerza Aérea se mudó al aeródromo de Morón y pasó a constituirse en otra dirección autónoma.

En la actualidad, los esfuerzos de la Dirección de Estudios Históricos de la Fuerza Aérea convergen en la tarea de reunir, conservar e investigar los bienes documentales en los que está asentado el Acervo Histórico Aeronáutico Nacional; en redactar la Historia de la Fuerza Aérea Argentina; en registrar y preservar los bienes que constituyen el patrimonio histórico cultural aeronáutico; y en participar en la difusión y estímulo de la tradición aeroespacial.

Ese mismo año 2001 se celebra en Buenos Aires el II Congreso Internacional de Periodismo Médico y Temas de Salud organizado por la Sociedad Argentina de Periodismo Médico (SAPEM).

También, se celebra en Buenos Aires la 24º Feria Nacional de Ciencias y Tecnología.

Por su parte el Instituto de Filosofía de la Universidad Católica de Santa Fe comienza a editar la revista *Tópicos*, de frecuencia anual.

El Instituto de Astronomía y Física del Espacio (IAFE) el sábado 10 de noviembre de este año realiza la segunda Jornada de divulgación del Instituto.

También el Observatorio del Colegio San José, remozado, comienza a realizar sus Jornadas Abiertas destinadas a padres, alumnos y público en general.

Durante la transición de Eduardo Duhalde, en 2002, fue creado el Sistema Nacional de Medios Públicos Sociedad del Estado, ente que financia y opera actualmente Canal 7.

6.4. La socialdemocracia crítica (por la crítica situación del país)

Del 11 al 21 de marzo de 2002, con motivo de los cincuenta años de la obra del taxidermista Juan Carlos Trejo Lema, se exhibieron diez de sus obras en el segundo piso de la sede del rectorado de la Universidad CAECE. Además tuvo lugar el I Congreso "Osvaldo A. Reig" de Vertebradología Básica y Evolutiva e Historia y Filosofía de la Ciencia.

La Secretaría de Ciencia, Tecnología e Innovación Productiva participó de la II Edición de la Feria de Ciencias que se llevó a cabo desde el 20 de julio hasta el 4 de agosto en el Planetario Galileo Galilei de la ciudad de Buenos Aires. Hubo charlas-debate y demostraciones de experimentos científicos.

A partir del 2002, la Facultad de Ciencias Exactas y Naturales de la Universidad de Buenos Aires organiza anualmente las Semanas de las Ciencias, dirigidas preferentemente a estudiantes y docentes de los últimos años del nivel secundario. En particular, la Semana de la Física cuenta con charlas y demostraciones, experimentos interactivos y visitas a los laboratorios; actividades en las que suelen colaborar investigadores del IAFE.

Ese mismo año se exhibió en los pasillos de la Sede del Rectorado de la Universidad CAECE "Cuando los gigantes vivían en Buenos Aires", una pequeña muestra sobre los enormes y raros mamíferos que hasta hace algo menos de diez mil años habitaron la región pampeana, tales como gliptodontes, megaterios, toxodontes, macrauquenias, mastodontes, caballos, osos y tigres con dietes de sable.

Fue en el transcurso del 2002 que la Asociación Civil Expedición Ciencia comienza a realizar campamentos de ciencias para adolescentes de 14 a 17 años, denominados "Expedición Ciencia". La experiencia reúne por nueve días a 46 adolescentes seleccionados entre postulantes de todas las provincias, que comparten la curiosidad constante por el mundo que los rodea y les abre las puertas a recorrer el territorio del descubrimiento y la exploración de la mano de científicos profesionales y especialistas en educación de las ciencias. "Expedición Ciencia" apunta a que los niños descubran fenómenos de la naturaleza a través de la formulación permanente de preguntas y la realización de experimentos. En lugar de darles las respuestas a lo que van encontrando, se los invita a cuestionar los resultados a través de la formulación de hipótesis, razonamientos y experimentaciones que les permitan acercarse a una explicación coherente de los problemas con que se encuentran. Así, los participantes van generando una metodología de trabajo basada en la curiosidad y el razonamiento apoyado en observaciones y resultados experimentales.

Entre agosto y diciembre de 2002 la Fundación de Historia Natural Félix de Azara montó en el Planetario Galileo Galilei la exposición "El camino de la vida". La actividad buscó que el visitante tuviera las respuestas a algunos de los siguientes interrogantes: ¿cuándo se originó la vida? ¿Cómo se fosilizan los organismos? ¿Existieron las extinciones masivas? ¿Cuándo surgieron los dinosaurios y por qué desaparecieron? Y, ¿qué animales prehistóricos vivieron en Buenos Aires? En la muestra, presentada de manera comprensible y entretenida, se propuso un recorrido por la temática a través de ilustraciones, gráficos, *posters* y algunos fósiles. Entre otros fósiles se pudieron apreciar: la rana más antigua, la primera ave, el esqueleto de un pterosaurio o reptil volador, insectos en ámbar y la reconstrucción en vida de la cabeza de un gigante dinosaurio carnívoro denominado *Abelisaurus comahuensis*.

El Instituto de Astronomía y Física del Espacio (IAFE) comienza a dictar los Talleres de Ciencia para Jóvenes, que se convierten en un clásico a través de los años.

El Taller Básico e Introductorio "Astronomía" consiste en cuatro encuentros que se realizan los días sábados. En esta primera oportunidad se desarrollaron desde el 18 de mayo hasta el 15 de junio.

Los temas tratados fueron: Primer encuentro: "Sistema Solar", planetas y satélites, asteroides, cometas, el medio interplanetario y origen del Sistema Solar. Segundo encuentro: "Las Estrellas", el sol, estrellas estructura, evolución estelar y medio interestelar. Tercer encuentro: "Sistemas Estelares", estrellas binarias y múltiples, cúmulos estelares, la galaxia y sistemas extragalácticos. Cuarto encuentro: "El Universo", estructura del universo a gran escala, ley de Hubble y radiación de fondo, el Big Bang.

Además en el año 2002, la médica especialista en otorrinología y en medicina nuclear María Cristina Stella, y el Doctor en Medicina Luis De Vito, preparan un archivo sonoro de divulgación de temas vinculados con la salud. Son archivos que contienen este listado de informes especiales: "Para qué sirve la Ciencia (I y II)"; "Animales de Experimentación (I y II); "Proyecto Genoma Humano (Aspectos Bioéticos)"; "Enfermedad de Chagas (I y II)"; "Efecto Invernadero (I y II)"; "Tuberculosis"; "Los sonidos que debemos padecer (I y II); "La vaca y la ciencia"; "Vegetales Transgénicos"; un extracto de la entrevista efectuada al Dr. Alejandro Mentaberry (Investigador CONICET. Profesor de Ciencias Biológicas, Facultad de Ciencias Exactas y Naturales, UBA), que da cuenta de uno de los formatos más frecuentes en la radio de temas científicos: la entrevista informativa, cuyo tema es el "Agujero de Ozono"; otro extracto de la entrevista efectuada al Dr. Luis V. Orce (Investigador CONICET); "Broncodilatadores y Asma Bronquial"; extracto de la entrevista efectuada al Dr. Aquiles Roncoroni (Profesor Emérito de la UBA); "El porqué de las cosas"; "Qué es el tiempo"; "Por qué cambia el clima"; "Un viaje al pasado"; "La evolución del Hombre"; o "La Antártida"; y temas científicos tratados a través de la biografía de sus protagonistas: Thomas A. Edison; Georges Cuvier; Albert Einstein; Louis Pasteur (vacuna antirrábica), Alexander Fleming; Georges Laennec; Ptolomeo; Thales de Mileto; Eratóstenes.

En diciembre de este año se crea la Biblioteca Electrónica de Ciencia y Tecnología de la República Argentina (www.biblioteca.mincyt.gob.ar) con el objetivo de satisfacer las necesidades de información de la comunidad científica argentina dando acceso, a través de Internet, a artículos completos de publicaciones periódicas científica y tecnológicas, bases de datos referenciales, resúmenes y demás información bibliográfica nacional e internacional de interés para los integrantes del Sistema Nacional de Ciencia, Tecnología e Innovación (SNCTI).

Concebida esta Biblioteca como un instrumento fundamental en las tareas de investigación y creación tecnológica en universidades e instituciones de ciencia, tecnología e innovación abarca las siguientes áreas de interés:

- Ciencias Biológicas y de la Salud.
- Ciencias Agrarias y Ambientales.
- Ciencias Exactas, de la Tierra e Ingenierías.
- Ciencias Sociales y Humanas.
- Lingüística, Letras y Artes.

En el año 2003 comienza a publicarse la *Revista Iberoamericana de Ciencia, Tecnología y Sociedad-CTS*, una publicación académica cuatrimestral editada por la Organización de Estados Iberoamericanos para la Educación, la Ciencia y la Cultura (OEI), el Instituto Universitario de Estudios de la Ciencia y la Tecnología de la Universidad de Salamanca y el Centro de Estudios sobre Ciencia, Desarrollo y Educación superior (REDES) de Argentina, que aborda la relación entre ciencia, tecnología y sociedad desde una perspectiva plural e interdisciplinaria. En sus páginas se promueven análisis relativos a la problemática de la ciencia y la tecnología en los ámbitos culturales y políticos de las sociedades iberoamericanas, a partir de los principales estudios y tendencias en la materia a nivel regional e internacional.

El 19 y el 20 de abril de ese año, con motivo de cumplirse el aniversario de los cincuenta años del descubrimiento de la estructura del ADN, la Fundación y el Departamento de Ciencias Biológicas de la Universidad CAECE realizaron una experiencia titulada "Mirá tu propio ADN", en el Planetario Municipal Galileo Galilei.

Desde el año 2003, editorial Eudeba inicia la colección "¿Querés saber?" de divulgación científica recomendada para niños de siete años en adelante. Entre sus títulos se cuentan: *¿Querés saber qué es el ADN?* y *¿Querés saber qué son las células?*, de Pablo Bernasconi; *¿Querés saber qué es el Big Bang? ¿Querés saber qué es el cielo? ¿Querés saber qué es el universo?* y *¿Querés saber qué son las estrellas?*, de Alejandro Gangui; y *¿Querés saber qué son las proteínas?*, de Paula Bombara.

En el 2003, con el auspicio de la Fundación de Historia Natural Félix de Azara, se publicó *Cien mamíferos argentinos*.

También la Academia Nacional de Letras presenta la primera edición del *Diccionario del Habla de los Argentinos*.

Además, el Consejo de Profesionales en Sociología empieza a publicar la *Revista Argentina de Sociología*, de periodicidad semestral.

El Instituto de Astronomía y Física del Espacio (IAFE) lleva a cabo su Programa de actividades de Talleres de Ciencia para Jóvenes 2003. En este marco organiza el Taller Introductorio: Astronomía en cinco sábados desde el 7 de junio al 14 de agosto.

El 9 de junio de 2003 la Universidad Nacional del Litoral comienza a editar mensualmente el periódico *El Paraninfo*. Se trata de un medio de producción propia y de distribución gratuita entre los integrantes de la comunidad universitaria y los medios de comunicación social. En él se publican noticias institucionales, notas que abordan temas relacionados con la producción científica y la extensión universitaria, informes periodísticos, notas de opinión, culturales, datos sobre cursado, trámites y servicios de la institución, agendas de actividades y efemérides.

Desde el año 2003 empieza a estar en el aire, por Canal 7, el programa "Científicos Industria Argentina", de una hora de duración, conducido por el matemático y periodista Adrián Paenza. El ciclo, en palabras de su productora periodística Carla Nowak, "busca difundir la ciencia y la tecnología a fin de compartir la fascinación, la sorpresa y el asombro que genera el trabajo de los que producen ciencia en la Argentina." (García Nowak, 2008: s/n).

También desde el 2003 el canal Todo Noticias (TN) produce un programa semanal de una hora de duración titulado "TN Ciencia", y otro denominado "TN Ecología".

Entre el 21 y el 22 de agosto la Academia Nacional de Ciencias Exactas, Físicas y Naturales (ANCEFN) organiza las Primeras Jornadas de Ciencia, Tecnología y Medios de Comunicación llamada "En búsqueda de un lenguaje común".

Entre el 13 y el 17 de octubre se realizó la I Semana Nacional de la Ciencia y la Tecnología organizada por el Ministerio de Educación, Ciencia, Tecnología e Innovación Productiva, mediante la Secretaría de Planeamiento y Políticas, bajo el lema "El conocimiento al servicio del bien común". La Semana Nacional de la Ciencia y la Tecnología se reconoce desde el ahora Ministerio de Ciencia, Tecnología e Innovación Productiva, "como el evento de difusión y popularización científica más importante del país". Durante la Semana, institutos de investigación, laboratorios, clubes de ciencia, cines, teatros, museos y bibliotecas de todo el país abrieron sus puertas a niños y jóvenes y adultos invitándolos a participar de actividades especiales. Esta primera experiencia tuvo como resultado la participación nacional de sesenta instituciones de ciencia y tecnología, 7.500 alumnos y cincuenta docentes de 198 escuelas.

El Centro Cultural Rojas –"El Rojas", como es ampliamente conocido– comenzó a principios del año 2003 el ciclo de charlas "Hoy las ciencias adelantan que es una barbaridad", como parte de un proyecto del área de Ciencia y Tecnología, con el objeto de difundir el conocimiento científico que se genera en la universidad. Desde entonces, hasta el 2006, se realizaron más de sesenta charlas, en un rito semanal que acercaba a investigadores de las más diversas disciplinas a un público amplio, y que ponían en discusión sus últimos hallazgos. En el libro *Hoy las ciencias adelantan que es una barbaridad* se presentan algunas de las charlas del ciclo, con temas que van desde las estrellas a los hornos solares, desde el ADN hasta las costas marinas, configurando un interesante panorama sobre la investigación científica en nuestro país (AA.VV., 2006).

El Doctor en biología Diego Golombek[65] fue el coordinador del Área de Ciencias del Centro Cultural Rojas y rememora ese ciclo de charlas:

> "Hoy las ciencias adelantan que es una barbaridad" es una frase de una zarzuela, "La Verbena de la Paloma".[66] Fue maravilloso ese ciclo. Participaban científicos de primer nivel y venía mucha gente, se llenaba la sala de la Sociedad Científica donde se realizaban las reuniones. Era gratis, obviamente. Se hicieron durante tres años, del 2003 al 2006, mientras fue rector de la Universidad de Buenos Aires el Dr. Guillermo Jaim Etcheverry.
> Lo más rico de esto fue que colaboramos con otras áreas del Rojas, por ejemplo, con el Área de Teatro o con el Área de Cine para organizar actividades en conjunto (Cazaux, 2009).

Entre esas actividades en conjunto, del 3 al 14 de noviembre se realizó, organizado por el Gobierno de la ciudad de Buenos Aires y la Universidad de Buenos Aires, el Festival "Buenos Aires Piensa", un encuentro entre los porteños y

---

[65] Diego Golombek es Licenciado y Doctor en Biología de la Universidad de Buenos Aires. Profesor en la Universidad de Quilmes e investigador del CONICET. Director del Laboratorio de Cronobiología de la Universidad de Quilmes, y ha publicado numerosos trabajos de investigación científica. Ha trabajado, además, como director de teatro, periodista y músico.

[66] "La verbena de la Paloma" es una zarzuela con libreto de Ricardo de la Vega y música compuesta por Tomás Bretón. Se estrenó el 17 de febrero de 1894 en el Teatro Apolo de Madrid. Lleva de subtítulo *El boticario y las chulapas y celos mal reprimidos*.

su ciencia, cuyo principal objetivo fue crear espacios que permitieran discutir, compartir y analizar investigaciones y descubrimientos.

En oportunidad del anuncio, el rector Guillermo Jaim Etcheverry dijo que en la UBA "hemos comprometido todo nuestro esfuerzo para esta iniciativa tan creativa, tan innovadora que esperamos tenga continuidad en el futuro, que este 'Buenos Aires piensa' sea el comienzo de muchos 'Buenos Aires piensa' [...] por su enorme impacto educativo y el hecho de que la Universidad y la Ciudad trabajen juntas para descubrir la ciencia a muchos chicos y jóvenes, potencialmente interesados en ella." (Universia, 2004).

A su turno el jefe de gobierno Aníbal Ibarra, expresó que "'Buenos Aires piensa' trata de articular ciencia, tecnología y sociedad para ganar calidad de vida." Mientras que el secretario de Cultura porteño, Gustavo López, comentó que la idea es que esta iniciativa se repita cada dos años: "Es que lleva todo un año de organización. De hecho, comenzamos en diciembre pasado a gestar esta primera edición."

El festival se realizó en diecisiete sedes, entre las que figuraron el Centro Cultural San Martín, el Complejo Teatral Buenos Aires, el Dorrego, el Planetario, la Ciudad Universitaria y las Facultades de Agronomía y Ciencias Veterinarias.

El Dr. Diego Golombek al respecto recuerda:

> Fue muy convocante, asistieron entre 60.000 y 70.000 personas. Hubo cine, teatro, ciclos de charlas, exposiciones. Trabajamos mucho. La verdad es que da mucha bronca que se haya hecho una sola vez.
> Lo que pasa es que nos quedamos sin ciudad y sin universidad porque fue el momento en el que Etcheverry dejó de ser rector y la UBA cayó en una crisis de un año. Además, depusieron a Ibarra. En realidad, la ciudad no estaba para plantearse un nuevo festival (Cazaux, 2009).

El martes 4 de noviembre de 2003 sale al aire el programa "Eureka", de 16 a 17 hs., por Radio Cultura, FM 97.9 Mhz, producido y realizado íntegramente por alumnos del cuarto año de la Licenciatura en Comunicación Social de la Universidad CAECE. El ciclo de divulgación científica fue ideado en el marco de la cátedra "Práctica Profesional de Radio" a cargo del docente y periodista científico Gabriel Stekolschik.

En el año 2004 Mariana Carballido Calatayud edita *Mosaico, trabajos de Antropología Social y Arqueología,* a través del Instituto Nacional de Antropología y Pensamiento Latinoamericano.

Con el fin de difundir el patrimonio cultural de los argentinos y promover el acceso a los bienes culturales, la Dirección Nacional de Patrimonio y Museos organiza el Programa de Exhibiciones Itinerantes que, desde el año 2004, recorre todo el país.

Las exhibiciones están integradas por bienes del patrimonio de los museos nacionales, presentados con un montaje atractivo y didáctico que promueve la comunicación entre el público y su herencia cultural.

El Programa se inició con la presentación de la exposición "Goya, la condición humana". En el año 2005 fue ampliado con la itinerancia de la muestra "El retrato, marco de identidad", y en el 2006 con "Heligrafías" y "La calle: la vida misma".

El 6 de marzo de 2004 sale al aire el primer micro del programa radial "Ciencia Argentina en la vidriera", transmitido por Radio América con el objetivo de "señalar que el conocimiento es un valor, y supone que aumentando el nivel de sensibilización social hacia la problemática científica y tecnológica será la propia gente la encargada de apuntalarla y exigir una respuesta coincidente de la dirigencia política, educativa y empresaria."

En el año 2004 se realiza en San Bernardo, Partido de la Costa, Provincia de Buenos Aires, la exposición "Caracolas del mundo". Se presentaron 35 módulos temáticos con énfasis en la conservación de los ambientes marinos. Entre todos los módulos se exhibieron más de mil caracoles, acompañados con infografías y demás material ilustrativo.

El Instituto de Astronomía y Física del Espacio (IAFE) lleva a cabo su Programa de Actividades de Talleres de Ciencia para Jóvenes 2004, los sábados de junio y julio de este año. Además, el sábado 15 de noviembre realizó la tercera jornada de Puertas Abiertas del Instituto, con la realización de las siguientes actividades:

- Once charlas de divulgación sobre algunos de los temas de investigación del Instituto.
- Visita guiada por el Instituto.
- Observación de manchas solares por telescopio.
- Exposición artístico-científica "Sol, fotografías y videos de telescopios satelitales y terrestres".

Durante el mes de julio se expuso "Las aves en el arte", en la sala hall de entrada del Centro Cultural Borges, Galerías Pacífico, Buenos Aires. Esta exposición estuvo organizada en homenaje a la obra de Juan Carlos Trejo Lema.

Del 22 al 26 de agosto se desarrolló en Buenos Aires el Congreso Mundial sobre Bibliotecas e Información.

Del 18 al 22 de octubre se presentó la II Semana Nacional de la Ciencia y la Tecnología. En esta segunda edición de la Semana participaron setenta instituciones de ciencia y tecnología, 8.000 alumnos y cien docentes de 250 escuelas pertenecientes a diferentes niveles del sistema educativo de todo el país.

Por otro lado, fue en el 2004 que ocurrió un hecho curioso: cuatro obras de teatro estuvieron simultáneamente en las salas de la ciudad de Buenos Aires nutridas en temas, personajes y pasiones del universo científico. Estas obras fueron: *Copenhague,* que narra la anécdota de cuando Werner Heisenberg visitó a Niels Bohr en Copenhague en septiembre de 1941;[67] *El dragón y su furia*, apuesta a mostrar los límites de la razón, aunque sin desvalorizar ese camino de conocimiento; *Somos nuestro cerebro*, basada en textos del psiquiatra Sergio Strejilevich, donde se trata de dictar una clase sobre el cerebro, y *Somnium*, que se basa en un encuentro imaginario entre los astrónomos Tycho Brahe y quien fuera su ayudante, Johannes Kepler, donde se pone en escena la disputa entre ciencia, magia y religión (Savloff, 2004).

Ese mismo año, en la radio de la Universidad Nacional de La Plata, se inicia el programa "Bitácora, huellas y horizontes de la ciencia", que se emite todos los jueves de 13 a 14 hs. por el 1390 de AM. Está dedicado a la divulgación de la actividad de investigación que se realiza en el ámbito de esa casa de estudios. El espacio recurre a las voces de los propios docentes e investigadores de las diferentes unidades académicas para dar a conocer sus trabajos.

Entre el 1° y el 4 de noviembre se llevó a cabo la reunión Ciencia, Tecnología y Sociedad organizada por el Ministerio de Educación, Ciencia y Tecnología de la Nación. Dentro de esta reunión se programó el ciclo de cine "La Ciencia y el Cine de Ciencia Ficción". En las propias palabras de la contratapa del folleto del ciclo se expresa: "El cine de ciencia ficción inspira el descubrimiento de nuevos horizontes amarrados firmemente al presente. Manipula el paradigma científico para mostrarlo integrado a lo cotidiano. Muchos países que tienen políticas de Ciencia y Tecnología exitosas

---

[67] Niels Bohr (1885-1962) y Werner Heisenberg (1901-1976), dos brillantes físicos premiados con el Nobel, fueron grandes amigos que la II Guerra puso en veredas opuestas. Cuando Heisenberg visita a Bohr en Copenhague, el primero estaba a cargo del programa nuclear de Hitler, y Bohr, de familia judía, padecía en su país la ocupación nazi. Años después, exiliado, colaboró en la fabricación de la bomba que arrasó Hiroshima. "Más allá de sus trabajos en física, ambos revolucionaron nuestra visión de la ciencia al postular los principios de complementariedad e incertidumbre." (Savloff, 2004).

entienden al arte como una herramienta de enorme efectividad para llegar a la comunidad. De esta forma, todos los que intervienen en este proceso, como receptores o difusores, actúan como divulgadores."

Además en este mes, organizada por el Ministerio de Cultura del Gobierno de la ciudad de Buenos Aires, se presenta la primera edición de "La Noche de los Museos", una iniciativa que invita a recorrer gratuitamente, un sábado al año y en horario extendido, los museos de la ciudad de Buenos Aires. Esta actividad se realiza desde el 2004 de manera ininterrumpida todos los años, en los que fueron agregándose nuevas propuestas y se extendió a más barrios de la ciudad de Buenos Aires.

Por otro lado, este mismo año el Ministerio de Educación, Ciencia y Tecnología de la Nación lanza la Campaña Nacional de Lectura. Producto de esta Campaña son los libros de divulgación de la historia de la ciencia para chicos *La mirada del lince* y *El argonauta argentino y el secreto de su alfombra*, de Diego Hurtado de Mendoza, y la editorial Eudeba publica *Ciencia y literatura. Un relato histórico*, de Miguel de Asúa.

En el año 2005, desde la Secretaría de Ciencia, Tecnología e Innovación Productiva del Ministerio de Educación, Ciencia y Tecnología, se crea la plataforma INNOVAR, con la idea de contribuir a consolidar un ambiente proclive a la innovación en la sociedad.

La plataforma está pensada para la exposición de productos y/o procesos que se destaquen por su diseño, tecnología o por su grado de originalidad. A través de ella se organiza el primer Concurso Nacional de Innovadores, del que participan cientos de proyectos que se someten a un proceso de evaluación, destinado a seleccionar a los que formarán parte de la exposición, y a consagrar a aquellos que, adicionalmente, serán destacados con un premio. Para llevar a cabo este proceso de evaluación se articula el consejo y experiencia de las instituciones del sistema nacional de CTI (Ciencia, Tecnología e Innovación), según la especialidad que venga al caso.

Durante los años 2004 y 2005, Telefé, en una coproducción de Telefé Contenidos y Sony, realizó con material íntegramente local, el ciclo Científicos Industria Argentina, dirigido por el periodista y matemático Adrián Paenza. El programa era emitido anteriormente a esta fecha por Canal 7, como ya hemos dicho. Desde el año 2005 volvió a estar en el aire por dicho canal.

En este período, también el médico Alberto Cormillot es columnista del programa "Lo Mejor del Domingo", conducido por Antonio Carrizo en radio Rivadavia, y es columnista de "América Noticias", Primera Edición, por Canal América TV. En el año 2005 vuelve a ser director y conductor del programa "Vivir Mejor" por América 24.

Los días 7 y 8 de marzo de 2005 se realiza el Primer Foro Latinoamericano de Presidentes de Comités Parlamentarios de Ciencia y Tecnología en Buenos Aires, organizado por la Comisión de Ciencia y Tecnología de la Cámara de Diputados de la Nación Argentina y la Secretaría de Ciencia, Tecnología e Innovación Productiva, con motivo de las actividades de seguimiento planteadas en la Conferencia Mundial de la Ciencia, realizada en Budapest en 1999, la Oficina Regional de la Ciencia para América Latina y el Caribe de la UNESCO.

El objetivo de la reunión fue sentar las bases para una cooperación interparlamentaria dentro de América Latina, en temáticas relacionadas con la investigación científica, el desarrollo tecnológico y la innovación productiva.

Editorial Perfil lanza en marzo la revista especializada en nuevas tecnologías *Neo,* que se publicó hasta septiembre del año 2006.

El Instituto de Astronomía y Física del Espacio desarrolla su Programa de Actividades de los Talleres de

Ciencia para Jóvenes 2005, entre mayo y septiembre. Ese año se organizaron el Taller de Astronomía y el Taller de Relatividad, Cosmología y Física Cuántica. Además, el sábado 13 de noviembre se lleva a cabo la IV Jornada de Puertas Abiertas del Instituto con las siguientes actividades:

- Tres charlas de divulgación: "Agujeros negros", "Agujeros negros cuánticos" y "Agujeros negros como lentes gravitatorias".
- Rincón de actividades para chicos y grandes con computadora con juego de preguntas y respuestas y presentaciones de temas astronómicos, dibujo guiado, consulta de material de divulgación, resolución de situaciones problemáticas sobre el cuento "Los tres astronautas", de Umberto Eco.
- Recorrida por el Instituto y paneles explicativos de los diferentes grupos de investigación.
- Proyección de la película producida por Tom Hanks: *De la Tierra a la Luna: Le voyage dans la lune*.
- Panel de especialistas "Mano a mano con los científicos".

Del 8 al 12 de agosto se realiza la III Semana Nacional de la Ciencia y la Tecnología. En ella participaron 120 instituciones de ciencia y tecnología, 22.000 alumnos y 1.500 docentes de 650 escuelas, pertenecientes a los diferentes niveles del sistema educativo.

En septiembre del 2005 se publica el libro de divulgación científica *Matemática... ¿estás ahí?*, del Doctor en matemática Adrián Paenza.[68] Libro que se constituye en un fenómeno editorial sin precedentes en las últimas décadas. A tal punto que continuó en el año 2006 con *Matemática... ¿estás ahí? Episodio 2* y, luego *Matemática... ¿estás ahí? Episodio 3,1415926535*. La venta de estos libros superó los

---

[68] Ya citado, además, como conductor del programa televisivo "Científicos Industria Argentina".

300.000 ejemplares y, además, están a disposición libre en versión electrónica. También fueron traducidos a varios idiomas.

Entre el 1 y el 2 de octubre se realizó en la Biblioteca Nacional de la Ciudad de Buenos Aires el 1er Festival de Cine y Video Científico del MERCOSUR. Se trató de un encuentro destinado a estimular la relación entre hacedores de la industria del cine y científicos.

Entre el 15 de octubre y el 15 de diciembre estuvo abierta al público la exposición de los trabajos ganadores del primer concurso fotográfico sobre la temática científica y tecnológica, "Ciencia en foco, tecnología en foco", organizado por la Agencia Nacional de Promoción Científica y Tecnológica e Innovación Productiva del Ministerio de Educación, Ciencia y Tecnología. Mediante este concurso se pretende interesar al público en general por el desarrollo de la ciencia y la tecnología en la Argentina, ya sea como espectadores o como fotógrafos aficionados; acercar a fotógrafos profesionales a un área que alberga una infinita riqueza visual; incentivar a la comunidad académica, científica y a las empresas de base tecnológica que registren de forma artística parte de su universo de trabajo.

Entre los añoa 2004 y 2005 se realizó la exposición de arqueología y paleontología "Ciudad de Pozos y Fósiles", en la estación Juramento de la línea D de subterráneos (Buenos Aires). Estuvo organizada por la Fundación de Historia Natural Félix de Azara, la Comisión para la Preservación del Patrimonio Histórico Cultural de la ciudad de Buenos Aires –Programa Historias Bajo las Baldosas y Subterráneos de Buenos Aires–, Sociedad del Estado.

Vanesa Asikian presentó el proyecto "BioArt, una experiencia para los sentidos", que emplea el arte digital de Sergio Guerrero y otras técnicas para vincular las ciencias de la vida con el arte. La exhibición se realizó en distintos lugares, entre ellos en Expotrastienda 2004 y en el Museo

Argentino de Ciencias Naturales Bernardino Rivadavia en el 2005.

Con el propósito de fomentar la educación de la física y desarrollar el interés por esta disciplina científica, la Unión Internacional de Física Pura y Aplicada (*International Union of Pure and Applied Physics*, IUPAP) propuso a la UNESCO la conmemoración durante el 2005 del Año Mundial de la Física.

La Sociedad Europea de Física también apoyó esta decisión atendiendo a que el año 2005 marcaría el centenario de la formulación de tres teorías fundamentales de esta ciencia por parte de Albert Eisntein: las teorías de la relatividad, del movimiento Browniano y la cuántica. Por tal motivo, entre los días 13 y 15 de enero, en París, la UNESCO realizó el lanzamiento del Año Mundial de la Física.

En conmemoración del Año Internacional de la Física y coincidiendo con la celebración del centenario del Departamento de Física de la Facultad de Ciencias Exactas de la Universidad Nacional de La Plata,[69] se llevaron a cabo diferentes charlas de divulgación para todo público como, por ejemplo, "Entrelazamiento cuántico", "El observatorio Auger y las partículas más energéticas del Universo", "Más allá de la cuarta dimensión. Las dimensiones extra en la física actual".

Por el mismo motivo los días 19, 20 y 21 de octubre, en el Pabellón Argentina de Ciudad Universitaria de la Ciudad de Córdoba, la Academia Nacional de Ciencias, la Universidad Nacional de Córdoba y la filial Córdoba de la Asociación Física Argentina, organizan una reunión que convoca a científicos que trabajan en la frontera del

---

[69] En 1905, la creación de la Universidad Nacional de La Plata, a partir de la Universidad provincial Rafael Hernández, generó la Facultad de Ciencias Físicas y Matemáticas, con el Instituto de Física como uno de sus pilares básicos. La dirección de este último estuvo a cargo de Tebaldo Ricaldoni entre 1906 y 1909.

mundo de la cuántica para discutir los logros alcanzados y sus perspectivas en términos accesibles. De esta actividad participaron destacados investigadores y el Premio Nobel de Química 1999, el Dr. Ahmed Zewail.

También en el 2005, con el auspicio de la Fundación de Historia Natural Félix de Azara, se editan *Cien peces argentinos*, *Reptiles de los Parques Nacionales de la Argentina*, *La costa de Buenos Aires: las leyes del mar* y *Aves de la ciudad de Buenos Aires*.

Ese mismo año, la Universidad Nacional de Quilmes, bajo la dirección del Dr. Diego Golombek, comenzó a editar la Colección "Ciencia que ladra", una manera amena de divulgar la ciencia presentada con títulos atractivos. En el 2006, la Universidad de Quilmes se asocia con la editorial Siglo XXI Editores para continuar publicando esta colección. Son de autoría de Golombek los libros que de esta colección se presentan con títulos muy convocantes: *El cocinero científico: apuntes de alquimia culinaria*, *Sexo, drogas, biología (un poco de rock and rol)* y *Cavernas y palacios. En busca de la conciencia del cerebro*.

Desde el Área de Ciencias en el Centro Cultural Borges se comienzan a organizar, a cargo de Alejandro Gangui, ciclos de charlas. Durante el mes de noviembre se presentó los miércoles el ciclo de conferencias "Jules Verne, un siglo".

El 26 de noviembre, gracias al auspicio del CONICET, se presentó la obra *Personalmente, Eisntein*, del escritor canadiense Gabriel Emanuel. Se trata de una conferencia imaginaria que Albert Eisntein podría haber ofrecido en la ciudad de Buenos Aires cuando nos visitó en 1949. El texto atraviesa, con palabras claras y sencillas, los fundamentos de la teoría con la que el investigador judeo-alemán modificó de manera dramática el modo de ver y entender el tiempo y el espacio.

Además, ediciones Continente publica la obra de José María Beauvoir, *Aborígenes de la Patagonia. Los onas: tradiciones, costumbres y lengua;* la de Miguel de Olivares, *Los jesuitas en la Patagonia. Las Misiones en la Araucanía y el Nahuelhuapi (1593-1736);* la de Giacomo Bove, *Expedición a la Patagonia. Un viaje a las tierras y mares australes (1881-1882);* y la de Pedro de Ángelis, *La ciudad encantada de la Patagonia. La leyenda de los Césares.*

Por otro lado se constituye el Observatorio Nacional de Ciencia, Tecnología e Innovación Productiva que tiene como finalidad, según se explicita en la página *web* del Ministerio Nacional de Ciencia, Tecnología e Innovación Productiva, fortalecer a este Ministerio en la realización de diagnósticos y en la formulación de políticas y planes, así como la de apoyarlo para requerimientos específicos vinculados con la formulación de políticas de Ciencia, Tecnología e Innovación.

También se realizó el II Concurso Fotográfico: Ciencia en Foco, Tecnología en Foco a través de la Agencia Nacional de Promoción Científica y Tecnológica fundamentado en iguales principios que el primer concurso.

En el año 2006, los lunes a las 22 hs., Canal 13 pone en el aire el programa de divulgación histórica "Algo habrán hecho", conducido por Mario Pergolini y Felipe Pigna, cuyo libro *Los mitos de la historia argentina*[70] fue utilizado como

---

[70] *Los mitos de la historia argentina* es una serie de libros escritos por el historiador argentino Felipe Pigna, basados en aspectos importantes de la historia de la Argentina. Hasta el 2008 se editaron cuatros libros de dicha serie, que en su conjunto se extienden desde la llegada española a América hasta el gobierno de Juan Domingo Perón.
El primer libro fue escrito en el 2004, y como subtítulo indicaba *La construcción de un pasado como justificación de un presente.* Comienza hablando del Descubrimiento de América y termina con el Congreso de Tucumán.
El segundo libro, del año 2005, se tituló *Los mitos de la historia argentina 2: De San Martín a "El granero del mundo".*
El tercer libro, del 2005, *Los mitos de la historia argentina 3,* recorre la etapa de nuestra historia que va de la sanción de la Ley Sáenz Peña, que

base del programa. Éste abarca desde el año 1804 a 1930 y de ahí a la actualidad.

El ciclo transitó entre la ficción y el género documental utilizando comparaciones de la historia pretérita con hechos de la actualidad. En los distintos capítulos, sus guionistas Alejandro Turner, Andrés Rapoport, Nora Mazitelli y Gloria Guerrero, reconstruyeron un viaje a través de la historia en el tiempo y el espacio cuyo objetivo fue reparar en aquellos sucesos que han quedado fuera de los museos y los manuales escolares. Mario Pergolini y Felipe Pigna, en los diferentes programas, cruzaron la Cordillera de los Andes junto al Gral. José de San Martín; acompañaron a Mariano Moreno en sus momentos más trágicos; con sus manos cerraron los ojos de Manuel Belgrano; descubrieron que French y Beruti no eran simples entusiastas repartidores de escarapelas, y vieron el desembarco inglés en las costas de Quilmes, para comprobar que el itinerario de las tropas británicas hacia la Plaza de Mayo es similar al recorrido del colectivo de la línea 22.

Frente al éxito como divulgación de la historia que ha tenido la obra de Felipe Pigna, la Doctora e investigadora en historia, miembro del Directorio del CONICET como Vicepresidente de Asuntos Científicos, Noemí María Girbal reflexiona:

> A mí, lo que más me preocupa desde la disciplina que yo cultivo, que es la historia, es una adecuada construcción de la memoria. ¿Adecuada qué quiere decir? Que el otro tenga todas las versiones posibles de los acontecimientos de la historia. No solamente en una versión. Y en la historia los triples saltos mortales no siempre son buenos. Es decir,

---

estableció el voto secreto, universal y obligatorio, al final de la llamada Década Infame y los albores del peronismo.

El cuarto libro, del 2008, es *Los mitos de la historia argentina 4: la Argentina peronista (1943-1955)*, donde presenta el fenómeno histórico del peronismo.

si yo intento comparar a un hombre como Güemes con la guerrilla de los '70 me parece que estoy haciendo un triple salto mortal. Por no decir más que triple. Porque la coyuntura es otra, porque el país está construido de otra manera, porque las propuestas son otras, porque los orígenes son otros, porque las características de estos movimientos fueron otras. Cuando se dice que el primer corralito de la historia lo establece Carlos Pellegrini también me parece que se está diciendo algo que no se condice demasiado con la verdad, porque la crisis del 2001 no es la crisis de 1890. No podemos comparar eso. Es verdad que los jóvenes y los no tanto se enganchan con este tipo de historias, pero yo tengo la sensación de que así la historia se convierte en una especie de leyenda, de novela, de lo anecdótico, de ver cómo se puede comparar. Y claro, ¿cómo se compara? Dentro de coyunturas similares. Digamos, con propuestas que más o menos puedan ser comparables. Porque si uno dice que todo es comparable, y sí, todo es comparable. Pero los resultados a los a que se van a llegar no estoy segura de que se ajusten a una reconstrucción de la memoria.
El recurso del periodismo, muchas veces, está en encontrar estas similitudes para hacer la propuesta más atractiva y que así se lea. Hay gente que nunca había leído nada de historia, hasta que llegó Pigna escribiendo estas cosas. Con lo criticable que es Felipe Pigna, y que no sé sí es bueno.Pero en definitiva la gente lee historia (Cazaux, 2009).

En los años 2005 y 2006 Adrián Giacchino presenta la *Guía de las reservas naturales de la Argentina* por Editorial Albatros.

También en el 2006 ediciones Continente publica de Florentino y Carlos Ameghino *Reseñas de la Patagonia. Andanzas, penurias y descubrimientos de dos pioneros de la ciencia*; de Guillermo E. Cox *Exploración de la Patagonia Norte. Un viajero en el Nahuel Huapi (1862-1863)*; de Antonio de Viedma y Basilio Villarino *Diario de navegación. Expediciones por la costas y ríos patagónicos (1780-1783)*; de Auguste Guinnard *Tres años entre los Patagones. Apasionado relato de un francés cautivo en la Patagonia (1856-1859)*; de Ramón Lista *Viaje a la Patagonia Austral*; y de Benjamín Franklin Bourne *Cautivo en la Patagonia*.

En el año 2006 la Compañía Nacional de Fósforos estrena la obra de teatro para niños *Los Sonámbulos. Una historia de la ciencia en dos patadas,* del profesor de teatro, literatura y Licenciado en Letras Cristian Palacios. Se trata de una historia de la ciencia contada para niños que pasa por diversos aspectos de la ciencia en general y de la astronomía en particular. Aborda temas como el pensamiento, la responsabilidad de la ciencia ante la sociedad y el mundo, los distintos cambios de paradigma y los aciertos y los tropiezos de los científicos en la aventura del descubrimiento. El título *Los sonámbulos* está tomado del libro de igual nombre de Arthur Koestler, y el nombre del personaje que cuenta la historia, XxfZZ, está inspirado en *Las Cosmicómicas* de Italo Calvino.

Por otro lado, la Fundación Azara y Universidad Maimónides edita *Arqueología. Una metodología interdisciplinaria para explorar el pasado,* de los compiladores Ana Osella y José Luis Lanata.

El Instituto de Astronomía y Física del Espacio desarrolla su Programa de Actividades de los Talleres de Ciencia para Jóvenes 2006, entre mayo y septiembre. Este año se organizaron el Taller de Astronomía y el Taller de Relatividad, Cosmología y Física Cuántica. Además, el sábado 11 de noviembre lleva a cabo su quinta Jornada IAFE Abierto 2006 con:

- Seis charlas divulgativas: "Por qué el IAFE no tiene telescopios", "Teledetección: el mar desde el espacio", "El Sistema Solar: teorías actuales sobre sus propiedades, origen y revolución", "La 'cocina' de las investigaciones astronómicas", "Cosmología: la precisión de nuestra

ignorancia" y "Simulaciones de formación de galaxias: ¿para qué sirven?"
- Recorrido libre por *stands* con explicación por parte de los investigadores de sus temas de estudio utilizando diversos recursos didácticos.
- Espacio de lectura con libros y revistas de popularización del conocimiento.
- Actividades sobre Astronomía para niños.
- Realización por los niños asistentes de una maqueta del Sistema Solar, respetando las posiciones de los planetas en el día de la fecha.
- Creación por parte de los niños asistentes de sus propias constelaciones e historias sobre la carta del cielo del próximo verano.

Del 12 al 16 de junio se presentó la IV Semana Nacional de la Ciencia y la Tecnología Juvenil en todo el país. La actividad dio como resultado la participación, a nivel nacional, de 95 instituciones de ciencia y tecnología, 27.000 alumnos y 1.800 docentes, pertenecientes a los diferentes niveles del sistema educativo.

La plataforma INNOVAR lanza su II Concurso Nacional de Innovadores 2006 a través de la Secretaría de Ciencia, Tecnología e Innovación Productiva del Ministerio de Ciencia, Tecnología e Innovación Productiva.

En octubre de ese mismo año, Leonardo Moledo y Martín de Ambrosio publican *El café de los científicos (sobre Dios y otros debates),* un libro de la colección Claves para Todos de la Editorial Capital Intelectual, que recogió los diálogos que se habían llevado a cabo en los Cafés científicos de 2001.

A partir de este año, el Departamento de Investigaciones Medievales del Instituto Multidisciplinario de Historia y Ciencias Humanas del CONICET de Argentina edita *Temas Medievales,* de periodicidad anual.

Se crea la Agencia de Noticias Científicas y Tecnológicas Argentina de la Fundación Instituto Leloir (CyTA), declarada de interés cultural por la Secretaría de Cultura de la Presidencia de la Nación.

A mitad del año 2006 la dirección de Canal 7 se renueva y acuña el lema "La televisión pública", que incluye el replanteo de la programación hacia ciclos más culturales, noticieros federales, musicales, cine, documentales, con el objetivo de recuperar la calidad artística de la emisora.

También en el 2006, editorial Albatros, dentro de su catálogo infantil juvenil, comienza a editar la colecciones: "Pequeños grandes genios", que recrea con sencillez y humor la infancia de los grandes genios de la humanidad; "Una visita por el museo", una colección para recorrer y conocer los museos más atractivos, a partir de una novela y de fichas informativas; "Ciencia y Tecnología", una propuesta que plantea problemáticas experimentales a partir de situaciones de la vida diaria; "Pequeños científicos", inicia a los más chicos en el mundo de la ciencia a través de casos sorprendentes y actividades prácticas.

Además, esta editorial empieza a publicar obras de divulgación que precede con el número cien: *100 árboles argentinos,* sobre especies autóctonas y exóticas de la flora Argentina, con reseñas sobre cada una, características del medioambiente en el que crecen, consejos sobre cultivos, recolección de frutos, formas de reproducción y enfermedades. Luego lo continuaron *100 aves argentinas, 100 cactus argentinos, 100 caracoles argentinos, 100 mamíferos argentinos, 100 mariposas argentinas, 100 orquídeas argentinas, 100 peces argentinos* y *100 plantas argentinas.*

Entre el 3 y el 4 de noviembre se llevó a cabo el capítulo argentino del II Festival de Cine y Video Científico del MERCOSUR (Cienecien, 2006), organizado conjuntamente por la Secretaría de Ciencia, Tecnología e Innovación Productiva de la Nación (SECyT) y el Instituto Universitario

Nacional del Arte (IUNA). Durante su transcurso se seleccionaron las mejores películas para competir en la edición regional que se realizó entre el 4 y el 7 de diciembre en Río de Janeiro (Reunión Especializada de Ciencia y Tecnología del MERCOSUR, RECyT).

Desde este año, bajo el lema "La ciencia en los cuentos", el Área de ciencias del Centro Cultura Borges y otras instituciones invitan a un concurso de cuentos cortos sobre temas científicos, con el objetivo de promover el interés de los jóvenes entre 16 y 18 años por la ciencia y la literatura. En palabras de las organizaciones convocantes: "Este concurso pretende motivar a los jóvenes para que investiguen algún aspecto de la ciencia que los fascine, para que desarrollen una idea, usen su imaginación, y expresen el resultado de sus meditaciones con palabras cuidadas en una obra que sea a la vez rigurosa como documento científico y literalmente atractiva."

En el año 2006, los editores Emilse Mérida y José Athor publican *Talares bonaerenses*.

Durante el año 2006, la Dirección Nacional de Patrimonio y Museos continuó con la política de acrecentamiento del patrimonio de los museos nacionales que dependen de ella a través de diferentes actividades:

- El Programa de Exhibiciones itinerantes que permitió difundir el patrimonio de los museos nacionales recorriendo prácticamente todas las provincias.
- La coordinación de la Campaña Nacional de lucha contra el tráfico ilícito de bienes culturales, con la participación de los organismos integrantes del Comité argentino de lucha contra el tráfico ilícito de bienes culturales y en la recuperación de bienes sustraídos de museos de todo el mundo.
- La preservación del patrimonio cultural fue impulsada a través de distintos programas, particularmente, con

el programa Qhapaq Ñan / Camino Principal Andino, iniciativa multinacional tendiente a promover la postulación de la red vial andina a la Lista de Patrimonio Mundial de la UNESCO.

El programa nacional de Patrimonio Cultural Inmaterial estimuló el desarrollo de herramientas destinadas a garantizar su identificación y su caracterización.

En el marco del programa de capacitación para el personal de Museos, se realizaron actividades sobre seguridad en los museos, y capacitaciones para el personal de centros de interpretación y museos de sitio.

El programa de rescate de bienes culturales se intensificó con la realización de diagnósticos de estado de conservación de colecciones de museos, bibliotecas y archivos en diferentes ciudades del país, y con la implementación de cursos y talleres diseñados específicamente para favorecer la conservación del patrimonio cultural.

Mediante el programa Sistema nacional de gestión de colecciones se procuró la protección, preservación y accesibilidad del patrimonio de los museos nacionales.

Coincidiendo con el cumplimiento del cuarto centenario de las primeras observaciones astronómicas realizadas con telescopio por Galileo Galilei, y la publicación por Johannes Kepler de la *Astronomía nova*, el año 2009 es declarado Año Internacional de la Astronomía.

La propuesta fue realizada por la Unión Astronómica Internacional (UAI) y apoyada por la UNESCO –el organismo de la ONU responsable de la política educativa, cultural y científica– tras una propuesta oficial por parte del Gobierno Italiano. Finalmente, la asamblea de Naciones Unidas ratificó esta decisión el 19 de diciembre de 2007. La Unión Astronómica Internacional fue la encargada de coordinar las actividades a realizarse en el 2009, Año de la Astronomía, tendientes convertirlo en una oportunidad para los habitantes de la Tierra para adentrarse en el papel de la astronomía en el enriquecimiento de las culturas humanas. Más aun, para que actúe como una plataforma para informar al público sobre los últimos descubrimientos astronómicos, a la vez que se ponga énfasis sobre el papel de la importancia de la astronomía en la educación en ciencias.

En marzo de 2007 comienzan a estar en el aire en radio Belgrano (AM 980) micros radiales de divulgación científica en el programa "Comienza el día", conducido por Mario Giorgi en el horario de 5 a 9 de la mañana. Los micros mencionados son organizados por la Fundación de Historia Natural Félix de Azara y están a cargo del paleontólogo Tristán Simanauskas.

El 1º de abril de este año, casi dos años después de haber sido creado por decreto, comenzó su transmisión el canal televisivo Encuentro, del Ministerio de Educación de la Nación. Este canal tiene, además, un portal en Internet (www.encuentro.gov.ar) porque apunta a vincular la televisión con las Tecnologías de la Información y la Comunicación (TIC) para potenciar ambos medios, y a la vez constituye una herramienta importante para docentes, padres y alumnos. Es un canal de televisión con contenidos educativos y culturales producidos especialmente en la Argentina, o adquiridos a las más prestigiosas productoras de América Latina y del mundo.

Encuentro forma parte del proyecto Educ.ar, el portal educativo del Ministerio de Educación, que tiene como objetivo difundir el uso de la TIC en las escuelas de la Argentina. Estos proyectos se vinculan para crear un espacio multimedia e interactivo, a partir de la convergencia de la televisión e Internet.

Del 8 al 15 de junio se lleva cabo la V Semana Nacional de la Ciencia y la Tecnología con la participación de 800 científicos, 160 instituciones de ciencia y tecnología y 1.500

propuestas de actividades. Esta V Semana convocó a 90.000 alumnos de los diferentes niveles educativos. Es de destacar, en esta edición, la variedad de ofertas y el desarrollo de actividades de los científicos que se acercaron a las escuelas, lo que produjo en el ámbito educativo gran interés y una fuerte demanda que hizo necesario posponer el cierre de la Semana hasta los primeros días de julio.

La plataforma INNOVAR lanza su III Concurso Nacional de Innovadores 2007, a través de la Secretaría de Ciencia, Tecnología e Innovación Productiva del Ministerio de Ciencia, Tecnología e Innovación Productiva.

El Instituto de Astronomía y Física del Espacio lleva a cabo durante los sábados del mes de junio el Taller 2007 de Astronomía, donde aborda en los diferentes encuentros temas diversos: "El Universo y el Instituto de Astronomía y Física del Espacio", "El Sol: ¿afecta al cambio climático?", "Conociendo el Universo" y "El Sistema Solar: teorías actuales sobre sus propiedades, origen y evolución".

Los sábados del mes de septiembre desarrolló: "Aspectos históricos sobre la Teoría de la Relatividad Especial", "El espacio-tiempo y los agujeros negros", "Introducción a la física cuántica" y "El problema de la objetividad en la Física Cuántica".

Del 5 al 6 de julio se realiza en la Universidad Nacional de Quilmes el Primer Congreso Argentino de Estudios Sociales de la Ciencia y la Tecnología. La intención de este Congreso fue abarcar la diversidad de disciplinas, especialidades, enfoques, temas y objetos de indagación implicados en los estudios sociales de la ciencia y la tecnología.

Entre el 13 y el 14 de julio se desarrolló el III Festival de Cine y Video Científico del MERCOSUR en la Biblioteca Nacional. Para participar como jurado de este Festival, invitado por la Secretaría de Ciencia y Tecnología, vino al país el documentalista y especialista en temas científicos español Bienvenido León,[71] quien dictó, además, un Taller de guión y desarrollo de documentales científicos, en el microcine del Canal estatal.

Este año la Fundación Konex le entrega el Premio Konex de platino en divulgación científica al Dr. Adrián Paenza.

Desde julio hasta diciembre de 2007 se transmite en Tucumán el programa de radio "Radio Sexado", una propuesta producida "por y para" adolescentes argentinos para hablar y aprender sobre salud sexual por IPAS, una agrupación que trabaja a nivel mundial para aumentar la capacidad de las mujeres de ejercer sus derechos sexuales y reproductivos, y para disminuir la tasa de muertes y lesiones relacionadas con el aborto.

Este año la Facultad de Informática, Ciencias de la Comunicación y Técnicas Especiales de la Universidad de Morón aprueba la Diplomatura en Divulgación Científica por mí diseñada, y me designa directora de esta capacitación de posgrado.

Del 19 al 26 de agosto se realiza la VI Semana Nacional de la Ciencia y la Tecnología, de la que participaron 1.000 científicos con una oferta de 2.000 actividades organizadas para alumnos, docentes y público en general. En esta oportunidad, con motivo del encuentro entre el sistema Educativo y el Sistema Científico se firmaron varios convenios entre los ministerios de educación y las universidades en varias provincias del país. Asimismo se organizaron tareas conjuntas en materia de investigación científica, entre las escuelas y los institutos de investigación, para continuar trabajando durante todo el ciclo escolar.

---

[71] Bienvenido León es catedrático de la Universidad de Navarra y es uno de los propulsores del movimiento "Otra TV es posible", que se hace escuchar en Europa con sus propuestas de sumar al mundo televisivo el género documental y la ciencia como ejes de programación.

En agosto del año 2007 la Comisión Nacional para el Mejoramiento de la Enseñanza de las Ciencias Naturales y la Matemática, conformada por el Ministerio de Educación, Ciencia y Tecnología de la Nación, presenta su Informe Final[72] (Informe Final de la Comisión Nacional para el Mejoramiento de la Enseñanza de las Ciencias Naturales y la Matemática), que en la Recomendación 7, titulada "Difusión y Divulgación de las Ciencias", aconseja valorizar la enseñanza de las disciplinas científicas a través de acciones de difusión y la divulgación del conocimiento científico. Para lo que sugiere las siguientes acciones:

7.1. Periodismo científico. Fomentar la aparición de nuevos medios dedicados a la divulgación científica, en particular aquellos dedicados a lectores en edad escolar, y docentes en formación y en ejercicio; contemplar la llegada a las escuelas de un compilado periódico de noticias científicas; y fomentar la realización de más ciclos de ciencias desde el medio televisivo y la apropiación de los mismos por parte de los docentes de ciencias y sus alumnos.

7.2. Libros de divulgación científica. Promover la edición de nuevos textos y colecciones de divulgación científica de elaboración local, y distribuir una selección de calidad

---

[72] El trabajo de la comisión se desarrolló entre los meses de febrero y agosto de 2007, período durante el cual tuvieron lugar nueve (9) reuniones de trabajo. El Informe completo se compone de cuatro secciones principales: 1) La introducción, que define los principios generales que orientaron los análisis y las discusiones; 2) el Diagnóstico general, que describe la situación existente así como las acciones llevadas a cabo tanto desde el Ministerio de Educación, Ciencia y Tecnología como desde otras instituciones; 3) las Recomendaciones, elaboradas como propuestas de trabajo en el corto, mediano y largo plazo para el Ministerio de Educación, Ciencia y Tecnología, y los ministerios provinciales. Es importante considerar que este Informe se refiere exclusivamente a las ciencias naturales y a la matemática. Cuando el texto se refiera a las ciencias, deberá entenderse por ello a las disciplinas que estudian fenómenos de la naturaleza, como por ejemplo: la física, la química, la biología, la climatología, la geología y la astronomía.

en forma masiva en las bibliotecas escolares. Diseñar un concurso nacional de textos de divulgación científica para docentes de ciencias.

7.3. Publicidad científica. Realizar una fuerte campaña de publicidad de las ciencias, de sus ventajas, de sus realidades, de sus oportunidades laborales y de la fascinación del descubrimiento como modo de vida, mostrando otros aspectos de las ciencias que aquellos arquetípicos.

7.4. Designación del "Año de la Enseñanza de las Ciencias". Declarar el 2008 como Año de la Enseñanza de las Ciencias, a fin de aunar esfuerzos que fomenten la realización de diversos eventos científicos y de divulgación.

7.5. Institucionalización de las políticas de divulgación científica. Crear un programa nacional de divulgación científica, de carácter interministerial, para promover la realización, coordinación e integración de actividades de divulgación científica a nivel nacional tendientes a la alfabetización científica de la población en general.

De interés para este trabajo es también la Recomendación 8, que aconseja la promoción de iniciativas extracurriculares que logren atraer a los alumnos hacia el mundo de las ciencias naturales y la matemática. Para lograr este objetivo las acciones sugeridas son:

8.1. Realización de olimpíadas y ferias de ciencias. Promover estas iniciativas en tanto actividades que contribuyen a que niños, niñas y jóvenes adquieran gusto y entusiasmo por estas disciplinas, así como a la formación continua de los docentes.

8.2. Museos de ciencias. Implementar acciones que promuevan a los museos de ciencias como un instrumento para el mejoramiento de la enseñanza de las ciencias naturales y la matemática.

8.3. Campamentos, laboratorios y clubes de ciencias. Promover otras iniciativas como campamentos científicos, la realización de prácticas de laboratorio por parte de los estudiantes de nivel medio en centros de investigación, y los clubes de ciencias.

Al ser declarado por el Poder Ejecutivo de la Nación el "Año de la enseñanza de las ciencias", dependiente del Ministerio de Educación, Ciencia y Tecnología se crea el portal www.educaciencias.gov.ar para enmarcar y centralizar todas las acciones destinadas al mejoramiento de la enseñanza de las ciencias a lo largo del año 2008, de manera de lograr la mayor difusión posible de todas las actividades que se estén llevando a cabo en torno a la enseñanza de las ciencias, así como servir de plataforma de recursos sobre dicha temática.

En el mismo marco, se presenta el proyecto Experimentar, de la Secretaría de Planeamiento y Políticas del Ministerio de Ciencia, Tecnología e Innovación Productiva de la Argentina, que tiene el propósito de acercar a chicos y jóvenes al mundo del pensamiento científico y a los misterios de la naturaleza. Las propuestas del portal apuntan a que los visitantes puedan desarrollar estrategias de pensamiento científico para explorar los fenómenos de la naturaleza y a que disfruten investigando cómo funcionan las cosas.

Es necesario volver a considerar que hasta el año 2007, el área administrativa dedicada a la ciencia y la tecnología estuvo incluida dentro del Ministerio de Educación, Ciencia y Tecnología, con la jerarquía de una secretaría ministerial, del que a su vez dependía el Consejo Nacional de Investigaciones Científicas y Técnicas (CONICET) y la Agencia Nacional de Promoción Científica y Tecnológica. En febrero de 2008, la presidente Cristina Fernández de Kirchner le otorga la jerarquía de Ministerio de Ciencia, Tecnología e Innovación Productiva a la Secretaría, separándola del Ministerio de Educación, esperando obtener a mediano plazo, logros científicos y productivos de relevancia.

Al pasar a rango de ministerio, la Secretaría de Ciencia, Tecnología e Innovación Productiva logra continuidad en sus actividades, dado que el Dr. Lino Barañao, quien fuera del 2003 al 2007 Presidente del Directorio de la Agencia Nacional de Promoción Científica, Tecnológica y de Innovación, pasa a ser su Ministro, y la Dra. Ruth Ladenheim, quien fuera durante igual período Coordinadora de la Unidad de Promoción Institucional en la Agencia Nacional de Promoción Científica y Tecnológica pasa a tener el cargo de Secretaria de Planeamiento y Políticas en Ciencia, Tecnología e Innovación Productiva.

En continuación con el nuevo impulso dado al área que nos interesa, el 23 febrero de 2008 la presidente anunció oficialmente el proyecto de construcción de un complejo de edificios destinados a consolidar la ciencia y la tecnología. Se trata del Plan Federal de Infraestructura para la Ciencia y la Tecnología, que invertirá a lo largo de cuatro años 450 millones de pesos en la construcción o remodelación de cincuenta obras, para veinte centros de investigación ubicados en trece provincias de todo el país. También se construirá un polo científico-tecnológico que albergará al Ministerio de Ciencia, Tecnología e Innovación Productiva, al CONICET, a tres nuevos institutos de investigación y a un museo interactivo, en el que los docentes podrán tomar cursos.

La Dr. Ruth Ladenheim,[73] quien como dijimos tiene a su cargo la Secretaría de Planeamiento y Políticas de este Ministerio, enfatiza las políticas científicas a implementar:

> La ciencia, la tecnología y la innovación son claves para el desarrollo económico y social sustentable de nuestro país. Es fundamental construir un modelo que conjugue a un

---

[73] Ruth Ladenheim es Licenciada y Doctora en química por la Facultad de Ciencias Exactas y Naturales de la Universidad de Buenos Aires. Magíster en Economía y Finanzas, *Institut d'Etudes Politiques* de Paris, Francia.

mismo tiempo, inclusión y conocimiento. Nuestro objetivo es mejorar, a partir de la ciencia, la tecnología, la calidad de vida de nuestra población, en particular, de aquellos que más lo requieren.

El desafío que asumimos es crear e implementar las herramientas adecuadas para lograrlo: la formación de recursos humanos, la innovación de base tecnológica, la planificación estratégica en sectores sociales y productivos prioritarios; y la articulación y coordinación de los recursos y capacidades del sistema. Asumiendo entre todos el paradigma del conocimiento como eje del desarrollo, lograremos un país federal más competitivo a nivel mundial.

Para esto las ciencias sociales son el *partner* obligado. Nosotros trabajamos todo el tiempo con economistas, con sociólogos, con antropólogos, porque es la combinación de las ciencias exactas con las sociales la que da, finalmente, este modelo de desarrollo económico a que aspiramos. Entendemos que cuando hablamos de desarrollo económico no podemos hablar sólo pensando en los experimentos científicos. Lo que tenemos que hacer es poner estos experimentos científicos en relación con el modelo de país que queremos construir. Esto es desarrollo económico y desarrollo social; es ciencias sociales y ciencias económicas. Por lo que continuaremos apoyando fuertemente el concurso Innovar, que iniciamos en el 2005, como una puerta de entrada para todos aquellos emprendimientos que se diferencian por el uso intensivo de nuevos conocimientos. El Programa INNOVAR se ha convertido en un espacio de contacto con los emprendedores innovadores de distintos campos de todo el país: grupos de investigación más o menos institucionalizados, diseñadores, micro y pequeñas empresas (muchas vinculadas a lo agropecuario), especialistas en tecnología, técnicos, diseñadores y escuelas técnicas y agrotécnicas (Cazaux, 2009).

También considera el rol dado a la divulgación científica dentro de la política científica del Ministerio:

Para nosotros, ahora que somos un Ministerio, la comunicación pública de la ciencia es una prioridad porque si uno apunta a un país de otro nivel de desarrollo, de mayor incorporación de conocimiento en sus producciones, en su vida, en sus servicios, tiene que partir de que la sociedad se tiene que apropiar de esta idea. Si no es imposible. No se lo vamos a imponer a la sociedad, ella la tiene que tomar y que desarrollar en conjunto con todos los actores del sistema: el gobierno, pero también las empresas, el sector académico y la sociedad en general. Esto tiene que ser una construcción evolutiva, colectiva. Para mí la responsabilidad no está en un solo sector, es todo un proceso evolutivo. Y en este proceso evolutivo hay que lograr que los argentinos nos sintamos más seguros en relación con esta idea del país del conocimiento. En algún momento, sería interesantísimo que la gente cuando hable de su país también hable de sus científicos, de los descubrimientos científicos, de empresarios que tomaron el conocimiento como base para desarrollar su empresa.

Por eso para nosotros, al mismo tiempo que tenemos que desarrollar políticas para promover este modelo, que tienen que ver con políticas que actúan tanto en el sector académico como en el sector empresarial, fundamentalmente la articulación entre ambos, también tenemos que ocuparnos de políticas que apunten a que la sociedad empiece a apropiarse de estas temáticas.

Yo siempre digo: el día que logremos que las novelas de la tarde tengan personajes que se dediquen a la ciencia y sean normales, no diabólicos como los que propone Hollywood, acercaremos lo científico a lo humano.

Entender que el científico no está en su torre de cristal ocupado en cosas que nadie entiende sino que está preocupado por desarrollar algo y resolver un problema de la gente o de una empresa. Esto también está asociado a la idea que nosotros buscamos: que primero lo científico se acerque a lo productivo y, a través de lo productivo, a lo humano. Porque lo productivo es crear empleo, por ejemplo. Crear nuevas empresas y contribuir al desarrollo económico y social de la Argentina. Este es un poquito el modelo que estamos tratando de transmitir.

Entonces ¿qué estamos haciendo? Ante el desafío de ver cómo se puede lograr que la idea de un país basado en el conocimiento prenda en la sociedad pensamos en desarrollar distintas actividades a través de diferentes canales. No estoy hablando solamente de hacer conocer los avances científicos de la Argentina, que de esto se ocupan, a mi juicio bastante bien, los medios periodísticos. Si no de otras actividades. Por empezar tenemos una dirección de Comunicación Social de la Ciencia con un área de promoción y cultura, cuyo objetivo fundamental es la divulgación. Tiene una subárea que llamamos Arte y Ciencia. A través de esta área convocamos, por ejemplo, a "Cinecien" que es un festival de cine científico. Es una manera de acercar la ciencia a una actividad artística como el cine o los documentales científicos, o las otras categorías que incorporamos este año como videos, cortos, largos, piezas publicitarias, películas de ficción es decir un poco más allá del cine. No solamente documentales científicos sino también actividades donde entra más el arte en juego, como puede ser la ficción.

También tenemos el concurso de fotografía científica, que ya se organizó anteriormente cuando yo estaba en la Unidad de Promoción Institucional de la Agencia.

Vamos a darle impulso al portal Experimentar y a los clubes de ciencia. Tenemos un importante proyecto que es crear un Museo de Ciencia en el Polo Científico Tecnológico y deseamos intensificar la labor de los museos itinerantes (Cazaux, 2009).

Por su parte, desde el Ministro de Ciencia, Tecnología e Innovación Productiva, el Dr. Lino Barañao resalta su postura ante la divulgación científica:

> En mi actividad como científico[74] hace mucho tiempo que colaboro con todos los periodistas y tengo más metraje en los diarios sobre divulgación científica que lo vinculado con

---

[74] Lino Barañao es Doctor en Ciencias Químicas, Departamento de Química Biológica de la Facultad de Ciencias Exactas y Naturales de la Universidad de Buenos Aires. Desde el año 2000 es Investigador Principal del CONICET, Instituto de Biología y Medicina Experimental, Director del Laboratorio de Biología de la Reproducción y Biotecnología Animal. En la actualidad en uso de licencia.

la publicación en las revistas científicas internacionales. Así que mi compromiso con la comunicación de la ciencia es muy fuerte porque creo que una sociedad más informada es una sociedad más justa y con capacidad de tomar mejores decisiones y asumir con mayor responsabilidad sus actividades (Cazaux, 2009).

En el análisis de lo implementado para cumplir con esta voluntad de comunicar la ciencia como política científica, comprobamos que a partir de febrero del 2008 son numerosas las actividades de divulgación científica que se llevan a cabo, muchas generadas desde este Ministerio, ya sea como continuidad de acciones que se desarrollaban desde su ubicación anterior o como nuevas propuestas, y otras desde diversas instituciones nacionales y privadas.

El CONICET también ha manifestado su interés en acercarse más a la sociedad a través de la divulgación científica. Al respecto su presidenta, la Dra. Marta Rovira,[75] considera qué han pensado desde esta institución para que sus investigadores consideren a la divulgación científica como una más de sus tareas:

> Los científicos, cuando entran en la carrera de investigador científico del CONICET, tienen que presentar un informe cada año. Por estos informes son evaluados a través de una Comisión Evaluadora. Si en esos cinco primeros años no son promovidos a la categoría siguiente, son sacados de la carrera de investigador. Una vez que fueron promovidos a la categoría siguiente tienen que presentar informes cada dos años.

---

[75] El jueves 10 de abril del 2008, la Dra. Marta Graciela Rovira asumió la presidencia del Directorio del Consejo Nacional de Investigaciones Científicas y Técnicas (CONICET) constituyéndose así en la primera mujer en la historia de la institución en acceder a este puesto.
Marta Rovira es Doctora en Ciencias Físicas egresada de la facultad de Ciencias Exactas y Naturales de la UBA, investigadora Principal del CONICET, su trabajo en el IAFE (Instituto de Astronomía y Física del Espacio), del cual fue directora de 1995 a 2005, se basó en el estudio de la estrella más cercana a la Tierra, el Sol.

Lo que incorporamos ahora es que en los formularios de evaluación deben colocar qué han realizado en difusión y transferencia porque si no los evaluadores se limitaban a contar el número de trabajos publicados en revistas internacionales. Eso lo van a seguir haciendo, pero, además, queremos que tengan en cuenta el tiempo que dedican a la difusión, a la transferencia y, en, en algún momento, tendremos que considerar también el dedicado a la gestión., que lleva tiempo y que no se evalúa.

Al considerar a la divulgación científica como actividad a ser evaluada queremos evitar que los investigadores digan "hacer difusión es perder el tiempo porque después no me lo consideran cuando presento el informe."

También tendremos que contar con que las comisiones asesoras, que son otros científicos, tengan en cuenta las actividades realizadas de comunicación de la ciencia. Porque a ellos les resulta más fácil contar el número de trabajos publicados que considerar las actividades de divulgación científica.

Esta idea de acercar la ciencia a la sociedad se basó en los proyectos de la Unión Europea que consideran dentro de los mismos proyectos de investigación una partida para hacer comunicación.

Yo espero que una vez que implementemos estos nuevos formularios el mecanismo comience a funcionar. Porque, me parece que esto es sabido: cuando más presencia tengamos en la sociedad más fácil va a ser conseguir fondos para el CONICET. La sociedad a través de sus impuestos nos paga el sueldo, nos paga para hacer investigación, por lo tanto lo menos que podemos hacer es devolverle comentándoles nuestros conocimientos. Creo que la gente está mucho más capacitada, es mucho más hábil y está más interesada en que los científicos le muestren sus conocimientos que lo que los propios científicos creen.

Respecto a esto puedo responder con mi experiencia. Antes de ser presidente del CONICET fui la directora del Instituto de Astronomía y Física del Espacio (IAFE), un año dimos charlas el último viernes de cada mes de 16 a 17 hs. en la sede del Instituto que está en Núñez y se llenaba el aula que teníamos prevista a tal punto que teníamos que pedir otra porque no entraba la gente. Y había que ir hasta ahí en un horario un poco raro... A la gente le interesaba (Cazaux, 2009).

El Dr. Diego Golombek aporta su punto de vista en lo referente al poco interés manifestado, hasta ahora, por los científicos argentinos en divulgar sus conocimientos:

> Uno podría aventurar que la ciencia se hace de escuelas. En general no se hace de individuos aislados sino de algunos científicos muy capaces que generaron una escuela en algún área, en una disciplina en particular que es de las que más florecieron en la Argentina. Por eso tenemos una excelente escuela de bioquímica que se debe a Leloir, una buena escuela de fisiología, que por ahí deriva hacia la neurociencia que se debe a Houssay y a De Robertis. Tuvimos una muy buena escuela de física que tiene que ver con el Balseiro.
> Da la impresión de que nuestros próceres, los que fundaron estas escuelas desdeñaban mucho la comunicación pública de la ciencia. Leloir, fundamentalmente. Houssay tenía una idea bastante particular de lo que debía ser la comunicación pública y la ejercía desde ese punto, pero era muy elitista. Y eso se paga con que el imaginario del científico frente a la comunicación pública de la ciencia es que es una pérdida de tiempo y que no contribuye ni a sí mismo ni a la base de la ciencia, porque son muy fuertes estas escuelas. Son fuertes y muy buenas científicamente. No en vano tuvimos tres Premios Nobel en ciencias. Fue porque hubo gente muy buena, y pudo haber habido varios más. De Robertis debió haber tenido un Premio Nobel posiblemente en neurociencias, quizás hubiéramos tenido que tener también uno en física. Tienen en común esta gente fundacional, estos héroes fundacionales, que no consideraban a la comunicación como una parte de su trabajo. Y estamos recién en la segunda generación posthéroes, no es que son de hace un siglo estos investigadores.
> Y esa impronta queda muy fuerte. Yo creo que la historia va a cambiar a partir de esta y la próxima generación porque los científicos más jóvenes están expuestos a otro mundo. Están expuestos a la televisión, por ejemplo, a la que nuestros

próceres no estaban expuestos y a buena televisión en cuanto a ciencia, hay científicos muy importantes que cuentan las cosas de una manera que apasionan. También existe hoy una buena literatura gráfica. Entonces yo creo que eso va a cambiar con las generaciones más jóvenes de científicos. Hasta ahora no ocurrió, porque a diferencia de otros países, Brasil particularmente, México, que tienen una tradición riquísima en que el científico se interese y se involucre en la comunicación pública de la ciencia lo fomentan desde el Estado. Las colecciones de libros de México en cuanto a divulgación científica son impresionantes, son maravillosas. Nosotros tuvimos algo parecido en Eudeba y en el Centro Editor que fue despedazado. En México no fue despedazado, en México se siguió fomentando. En Brasil también hay una historia muy rica de comunicación pública de la ciencia, incluso quizás más rica que la historia de la ciencia. En Brasil hasta hace poco el nivel de la ciencia no era maravilloso. Ahora que han invertido sostenidamente durante veinte años nos están pasando por arriba. Entonces por ahí es por eso que no tenemos científicos que se hayan volcado en forma importante, en forma masiva, a comunicar la ciencia en nuestro país, ni tampoco había hasta hace muy poco un grupo importante de periodistas profesionalizados, porque los científicos que fundaron la ciencia argentina, y lo hicieron muy bien, esto hay que recalcarlo, eso lo dejaron de lado (Cazaux, 2009).

Entre las actividades de divulgación científica llevadas a cabo durante este año podemos mencionar:

- Martín de Ambrosio compiló la secuela: *El café de los científicos II (de Einstein a la clonación)*, que fue editada por Capital Intelectual.
- Con el auspicio de la Fundación de Historia Natural Félix de Azara, se publica *Árboles de la ciudad de Buenos Aires.*
- La Editorial de la Universidad Nacional de San Luis publica el libro *Café Ciencia,* producto de los programas radiales del Café Científico que se transmitió

desde el año 2002 desde la misma universidad. Los compiladores de este libro fueron Andrea Arcucci, Rubén Lijteroff y Antonio Mangione. El prólogo estuvo a cargo de Diego Golombek.
- Empieza a editarse la revista bimestral *Medicina (Buenos Aires)*, una publicación de la Fundación *Revista Medicina (Buenos Aires)*, con el apoyo del Ministerio de Ciencia, Tecnología e Innovación Productiva de la Nación.
- Ediciones Continente publica de William H. Hudson *Días de ocio en la Patagonia*; de George C. Musters *Vida entre los Patagones*; de Francisco P. Moreno *Expedición de la Patagonia Sur I. Por las cuencas del Chubut y el Santa Cruz (1876-1877)* y *Expedición de la Patagonia Sur II. El lago Argentino y los Andes meridionales (1877)*; de Agustín del Castillo *Exploración de Santa Cruz y las costas del Pacífico. El descubrimiento de las minas de Río Turbio (1887)*; de John Byron y James Cook *Navegantes ingleses en los canales fueguinos. Crónicas del siglo XVIII sobre la tierra de los gigantes patagónicos*; de Clemente Onelli *Trepando los Andes. Un naturalista en la Patagonia argentina (1903)*; y de Pedro de Angelis *Viajes por la costa de la Patagonia y los campos de Buenos Aires. Informes, diarios y cartas de viajeros (Siglo XVIII)*.
- El Ministerio de Salud de la Presidencia de la Nación desarrolló el programa de radio "Aire de Salud", que transmite un envío semanal de sesenta minutos y siete microprogramas semanales de cuatro minutos cada uno. Tanto en uno como en otro formato se difunden las políticas públicas, los programas que la cartera sanitaria nacional y las provinciales llevan adelante, y temas que hacen a la prevención y promoción de la salud. La propuesta está dirigida a todas las radios del país con el objetivo de que incorporen gratuitamente

la programación en sus emisiones. Permite además que cualquier persona acceda, a través de Internet, a programas y micros especializados en la temática sanitaria. Los periodistas a cargo son Julia Bowland y Juan Carlos Espósito.
- El Área de Ciencias del Centro Cultural Borges comienza a desarrollar los ciclos de "Ciencia y Cine".
- La Academia Argentina de Letras presenta la colección "La Academia y la lengua del pueblo", con la idea de tender un puente entre la disciplina académica y la espontaneidad del habla de los argentinos. Entre otros títulos se destacan: *Léxico del fútbol*, de Federico Pelzer; *Léxico del mate*, de Pedro Luis Barcia; *Léxico del colectivo*, de Francisco Petracca; *Léxico de la carne*, de María Antonia Osés; *Léxico del vino*, de Liliana Cubo de Severino y Ofelia Dúo de Brotter; *Léxico del pan*, de Olga Fernández Latour de Botas; *Léxico del dinero*, de Carlos Dellepiane Cácena y *Léxico de la carpintería*, de Susana Anaine.
- Norberto Muzzachiodi edita *Lista completa de las especies de mamíferos de la Provincia de Entre Ríos, Argentina*.
- José Bonaparte publica *Dinosaurios y pterosaurios de América del Sur*, y Analía Forasiepi, Agustín Martinelli y Jorge Blanco *Bestiario fósil. Mamíferos del Pleistoceno de la Argentina*, ambos de editorial Albatros.
- El Instituto de Astronomía y Física del Espacio (AFE/CONICET) y la Asociación Ciencia Hoy convocan al primer concurso literario y juvenil "La ciencia en los cuentos". Se trata de una propuesta de cuentos cortos sobre temas científicos, con el objeto de promover el interés de los jóvenes por la ciencia y por la literatura.
- Por la radio de la UBA FM 90.5 se comenzó a difundir el programa "Ciencia que habla". Un experimento radial. Todos los viernes de 20 a 21 conducido por Cecilia

Farré y Gabriela Vizental propone conocer más sobre el mundo de las ciencias, sus avances, curiosidades, protagonistas y su explicación sobre temas actuales y cotidianos. El programa cuenta con informes especiales, entrevistas, últimas noticias nacionales e internacionales del campo científico y las columnas de Medicina y Tecnología a cargo del Dr. Diego Caruso y el experto en nuevos medios digitales Alejandro Tortolini, respectivamente.
- La Dirección Nacional de Patrimonio y Museos continuó con la política de acrecentamiento del patrimonio de los museos nacionales que dependen de ella.
- Se lleva a cabo el II Concurso Literario Juvenil "La Ciencia en los Cuentos".

También la Academia Nacional de Letras presenta la segunda edición del *Diccionario del Habla de los Argentinos*.

Desde la Secretaría de Políticas Universitarias (SPU) del Ministerio de Educación de la Nación se crea el portal "infoUniversidades. Divulgación y Noticias Universitarias" (infouniversidades.siu.edu.ar), cuyo objetivo general es "difundir y divulgar noticias científicas, de extensión universitaria y académicas que se desarrollan en las Universidades Nacionales." La idea, entonces, es constituirse en un espacio destinado a la divulgación de noticias científicas, académicas y de extensión; la cobertura y difusión de los proyectos e investigaciones llevadas a cabo en las universidades nacionales argentinas, así como poder formar parte de la materia prima que los medios masivos de comunicación utilizan para configurar y dar un contenido a su periodicidad.

Para ello cuentan con un equipo de coordinación desde el SPU y cuarenta redactores, uno en cada una de las universidades nacionales que forman parte del proyecto.

El Ministerio de Ciencia, Tecnología e Innovación Productiva trabaja en conjunto con el Ministerio de Educación en el Programa de Ciencia, Tecnología y Educación, a través de una Comisión Interministerial para elaborar acciones específicas destinadas a mejorar la calidad de la enseñanza de las ciencias en los colegios. Ejemplo de ello es el programa "Científicos van a la escuela", donde los científicos se relacionan con los docentes sobre la base de proyectos de investigación.

La plataforma INNOVAR lanza su Concurso Nacional de Innovadores 2008 a través del Ministerio de Ciencia, Tecnología e Innovación Productiva.

Entre enero y febrero de este año se realizó la exposición "Aves del Paraíso", compuesta por trece láminas del calendario 2008 de la fotógrafa Gaby Herbsteihn, en apoyo a la Fundación de Historia Natural Félix de Azara, en el Paseo Alcorta, Ciudad Autónoma de Buenos Aires, posteriormente recorrió distintos *shopping* del interior del país: Rosario, Mendoza, Salta y Córdoba.

Ediciones Continente publica de Thomas Falkner *Descripción de la Patagonia. Geografía, recursos, costumbres y lengua de sus moradores (1730-1767)*; de Estanislao S. Cevallos *La conquista de quince mil leguas. Ensayo para la ocupación definitiva de la Patagonia (1878)*; de Georges Claraz *Viaje al río Chubut. Aspectos naturalísticos y etnológicos*; *Viaje a Misiones por Juan Baustista Ambrosetti*; *Excursiones bonaerenses por Eduardo Ladislao Holmberg*; con prólogo de Sebastián Apesteguía *Charles Darwin, autobiografía*; de Pablo Chiarelli *Dinosaurios. Un mundo perdido*; de Daniel L. Melendi, Laura Scafati y Wolfgang Volkheimer *Biodiversidad. La diversidad de la vida, las grandes extinciones y la actual crisis ecológica;* y de Tristán Simanauskas *Calentamiento global. Un cambio climático anunciado.*

Con el auspicio de la Fundación de Historia Natural Félix de Azara, se edita *Arqueología de Cañada Honda y Río Areco, Baradero, Provincia de Buenos Aires* y *Aves, desde los dinosaurios a la actualidad.*

Juan Carlos Chebez publica *Otros que se van (tomo IV),* con Editorial Albatros, y el editor Horacio Camacho *Los invertebrados fósiles.*

El Instituto de Astronomía y Física del Espacio (IAFE) lleva a cabo durante los sábados del mes de junio su Taller de Astronomía 2008. Los sábados de octubre y noviembre desarrolló el Taller de Relatividad, Cosmología y Física Cuántica que abordó los temas: "El Big Bang", "COSMO: tips para que te armes tu universo", Aspectos históricos sobre la Teoría de la Relatividad Especial", "Agujeros negros en astrofísica", "Introducción a la física cuántica" y "Física Cuántica: paradojas, juegos y magia".

"Un libro al precio de un kilo de pan" rescata otro de los lemas de Eudeba, en el portal educativo del Estado argentino, educ.ar, con motivo de cumplir esta editorial sus cincuenta años en junio del año 2008. Y concluye:

> Eudeba cuenta, actualmente, con un catálogo de más de 700 títulos en circulación, que se distribuyen en todos los países de lengua castellana. Su fondo editorial incluye títulos de figuras relevantes de diversos campos científicos y del pensamiento local e internacional como Cornelius Castoriadis, Jean Francois Lyotard, Jacques Derrida, Luigi Pirandello, Julia Kristeva, Pierre Bourdieu, Saskia Sassen, Robert Walser, Néstor García Canclini, Tulio Halperin Donghi, Eliseo Verón, Adolfo Prieto, Ernesto Martínez, Pablo Penchaszadeth, Conrado Eggers Lan, Noé Jitrik, Gregorio Klimovsky, Juan Roederer, entre otros.

Eudeba fue y sigue siendo un orgullo para la Universidad de Buenos Aires; en cincuenta años de vida, la editorial incorporó al universo de lectores a millones de argentinos, permitió acceder a la publicación a miles de autores noveles y difundió la obra de gran cantidad de intelectuales jóvenes y consagrados. Cada nuevo aniversario de Eudeba constituye el testimonio de que el esfuerzo diario sostenido en un proyecto de calidad puede, en algunas ocasiones, resistir y conquistar un espacio de trascendencia.

La Universidad de Buenos Aires celebró en el 2008 los cincuenta años de Eudeba a lo largo de todo ese año, con una agenda de eventos culturales, charlas, muestras, conferencias, promociones y publicaciones especiales, a las que se sumaron otras actividades de celebración organizadas en conjunto con diversas instituciones.

El portal educ.ar participó con estas expresiones "de la celebración de la historia de una editorial que tiene un objetivo en algún aspecto similar al de nuestro portal: la difusión del saber, la mejor distribución del capital simbólico, el uso de tecnología –libro, Internet– para mejorar el nivel académico de la educación argentina."

Durante este año la Dirección Nacional de Patrimonio y Museos obtuvo los siguientes logros:

- Acrecentamiento del patrimonio cultural a través de una política de donaciones.
- Ingresaron a las colecciones de los museos dependientes de la Dirección Nacional aproximadamente 2.000 bienes culturales, a través de donaciones y legados, que acrecentaron el patrimonio cultural de la Nación.
- Difusión y promoción del patrimonio cultural en el ámbito nacional e internacional.
- Se realizaron 253 exposiciones temporarias en las sedes de los organismos dependientes de la Dirección Nacional. Entre ellas se destacan: "La Era de Rodin-Colección Museo Soumaya", en el Museo Nacional de Arte Decorativo; "Grecia, Trajes Regionales griegos y la Inmigración Griega en la Argentina", en el Museo de la Historia del Traje; "Del Pabilo al Filamento",

en el Museo Histórico Nacional del Cabildo y de la Revolución de Mayo; "Arte Religioso e Iconografía", en el Museo Jesuítico Nacional; "¿De lo Intangible a lo Tangible?", en el Museo Histórico del Norte.

También durante ese año el IAFE, junto con la Asociación Civil Ciencia Hoy, convocó nuevamente al Concurso Literario Juvenil de cuentos cortos, esta vez sobre temas de Astronomía, ante la inminencia del Año Internacional de la Astronomía como conmemoración en 2009 de la primera utilización de un telescopio para indagar el cielo realizada por Galileo Galilei hace 400 años.

El 18 de abril de 2009, en el marco del Año Internacional de la Astronomía, se realizó en el Observatorio de La Plata la jornada titulada "La Frontera Difusa. I Encuentro entre Astrónoma y Ciencia Ficción".

El Área de Ciencias del Centro Cultural Rojas, cuyo coordinador es Eduardo Wolovelsky, ofrece el Programa de comunicación y reflexión sobre la ciencia. Por ejemplo, en el mes de marzo de 2009 presentaron la obra de teatro de títeres que recrea los códigos del juego infantil *Galileo, sobre la mesa,* de Horacio Tignanelli. Esta obra ha sido declarada de interés educativo nacional por el Ministerio de Educación de la Nación.

El Instituto de Astronomía y Física del Espacio en mayo de 2009 llevó a cabo su Taller de Astronomía. También en mayo y junio realizaron las charlas temáticas "La química de la Galaxia" y "El Sol inquieto". En los meses de octubre y noviembre abordó el Taller de Relatividad, Cosmología y Física Cuántica.

También enmarcado en el Año Internacional de la Astronomía y en el bicentenario del nacimiento de Charles Darwin, el Ministerio de Ciencia, Tecnología e Innovación Productiva, mediante la Secretaría de Planeamiento y Políticas, organiza la VII Semana Nacional de la Ciencia y la Tecnología, que lleva a cabo en todo el país entre el 15 y el 26 de junio.

Esta Semana se proyectó como el evento de difusión y popularización científica más importante del país. En efecto, durante la semana, institutos de investigación, laboratorios, clubes de ciencia, cines, teatros, museos y bibliotecas de todo el país abrieron sus puertas a niños, jóvenes y adultos invitándolos a participar de actividades especiales.

También con motivo de conmemorarse este año el Año Internacional de la Astronomía, el Correo Oficial de la República Argentina emite a fines de agosto una serie filatélica denominada *Observatorios Argentinos*.

A partir de junio hasta noviembre de 2009 la Secretaría de Estado de Ciencia, Tecnología e Innovación del gobierno de Santa Fe, y diversas universidades, inician una nueva edición de los cafés científicos. La idea apunta a que investigadores de las distintas universidades de la ciudad de Santa Fe cuenten qué tiene que ver la ciencia con la vida cotidiana.

El jueves 6 de agosto de ese año se comienza a emitir el ciclo Viajeros científicos, una coproducción de Canal Encuentro y la Fundación Azara-Universidad Maimónides.

En el Planetario de la ciudad de Buenos Aires se desarrolla el ciclo "Viernes de la ciencia". Estas reuniones se llevaron a cabo durante octubre y noviembre –los segundos y cuartos viernes–, y estuvieron, entre otros, los doctores Hernán Muriel con *Cúmulos de Galaxias: los objetos más grandes del universo,* Hugo Levato con *¿Estamos solos?,* y Guillermo Goldes con *De Galileo a los Telescopios Espaciales.*

Naturalistas Viajeros fue un ciclo de trece documentales que buscó reconstruir los viajes científicos exploratorios de los hombres de ciencia que atravesaron el territorio argentino en los siglos XVIII y XIX sobre la base del relato original de Charles Darwin, Francisco Moreno, Florentino Ameghino, Francisco Muñiz, George Claraz,

Eduardo Holmberg, y otros exploradores jóvenes científicos de este siglo (Alberto Pérez, Sebastián Apesteguía, Natalia Paso Viola y Pablo Chiarelli) volvieron sobre los pasos de quienes los precedieron en el intento de recrear una profesión que hoy se considera perdida: la del naturalista romántico y aventurero que dominaba más de una ciencia.

El ciclo atravesó 5.000 kilómetros de la Patagonia argentina y la Provincia de Buenos Aires, ciudades, estancias, pueblos, estepas, pampa y cordillera para leer las huellas del pasado en el presente. Y relató un viaje en el que a través de las ciencias naturales se puso el acento en la construcción de nuestra nación, que se enfrenta a su primeros doscientos años de historia.

En noviembre de 2009 Manuel García Ferré presenta como libro el *Libro gordo de Petete*, compilando las explicaciones del sabio pingüino antártico actualizadas y revisadas.

Del 19 al 22 de noviembre en el Paseo del Buen Pastor de la ciudad de Córdoba, organizado por el Ministerio de Ciencia y Tecnología de esta provincia, se realizan las "Jornadas Iberoamericanas de TV, Cine y Ciencia", que tuvieron entre sus metas establecer un espacio de divulgación de la ciencia a través de la exhibición de audiovisuales científicos, reflexionar acerca de los denominadores comunes y los desafíos de la comunicación audiovisual en la televisión iberoamericana y estimular a los realizadores a dedicarse a las temáticas científico-técnicas.

Los días 16, 17 y 18 de diciembre la Argentina fue sede de CINECIEN 08, III Festival de Cine y Video Científico del MERCOSUR, que promueve la divulgación de los trabajos de investigadores y académicos en todas las áreas del conocimiento científico a través de las posibilidades creativas y comunicacionales que brindan los medios audiovisuales. En él presentaron sus trabajos investigadores, instituciones y realizadores audiovisuales de los países miembros, asociados y adherentes del MERCOSUR.

En el Planetario Galileo Galilei, los terceros viernes de octubre y noviembre se presentaron las "Clases magistrales", a cargo de docentes universitarios y de instituciones científicas nacionales y extranjeras, destinadas tanto a estudiantes como al público en general.

El Instituto de Astronomía y Física del Espacio (IAFE-CONICET) y la Asociación Civil Ciencia Hoy, con el auspicio del Programa de Promoción de la Lectura del Ministerio de Educación de la Argentina, el Centro de Formación e Investigación en Enseñanza de las Ciencias (CEFIEC-FCEyN-UBA), la Universidad Nacional de Cuyo y el Área de Ciencias del Centro Cultural Borges, realizó el Concurso Literario Juvenil "La Ciencia en los Cuentos 2009", un concurso de cuentos cortos sobre temas científicos, con le objeto de promover el interés de los jóvenes por la ciencia y por la literatura.

El viernes 11 y el sábado 12 de diciembre la Asociación Aficionados a la Astronomía y el Planetario Municipal realizaron el evento "La noche de los 100 telescopios" como cierre del Año Internacional de la Astronomía.

El 14 de diciembre las Naciones Unidas declararon al 2010 como el Año Internacional de la Biodiversidad, ante la preocupación que despierta el acelerado ritmo con el que están desapareciendo diversas especies del planeta y con la esperanza de que esta iniciativa sea la disparadora de una campaña global diseñada a detener la pérdida sin precedentes de especies.

En la reunión de fin de año para la prensa especializada en ciencias realizada el viernes 11 de diciembre de 2009, en el Ministerio de Ciencia, Tecnología e Innovación Productiva, el ministro Dr. Lino Barañao realizó anuncios con respecto a las actividades vinculadas con la divulgación científica programadas para el 2010, algunas de ellas especialmente pensadas por conmemorarse este año el Bicentenario de la patria.

Entre los anuncios se destaca la creación del Polo Científico Tecnológico, que será sede del Ministerio de Ciencia, Tecnología e Innovación Productiva, la Agencia Nacional de Promoción Científica y Tecnológica, tres institutos de investigación y un Museo Interactivo, que funcionarán en las ex Bodegas Giol, en el barrio de Palermo.

También, la organización de la edición 2010 del Premio MERCOSUR de Ciencia y Tecnología en la temática Nanotecnología, y que a pedido de la presidenta de la nación, la Dra. Cristina Fernández de Kirchner, se "impulsarán los proyectos latinoamericanos" en investigación. Para ello se coordinará la Feria Latinoamericana de Ciencia y Tecnología, a realizarse en noviembre de 2010 y la Escuela Latinoamericana de Ciencia y Tecnología.

Ya comenzado el año 2010, con el espíritu del Bicentenario, se recordó la figura del almirante Guillermo Brown con una muestra itinerante a bordo de la Flota Grandes Veleros, una aventura que surca durante este año los mares de América Latina para conmemorar las primeras revoluciones patrias.

Entre el 22 y el 26 de febrero estuvo en la Base Naval Mar del Plata, Playa Grande, presentando la muestra "Guillermo Brown, héroe en la Argentina y América Latina".

Luego, entre el 4 y el 9 de marzo, cuando los veleros llegaron al Apostadero de la Armada Nacional en la Dársena Norte, se presentó la muestra en el puerto porteño. La misma exposición se pudrá ver durante todo el año en los salones de Casa Amarilla (réplica de la vivienda que habitó el almirante, en La Boca).

En el marco de los festejos del Bicentenario y de su política de promoción de la cultura científica, el Ministerio de Ciencia, Tecnología e Innovación Productiva organizó el Túnel de la Ciencia, una exhibición multimedia itinerante de la Sociedad Max Planck que permitió el contacto del público en general con las últimas ideas de la investigación moderna.

Esta exhibición multimedia se denominó "Un fascinante viaje al futuro de los descubrimientos científicos", y se llevó a cabo del 8 de marzo al 20 de abril de 2010. Los visitantes, a través de visitas guiadas o por el *tour* interactivo de la página *web* creada a estos efectos,[76] pudieron conocer los misterios del universo a través del recorrido de doce estaciones, donde se presentan desde los elementos más pequeños hasta las estructuras más grandes de nuestro mundo:

1. En el camino del Big Bang: ¿Existen realmente las dimensiones ocultas? 2. Nanocosmos: ¿Cómo podemos influir específicamente en las propiedades materiales? 3. Los ladrillos de la vida: ¿Cómo se comunican las moléculas y las células? 4. Del gen al organismo: ¿Cómo pueden células totalmente diferentes desarrollarse a partir de un conjunto de información genética? 5. La arquitectura de la mente: ¿Cómo podemos reparar nuestro cerebro? 6. El mundo de los sentidos: ¿Cómo se origina la vista, el oído, los sentimientos y los recuerdos? 7. Tecnologías del futuro: ¿Qué viene después de los chips semiconductores? 8. De los datos al conocimiento: ¿Qué cantidad de mundos podemos simular en la computadora? 9. Desafíos globales: ¿Cómo podemos garantizar el desarrollo sostenible? 10. Nave espacial tierra: ¿Qué influencia tiene el hombre sobre el comportamiento de nuestro planeta? 11. Nuestro hogar en el cosmos: ¿Hay vida en otros planetas? 12. El universo: ¿Qué ocurre tras el horizonte de los agujeros negros?

El 11 de marzo de este año se estrenó el documental *Un fueguito. La historia de César Milstein,* que realizó Ana Fraile, sobrina nieta del Nobel argentino, con el apoyo económico del Ministerio de Ciencia, Tecnología e Innovación Productiva de la Nación, y que pudo verse en las diversas salas de la Argentina.

---

[76] http://www.tuneldelaciencia.mincyt.gob.ar/tour_interactivo.html

El filme combina material del archivo personal, entrevistas al propio Milstein, a su esposa, a familiares y a muchas de las personas que colaboraron con él durante sus estudios y estadía en la Universidad de Cambridge, Gran Bretaña. Además, relata de manera entendible (con dibujos, animación, etc.) lo que Milstein logró y los beneficios que eso generó con su trabajo sobre el sistema inmunológico y el descubrimiento de la técnica para producir anticuerpos monoclonales que le valieran ganar el Premio Nobel de Medicina en 1984.

Conclusión

Esta es la *Historia de la Divulgación Científica en la Argentina* que he podido reconstruir al recorrer los 200 años de la vida de nuestra patria y que termino cuando faltan pocos días para cumplirse el Bicentenario. Se trata, seguramente, de una historia incompleta pero que servirá para que otros investigadores retomen este objeto de estudio y profundicen los blancos encontrados.

En mi investigación, principalmente en los años fundantes de nuestra nación, me ocupé por referirme como actividad de divulgación científica a la creación de las universidades con sus facultades, centros de investigación y las publicaciones provenientes de ellas, porque si bien la divulgación de la ciencia es la comunicación de la ciencia que se realiza fuera de la actividad académica formal, no cabe duda de que estas publicaciones constituyeron el germen que contribuiría, más adelante, a la creación de publicaciones de divulgación científica propiamente dicha como libros y revistas y a los museos de ciencia, entre otras manifestaciones.

Al hacer el recorrido de dos siglos de la historia de la divulgación científica, que comenzó en los albores de nuestra historia, me ha permitido determinar que, justamente, este período de los orígenes de nuestra nación es el que está más trabajado por los distintos historiadores ya citados en mi investigación, fundamentalmente en lo que hace a la cultura científica en el período 1800-1820, como es el reciente trabajo de Miguel de Asúa *La ciencia de Mayo. La cultura científica en el Río de la Plata, 1800-1820*, que editó en marzo de 2010 el Fondo de Cultura Económica cuando me encontraba yo cerrando mi tarea.

Pero desde el punto de vista de la divulgación científica particularmente no existen publicaciones que la aborden, salvo como he comentado oportunamente, documentos muy generales, poco exhaustivos, centrados en los primeros periódicos del Río de la Plata, la tarea de los primeros naturalistas argentinos, la obra de Faustino Sarmiento o la etapa de aclimatación de la ciencia con la destacada aparición de los diarios *La Prensa* y *La Nación*.

El período de la segunda mitad del Siglo XIX merecería, sin duda, un mayor trabajo de indagación ya que durante él se produce la definitiva emergencia de la divulgación científica en todas sus formas como un género destinado al público de masas. Conferencias, libros, revistas, exposiciones, planetarios, museos, observatorios, jardines botánicos y zoológicos, florecen durante su transcurso. El período comprendido entre 1870 y 1900, que puede ser considerado como "la edad de oro" de la divulgación científica en la que coincide un deseo de mostrar y un deseo de saber, es una etapa que, definitivamente amerita una tarea de investigación más profunda.

También he notado que nada se ha escrito sobre la comunicación de la ciencia realizada en el período del desarrollo del pensamiento científico de la Argentina, celebrado entre el inicio de la I Guerra Mundial, y que se extiende por tres décadas más. Las dos grandes guerras del Siglo XX, sin duda, comportaron un importante impulso de la divulgación científica por mediación del periodismo escrito, hasta que la aparición y generalización de las tecnologías audiovisuales supusieron un salto cuantitativo y cualitativo para la difusión masiva de las ciencias con respecto a la tradicional divulgación escrita.

Otro período notable, y poco y nada estudiado desde el abordaje de la divulgación científica, es el que el comienza con la instauración en 1983 de la democracia en nuestras tierras, y que creo merece un tratamiento más profundo, detallado y pormenorizado que el que yo he podido llevar a cabo.

Esta asignatura pendiente de hacer la historia de la divulgación científica argentina que reclamaba el Dr. Manuel Calvo Hernando cada vez que se refería a ella en sus libros, como ya lo he hecho notar, la he llevado a cabo con cariño y con nostalgia, porque como protagonista de algunas de las actividades realizadas he podido comprobar las numerosas oportunidades perdidas que hemos tenido en lo referente a las tareas de comunicación de la ciencia emprendidas. Digo "oportunidades perdidas", porque aparecieron, a veces con un entusiasmo conmovedor, y luego desaparecieron abruptamente o se desvanecieron lentamente.

Desde el año 2003 nos encontramos ante una etapa inédita: la de la continuidad en las políticas de comunicación de la ciencia. Hago votos porque los gobiernos que se sucedan no echen por tierra estos emprendimientos, sino que los retomen, los vigoricen, los multipliquen para que de esta manera quede instaurada definitivamente como una actividad irrenunciable de científicos, investigadores, historiadores, comunicadores sociales y profesionales en general.

BIBLIOGRAFÍA

AA.VV. (s/f), *Caras y Caretas*, ejemplar 1.383, N° 36, Buenos Aires.
AA.VV. (s/f), *Saber y Tiempo*, Revista de Historia de la Ciencia de la UNSAM, Buenos Aires, UNSAM.
AA.VV. (1958), "Informe del Círculo Médico", *La Vanguardia*, Junín, 12 de julio de 1958, p. 2.
AA.VV. (1998), *Ciencia Hoy*, N° 44, vol. 8, enero-febrero de 1998.
AA.VV. (2004), "Buenos Aires Piensa, el festival de la UBA sobre ciencia", *Universia*, Buenos Aires, 25 de junio de 2004.
AA.VV. (2006), *Hoy las ciencias adelantan que es una barbaridad*, Buenos Aires, Eudeba-Centro Cultural Rojas.
Accorsi, Diego (2001), en revista *Lo mejor de H. G. Oesterheld*, Buenos Aires, Editorial Columba.
Agnese, Graciela (2007), "Una rara enfermedad alarma a la modesta población de O'Higgins". Análisis del discurso de la prensa escrita sobre la epidemia de Fiebre Hemorrágica Argentina de 1958, *Revista de Historia & Humanidades Médicas*, N° 1, vol. 3, julio de 2007.
Agulla (h), Juan Carlos (1988), "Einstein en la Argentina", *Todo es Historia*, Buenos Aires, N° 277, enero de 1988, pp. 38-49.
Almandoz, María Rosa (2000), *Sistema educativo argentino. Escenarios y políticas Argentina*, Buenos Aires, Editorial Santillana.

Amigo, Claudia (1998), "Los 40 años de Eudeba", *Clarín,* Buenos Aires, 3 de mayo de 1998, pp. 56-57.
Babini, José (s/f), *La evolución del pensamiento científico en la Argentina,* versión electrónica.
——(1949), *Historia de la ciencia argentina,* México DF, Fondo de Cultura Económica.
——(1963), *La ciencia en la Argentina,* Buenos Aires, Biblioteca de América, libros del Tiempo Nuevo, Eudeba.
——(1986), *Historia de la ciencia en la Argentina,* Buenos Aires, Ediciones del Solar.
——(2006), *La otra Argentina. La ciencia y la técnica desde 1600 hasta 1966,* síntesis cronológica, San Martín, Provincia de Buenos Aires, Centro de Estudios de Historia de la Ciencia José Babini, Escuela de Humanidades, Universidad Nacional de San Martín, nº 21, enero-junio de 2006.
Barrancos, Dora (1996), *La escena iluminada – Ciencia para trabajadores (1890-1930),* Buenos Aires, Plus Ultra.
Barrera, Rosita (1988), *El Folclore en la Educación,* Buenos Aires, Ediciones Colihue.
Beltrán Marí, Antonio (2001), *Galileo, ciencia y religión,* Barcelona, Paidós Ibérica.
Bolech, Cecilia (2007), "Dr. Luis Agote creador de la técnica de transfusión de sangre", + *Salud,* Año 1, N° 6, octubre de 2007, p. 31.
Braun, Clara y Cacciatore, Julio (1996), *Los arquitectos europeos y Buenos Aires 1860/1940,* Buenos Aires, Fundación TIAU.
Bruno, Paula (2005), *Paul Groussac. Un estratega intelectual,* Buenos Aires, Fondo de Cultura Económica.
Buero, Luis (1999), *Historia de la televisión argentina contada por sus protagonistas,* Morón, Ediciones de la Universidad de Morón.

Buonocore, Domingo (1960), "El libro y los bibliógrafos", en *Historia de la literatura argentina,* dirigida por Rafael Alberto Arrieta, Buenos Aires.

Buta, Julia (1996), "Los inicios de la cultura científica argentina: los precursores Houssay", en AA.VV., *Ciencia y sociedad en América Latina,* Buenos Aires, Universidad Nacional de Quilmes.

Calvo Hernando, Manuel (1971), *Periodismo científico,* Caracas, Instituto Politécnico Nacional.

—— (1977), *Periodismo científico,* Madrid, Paraninfo.

—— (1982), *Civilización tecnológica e información,* Barcelona, Copérnico.

—— (1990), *Ciencia y periodismo,* Barcelona, CEFI.

—— (1992), *Periodismo científico,* Madrid, Paraninfo.

—— (1999), *El nuevo periodismo de la ciencia,* Ecuador, CESPAL.

—— (2003), *Divulgación y periodismo científico: entre la claridad y la exactitud,* México, UNAM.

—— (2004), *Diccionario de términos usuales en el periodismo científico,* México, Instituto Politécnico Nacional.

—— (2005), *Periodismo científico y divulgación de la ciencia,* Madrid, Cedro.

Camacho, Horacio (1971), *Las ciencias naturales en la Universidad de Buenos Aires, estudio histórico,* Buenos Aires, Eudeba.

Cazaux, Diana (2004), "Entrevista a Jacobo Brailovsky", 25 de marzo de 2004.

—— (2007), "Entrevista a Susana Torrado", 18 de abril de 2007. Disponible en línea: Galería de Científicos, portal Universia-Argentina, http://www.universia.com.ar/investigadores/

—— (2007), "Entrevista a Gregorio Klimovsky", 13 de septiembre de 2007. Disponible en línea: Galería de Científicos, portal Universia-Argentina, http://www.universia.com.ar/investigadores/

—— (2009), "Entrevista a Marta Rovira", 19 de enero de 2009.

—— (2009), "Entrevista a Noemí Girbal", 20 de enero de 2009.

—— (2009), "Entrevista a Lino Barañao", 26 de enero de 2009.

—— (2009), "Entrevista a Ruth Ladenheim", 26 de enero de 2009.

—— (2009), "Entrevista a Mario Albornoz", 11 de febrero de 2009.

—— (2009), "Entrevista Guillermo Jaim Etcheverry", 13 de febrero de 2009.

—— (2009), "Entervista a Diego Golombek", 16 de febrero de 2009.

Cerutti, Rubén (2005), *Comunicaciones científicas y tecnológicas,* Chaco, Universidad Nacional del Nordeste.

Cloître, M. y T. Shinn (1986), "Enclavement et difusión du savoir", *Ingormation su les Sciences Sociales,* 25 (1), pp. 161-187.

Cortiñas, Sergi (2006), "Un recorrido por la historia del libro de divulgación científica", en *Quark: Ciencia, Comunicación y Cultura,* N° 37-38, pp. 58-64, Barcelona, ISSN: 1135-8521.

Cosmelli Ibáñez, José (1961), *Historia argentina,* Buenos Aires, Troquel.

Delibes, Alicia (1999), "José Echegaray", *La ilustración liberal,* Madrid, vol. 4, número octubre-noviembre de 1999.

De Asúa, Miguel (2010), *La ciencia de mayo. La cultura científica en el Río de la Plata, 1800-1820,* Buenos Aires, Fondo de Cultura Económica.

De Marco, Miguel Ángel (2005), *Historia del periodismo argentino,* Buenos Aires, Editorial Educa.

De Vedia, Mariano (1998), "Sufrieron una abrupta caída las revistas de divulgación científica", *La Nación,* Buenos Aires, 14 de abril de 1998, p. 10.

Farro, Máximo (1998), "Frente a la tumba del sabio", *Ciencia Hoy*, N° 47, Buenos Aires, julio-agosto de 1998.
Fayard, Pierre (1988), *La communication scientifique publique. De la vulgarisation a la médiatisation*, Lyon, Cnronique Sociales.
Fernández, Juan Rómulo (1943), *Historia del periodismo argentino*, Buenos Aires, Editores Librería Perlado.
Ferreira de Cassone, Florencia (1998), *Claridad y el internacionalismo americano*, Buenos Aires, Editorial Claridad.
Ford, Aníbal (1996), *Literatura, crónica y periodismo*, en el Módulo II de la bibliografía general de la materia Historia general de los medios y sistemas de comunicación, cátedra Rivera (UBA).
Gangui, Alejandro y Ortiz, Eduardo (2005), "Albert Einstein envisita a la Argentina", *Todo es Historia*, Buenos Aires, mayo de 2005, N° 454, pp. 22-30.
García, Jaime y Taboada, Guillermo (1985), *Buenaventura Suárez, primer astrónomo argentino y su 'Lunario de un siglo,'* Buenos Aires, Instituto Copérnico.
García Nowak, Carla (2008), "Una historia de ciencia y periodismo en la Argentina", *Circunstancia*, Buenos Aires, Año VI, N° 15, enero de 2008. Disponible en línea: http://www.ortegaygasset.edu/contenidos.asp?id_d=522 (Consulta: 30 de julio de 2009).
Girbal de Blancha, Noemí (1998), "Ayer y hoy de la Argentina rural. Gritos y susurros del poder económico (1880-1997)", *Página 12*, Buenos Aires, REUN-Página 12.
Gombricth, Ernst H. A (2005), *Little History of the World*, Yale, UK and USA.
Halperín Donghi, Tulio (1995), *Proyecto y construcción de una nación (1846-1880)*, Buenos Aires, Ariel.
Hilgartner, Stephen (2000), *Science on Stage*, California, Stanford University Press.
Hobsbawn, Eric (1998), *La era del imperio, 1875-1914*, Buenos Aires, Crítica.

Iglesias, Roberto (2004), *Universidad Trashumante*, Buenos Aires, Tinta Limón ediciones.

Jorge, Lilia (2004), *Origen y desarrollo del campo cultural argentino: ideas, literatura y periodismo*", Buenos Aires, Oxímoron.

Kloster, Alberto (2005), "La editorial Códex", *Revista Tebeosfera*.

La Prensa, 24 de marzo de 1925, p. 14.

Lázara, Simón (1987), "Desaparición forzada de personas. Doctrina de la seguridad nacional y la influencia de los factores económicos-sociales", *Crimen contra la humanidad*, Buenos Aires, Asamblea Permanente de los Derechos Humanos.

Levene, Ricardo (1943), *Lecciones de historia argentina*, Buenos Aires, Lajouane.

López Alonso, Gerardo (2004), *Cincuenta años de historia argentina (1930-1980)*, Buenos Aires, Editorial de Belgrano.

López, Vicente Fidel (1949), *Manual de la Historia Argentina*, Buenos Aires, La Cultura Popular.

Llorens y Corino (1997), *Revista Nuestro Hospital*, Año 1, N° 1, 1997.

Luna, Félix (2009), *Historia Integral de la Argentina II*, Buenos Aires, Booket.

Maunás, Delia (1995), *Boris Spivacow. Memorias de un sueño argentino*, Buenos Aires, Ediciones Colihue.

Meadows, Jack (1986), *Communicating Research*, Londres, Elsevier.

Memoria (1974), Primer Congreso Iberoamericano de Periodismo Científico, Caracas, 10-16 de febrero de 1974.

—— (1977), Segundo Congreso Iberoamericano de Periodismo Científico, Madrid, 21-26 de marzo de 1977.

—— (1979), Tercer Congreso Iberoamericano de Periodismo Científico, México DF, 7-11 de octubre de 1979.

—— (1982), Cuarto Congreso Iberoamericano de Periodismo Científico, Sao Paulo, 30 de septiembre al 3 de octubre de 1982.

—— (1990), Quinto Congreso Iberoamericano de Periodismo Científico, Valencia, 21-24 de noviembre de 1990.

——(1996), Sexto Congreso Iberoamericano de Periodismo Científico, Santiago de Chile, 12-14 de agosto de 1996.

—— (2000), Séptimo Congreso Iberoamericano de Periodismo Científico, Buenos Aires, 16-18 de noviembre de 2000.

Moledo, Leonardo y Polino, Carmelo (1998), "Divulgación científica, una misión imposible", *Redes*, Buenos Aires, N° 11, junio de 1998, p. 110.

Muhlmann, Miguel (1983), "Veinticinco años de la primera denuncia del Mal de O'Higgins. Fiebre Hemorrágica Argentina. Su historia", *Boletín Anual de Medicina*, vol. 61, Buenos Aires, p. 205.

Núñez, Sergio y Orione, Julio (1993), *Disparen contra la ciencia – De Sarmiento a Menem, nacimiento y destrucción del proyecto científico argentino*, Buenos Aires, Espasa Calpe.

Ortiz, Eduardo (1988), "Una alianza por la ciencia: Las relaciones científicas entre la Argentina y España a principios de siglo", *Llul*, vol. 11.

Padula Perkins, Jorge (2000), "Selecciones Escolares. Un hito en la comunicación educativa", *Contratiempo, revista de comunicación educativa*. Disponible en línea: www.revistacontratiempo.com.ar (Consulta: 22 de julio de 2009).

Pasquali, Ricardo (2007), *Introducción al periodismo científico*, Buenos Aires, Jorge Sarmiento Editor / Universitas libros.

Perez-Prado, Antonio (1983), *Argentinos en la ciencia*, Buenos Aires, Ediciones Tres Tiempos.

Picabea, María Luján (2005), "Una universidad que viaja en colectivo", en revista *Ñ*, diario *Clarín*, Buenos Aires 22 de enero de 2005.

Ponce, Aníbal (1974), "Para una historia de José Ingenieros", en *Obras Completas de Aníbal Ponce*, Buenos Aires, Yunque.

Prego, Carlos (1998), "Los laboratorios experimentales en la génesis de una cultura científica: la fisiología en la universidad argentina a fin de siglo", *Redes*, Buenos Aires, N° 11, junio de 1998.

Puga, Teodoro (2002), "A propósito de las Bodas de Brillante de Archivos Argentinos de Pediatría", *Archivo Argentino de Pediatría*, marzo-abril de 2005, vol. 103, N° 2, pp. 147-154. ISSN 0325-0075.

Real de Azua, Carlos (1996), *Ambiente espiritual del 900. Carlos Roxlo: un nacionalismo popular,* en el Módulo I de la bibliografía general de la materia Historia general de los medios y sistemas de comunicación, Cátedra Rivera (UBA).

Rivera, Jorge (1994), "Una temprana historia de dos ciudades", en *Posta electrónicas*, Buenos Aires, Atuel.

—— (1998), *El escritor y la industria cultural*, Buenos Aires, Atuel.

Rodrigo Alsina, Miguel (1989), *La construcción de la noticia*, Madrid, Paidós.

Rojas, Ricardo (1924), *Historia de la Literatura Argentina*, Buenos Aires, librería La Facultad.

Román, Valeria (2006), "Argentina fue elegida como uno de los referentes de la ciencia", *Clarín,* Buenos Aires, 15 de febrero de 2006, p. 15.

Salas, Horacio (1996), *El Centenario, la Argentina en su hora más gloriosa,* Buenos Aires, Planeta.

Saldaña, Juan José (coord.) (1996), *Historia social de las ciencias en América Latina*, México DF, UNAM.

Sanguinetti, Horacio (1984), *Breve historia del Colegio Nacional de Buenos Aires,* Buenos Aires, Macchi.

San Martín, Raquel (2006), "Recuperan la memoria del Centro Editor de América Latina", *La Nación,* Buenos Aires, 30 de septiembre de 2006, p. 22.

Sarlo, Beatriz (1992), *La imaginación técnica. Sueños modernos de la cultura argentina,* Buenos Aires, Nueva Visión.

Savloff, Judith (2004), "Dramas de la ciencia", en revista Ñ, diario *Clarín,* Buenos Aires, 20 de marzo de 2004.

Telégrafo Mercantil, Rural, Político-Económico e Historiográfico del Río de la Plata (1914), Facsímil editado en Buenos Aires por la Junta de Historia y Numismática Americana.

Terán, Oscar (2000), *Vida intelectual en el Buenos Aires fin-de-sigo (1880-1910),* Buenos Aires, Fondo de Cultura Económica.

Tolmasquim, Alfredo y de Castro Moreira, Ildeud (1997), "Un manuscrito de Einstein en el Brasil", *Ciencia Hoy,* Buenos Aires, vol. 7, N° 41.

Ulanovsky, Carlos (1996), *Días de la radio argentina,* Buenos Aires, Espasa Calpe.

—— (1997), *Paren las rotativas. Historia de los grandes diarios, revistas y periódicos argentinos,* Buenos Aires, Espasa Calpe.

—— (2004), *Días de radio (1920-1995), Historia de los medios de comunicación en la Argentina,* Buenos Aires, Emecé.

Ulanovsky, Carlos y González, Fernando (1997), "Diario íntimo de un país: 100 años de vida cotidiana. Los diarios difundieron las noticias y las revistas les dieron color", *La Nación,* Fascículo N° 31.

Vázquez Rial, Horacio (coord.) (1996), *Buenos Aires 1880-1930: la capital de un imperio imaginario,* Madrid, Alianza Editorial.

Recursos electrónicos consultados

Academia Argentina de Letras (AAL), http://www.aal.edu.ar/ consultada el 5 de septiembre y el 14 de noviembre de 2009.

Academia Nacional de Agronomía y Veterinaria, http://www.anav.org.ar/index.php?option=com_content&view=article&id=70&Itemid=88 consultada el 1 de septiembre 2009.

Academia Nacional de Ciencias Exactas, Físicas y Naturales, (ANCEFN) http://www.ancefn.org.ar/actividades/jornadas.html consultada el 24 de noviembre de 2009.

Academia Nacional de la Historia de la República Argentina http://www.an-historia.org.ar/index2.php?s=laacademia/historia.php consultada el 16 de agosto y el 7 de septiembre de 2009.

Agencia Nacional de Promoción Científica y Tecnológica http://www.agencia.gov.ar/spip.php?id_article=438&page=novedad_articulo consultada el 30 de noviembre de 2009.

Academia Porteña del Lunfardo http://www.todotango.com/alunfardo/ consultada el 1 de septiembre de 2009.

Agriscientia http://www.agriscientia.unc.edu.ar/ consultada el 12 de noviembre de 2009.

Ángel Estrada http://www.angelestrada.com.ar/Historia.aspx consultada el 1 de julio de 2009.

Asociación Argentina Amigos de la Astronomía, http://www.asaramas.com/ consultada el 5 de septiembre de 2009.

Asociación Argentina de Dermatología (AAD), http://www.aad.org.ar/revista.html consultada el 8 de octubre de 2009.

Asociación Argentina de Ecología (AsAE) http://www.asaeargentina.com.ar/ consultada el 3 de noviembre de 2009.

Asociación Argentina de Geofísicos y Geodestas, http://www.aagg.org.ar/aagg-t.htm consultada el 8 de octubre de 2009.
Asociación Argentina de Microbiología (AAM) http://www.aam.org.ar/ consultada el 3 de noviembre de 2009.
Asociación Argentina de Sedimentología (AAS) http://www.sedimentologia.org.ar/ consultada el 12 de noviembre de 2009.
Asociación Argentina para el Progreso de las Ciencias, http://aargentinapciencias.org/ consultada el 5 y el 23 de septiembre de 2009.
Asociación Aves Argentinas, http://www.avesargentinas.org.ar/cs/sobre/historia.php consultada el 1y el 5 de septiembre y el 5 y el 16 de noviembre de 2009.
Asociación Bioquímica Argentina (ABA), http://www.aba-online.org.ar/ consultada el 6 de septiembre de 2009.
Asociación Ciencia Hoy http://www.cienciahoy.org.ar/ consultada el 9 de noviembre de 2009.
Asociación Civil Expedición Ciencia http://www.expedicionciencia.org.ar/ consultada el 24 de noviembre de 2009.
Asociación de Ciencias Naturales del Litoral – ACNL http://www.acnl.santafe-conicet.gov.ar/ consultada el 16 de noviembre de 2009.
Asociación Física Argentina, http://www.fisica.org.ar/ consultada el 20 de septiembre de 2009.
Asociación Herpetológica Argentina (AHA) http://www.aha.org.ar/ consultada el 6, el 8 y 18 de noviembre de 2009.
Asociación Paleontológica Argentina, http://www.ib.edu.ar/index.php/el-balseiro/historia-del-ib/antecedentes-del-instituto-balserio.html consultada el 30 de septiembre de 2009.
Asociación Química Argentina (AQA) http://www.aqa.org.ar/ consultada el 30 de agosto de 2009.

Asociación Toxicológica Argentina http://www.ataonline. org.ar/ consultada el 8 de noviembre de 2009.

Biblioteca Nacional de la República Argentina http://www. bn.gov.ar/historia consultada el 21 de diciembre de 2009.

Billiken, http://www.billiken.com.ar/nosotros.php consultada el 1 de septiembre de 2009.

Boletín del Instituto Cultural Hispánico de Aragón, http:// www.abebooks.com/Boletín-Instituto-Cultural-Hispánico-Aragón-AA.VV/1393103880/bd consultada el 5 de septiembre de 2009.

Centro Argentino de Ingenieros (CAI) http://www.cai.org. ar/ consultada el 16 de agosto de 2009.

Centro Argentino de Metereólogos (CAM) http://www. cenamet.org.ar/resena.html consultada el 3 y el 16 de noviembre de 2009.

Centro Astronómico "El Leoncito", (CASLEO) http://www. casleo.gov.ar/ consultada el 6 de noviembre de 2009.

Centro Cultural Rojas, http://www.rojas.uba.ar/ consultada el 6 de noviembre de 2009.

Cielo Sur, http://www.cielosur.com/notas_anteriores/bajaja.php consultada el 4 de octubre de 2009.

Ciencia Argentina en la Vidriera, http://www.cienciaenlavidriera.com.ar/?p=859 consultada el 6 de noviembre de 2009.

Ciencia, Tecnología y Sociedad http://www.mincyt.gov. ar/noti_reunion_cienciaysoc2.htm consultada el 28 de noviembre de 2009.

Comisión Nacional de Actividades Espaciales (CONAE) http://www.conae.gov.ar/ consultada el 12 de noviembre de 2009.

Comisión Nacional de Energía Atómica (CNEA) http:// www.cnea.gov.ar/xxi/energe/b20/ind20.asp consultada el 16 de noviembre de 2009.

Comisión Nacional de Museos y de Monumentos y Lugares Históricos, http://www.monumentosysitios.gov.ar/ consultada el 7 de septiembre de 2009.

Complejo Astronómico "El Leoncito", http://www.casleo.gov.ar/ consultada el 6 de noviembre de 2009.

Consejo Nacional de Investigaciones científicas y Técnicas (CONICET), http://www.conicet.gov.ar/INSTITUCIONAL/Historia/historia.php consultada el 25 de septiembre y el 5 de octubre de 2009.

Departamento de Estudios Etnográficos y Coloniales http://www2.ceride.gov.ar/wxis/etnografico/inicio.htm consultado el 10 de septiembre de 2009.

Dirección Nacional del Antártico (DNA), http://www.dna.gov.ar/ consultada el 3 de octubre de 2009.

Dirección Nacional de Patrimonio y Museos http://www.scribd.com/doc/25777785/DirecciOn-Nacional-de-Patrimonio-y-Museos consultada el 5 de septiembre de 2009.

Doctor Salvador Mazza, http://www.portaldesalta.gov.ar/mazza1.htm consultada el 1 de septiembre de 2009.

Ediciones Iamique http://www.iamique.com.ar/home.html consultada el 18 de noviembre de 2009.

Editorial Albatros http://www.albatros.com.ar/ consultada el 1 de diciembre de 2009.

Editorial Claridad http://www.editorialclaridad.com.ar/ consultada el 1 de diciembre de 2009.

Educar, http://www.aargentinapciencias.org/ consultada el 23 de septiembre y el 3, el 6 y el 28 de noviembre de 2009.

El túnel de la ciencia http://www.tuneldelaciencia.mincyt.gob.ar/tour_interactivo.html consultada el 23 de febrero de 2010.

Escuela Nacional de Náutica Manuel Belgrano http://www.escueladenautica.edu.ar/historia.htm consultada el 21 de diciembre de 2009.

Estación Astrofísica de Bosque Alegre, http://www.unc.edu.ar/institucional/unidades/bosquealegre consultada el 12 de septiembre de 2009.

Estación Astronómica Río Grande (EARG) http://www.earg.gov.ar/ consultada el 5, el 6 y el 16 de noviembre de 2009.

Estación Experimental Agroindustrial Obispo Colombres. http://www.eeaoc.org.ar/ consultada el 25 de agosto de 2009.

Estación Hidrobiológica de Puerto Quequén, http://www.macn.secyt.gov.ar/cont_ElMuseo/em_estacionquequen.php consultada el 7 de septiembre de 2009.

Eudeba http://www.eudeba.com.ar/web2/institucional/historia.htm consultada el 5 de mayo de 2009.

Experimentar http://www.experimentar.gov.ar/home/home.php consultada el 3 de diciembre de 2009.

Facultad de Ciencias Exactas y Naturales – FCEyN http://www.fcen.uba.ar/publicac/revexact/revindex.htm consultada el 12 de noviembre de 2009.

Facultad de Psicología, Universidad de Buenos Aires http://www.psi.uba.ar/institucional/historia/historia.php consultada el 6 de noviembre de 2009.

Fuerza Aérea Argentina http://www.fuerzaaerea.mil.ar/historia/sinopsis_historica.html consultada el 25 de agosto, el 25 de septiembre y el 3, el 5, el 6 y el 22 de noviembre de 2009.

Fundación Bunge y Born, http://www.fundacionbyb.org/inst_la_fundacion.asp consultada el 28 de octubre de 2009.

Fundación de Historia Natural Félix de Azara (FHN) http://www.fundacionazara.org.ar consultada el 12 de agosto y el 22, 24 y 26 de noviembre de 2009.

Fundación Instituto Leloir http://www.leloir.org.ar/es/Historia.html consultada el 1 de diciembre de 2009.

Fundación Konex http://www.fundacionkonex.com.ar/ consultada el 8 de noviembre de 2009.
Fundación Miguel Lillio, http://www.lillo.org.ar/index.php consultada el 5 de septiembre de 2009.
Fundación Rómulo Raggio, http://www.fund-romuloraggio.org.ar/ consultada el 25 de septiembre y el 28 de octubre de 2009.
Gobierno de la Ciudad de Buenos Aires http://www.buenosaires.gov.ar/areas/med_ambiente/botanico/biografia.php consultada el 18 de agosto de 2009.
Gobierno de la Nación Argentina http://www.argentina.gob.ar/argentina/portal/paginas.dhtml?pagina=522 consultada el 14 de marzo de 2010.
Innovar http://www.innovar.gob.ar/ consultada el 17 de marzo de 2010.
Interdisciplinaria. Revista de Psicología y Ciencias Afines http://www.conicet.gov.ar/webue/ciipme/publicaciones.htm consultada el 5 de noviembre de 2009.
International Astronomical Union (IAU) http://www.iau.org/ consultada el 3 de diciembre de 2009.
Instituto Argentino de Radioastronomía, http://www.iar.unlp.edu.ar/historia.htm consultada el 30 de octubre de 2009.
Instituto Balseiro, http://www.ib.edu.ar/index.php/el-balseiro/historia-del-ib/antecedentes-del-instituto-balserio.html consultada el 28 de septiembre de 2009.
Instituto de Astronomía y Física del Espacio (IAFE), http://www.iafe.uba.ar/ consultada el 3 y el 18, 24 y 26 de noviembre de 2009.
Instituto de Biología y Medicina Experimental (IByME), http://ibyme.com.ar/ consultada el 22 de septiembre de 2009.
Instituto de Botánica Darwinion http://www2.darwin.edu.ar/ consultada el 26 de agosto y el 4 de noviembre de 2009.

Instituto de Ciencias Antropológica (ICA) http://www.filo.uba.ar/contenidos/investigacion/institutos/antropo/Home/Antrop-Social/index.htm consultada el 9 de noviembre de 2009.

Instituto de Histología y Embriología de Mendoza "Dr. Mario H. Burgos", http://www.cricyt.edu.ar/ihem/PNG/historia.htm consultada el 5 de octubre de 2009.

Instituto de Historia de España "Claudio Sánchez Albornoz", http://www.filo.uba.ar/contenidos/investigacion/institutos/albornoz/introduccion1.htm consultada el 22 de septiembre de 2009.

Instituto de Investigaciones Gino Germani, http://www.iigg.fsoc.uba.ar/institucion.htm consultada el 10 de septiembre de 2009.

Instituto de Matemática Aplicada del Litoral (IMAL) http://www.imal.ceride.gov.ar/ consultada el 12 de septiembre de 2009.

Instituto de Microbiología y Zoología Agrícola, http://www.inta.gov.ar/imyza/actualidad/hist/historia.htm consultada el 22 de septiembre de 2009.

Instituto Geográfico Nacional de la República Argentina, http://www.ign.gob.ar/ consultada el 10 de septiembre de 2009.

Instituto Multidisciplinario de Historia y Ciencias Humanas (IMHICIHU) http://www.imhicihu-conicet.gov.ar/ consultada el 18 de noviembre de 2009.

Instituto Nacional Browniano http://www.inb.gov.ar/actividades/actividades_2010/muestra_historia_naval/muestra_historia_naval.htm consultada el 27 de febrero de 2010.

Instituto Nacional de Antropología y Pensamiento Latinoamericano http://www.inapl.gov.ar/inicio.htm consultada el 26 de noviembre de 2009.

Instituto Nacional de Tecnología Agropecuaria (INTA), http://www.inta.gov.ar/index.htm consultada el 3 de octubre de 2009.

Instituto Verificador de Circulaciones (IVC) http://www.ivc.org.ar/ivc.html;jsessionid=MHOJBGFPCKFK consultada el 16 de noviembre de 2009.

Juan Bialet Massé http://www.bialetmasse.com/ consultada el 16 de agosto de 2009.

La Historia de la Industria Automotriz Argentina, http://www.auto-historia.com.ar/Historias/IAME.htm consultada el 25 de septiembre y el 3 de octubre de 2009.

La Noche de los Museos http://www.lanochedelosmuseos.gob.ar/ consultada el 28 de noviembre de 2009.

Los que se van http://www.losquesevan.com/ consultada el 14 de noviembre de 2009.

LR11 Radio Universidad http://www.lr11.com.ar/ consultada el 28 de noviembre de 2009.

Manuel Calvo Hernando http://www.manuelcalvohernando.es/ consultada el 25 de junio de 2009.

Mario Socolinsky, http://www.diarioc.com.ar/inf_general/Murio_Mario_Socolinsky/95263 consultada el 3 de noviembre de 2009.

Ministerio de Salud. Presidencia de la Nación. http://www.msal.gov.ar/htm/site/default.asp consultada el 3 de diciembre de 2009.

Museo Argentino de Ciencias Naturales "Bernardino Rivadavia", http://www.macn.secyt.gov.ar/cont_ElMuseo/em_historia.php consultada el 1 de septiembre y el 3 de noviembre de 2009.

Museo de Astronomía y Geofísica http://museo.fcaglp.unlp.edu.ar/ consultada el 16 de noviembre de 2009.

Museo de la Casa Rosada, http://www.museo.gov.ar/default.asp consultada el 3 de octubre de 2009.

Museo Etnográfico Juan B. Ambrosetti http://museoetnografico.filo.uba.ar/index.html consultada el 26 de agosto de 2009.

Museo Histórico Sarmiento (MHS), http://www.museosarmiento.gov.ar/ consultada el 7 de septiembre de 2009.

Museo Histórico y Numismático del Banco de la Nación Argentina, http://www.iar.unlp.edu.ar/historia.htm consultada el 1 de noviembre de 2009.

Museo Participativo de Ciencias http://www.mpc.org.ar/institucional/index.html consultada el 9 de noviembre de 2009.

Museo Roca, http://www.museoroca.gov.ar/princimarc.htm consultada el 30 de octubre de 2009.

Museos Argentinos, http://www.museosargentinos.org.ar/museos/museo.asp?codigo=107 consultada el 28 de octubre de 2009.

Observatorio Astronómico "Félix Aguilar", http://www.oafa.fcefn.unsj-cuim.edu.ar/OafaNew/Museo/MuseoAstronomico.htm consultada el 30 de octubre de 2009.

Observatorio Pierre Auger http://visitantes.auger.org.ar/Bienvenida/index.htm consultada el 18 de noviembre de 2009.

Olimpíada Informática Argentina http://www.oia.org.ar/ consultada el 9 de noviembre de 2009.

Olimpíada Matemática Argentina http://www.oma.org.ar/ consultada el 12 de noviembre de 2009.

Organización de las Naciones Unidas para la Educación, la Ciencia y la Cultura (UNESCO), http://www.unesco.org.uy/aniversario/historia.html consultada el 18 de octubre de 2009.

Organización de los Estados Iberoamericanos (OEI) http://www.oei.es/noticias/spip.php?article1053 consultada el 3 de enero de 2009.

Página 12 ttp://www.pagina12.com.ar/usuarios/institucional consultada el 12 de enero de 2010.

Planeta Galilei, http://www.planetariogalilei.com.ar/ameghino/biografias/hous.htm consultada el 23 de septiembre de 2009.

Planetario de la Ciudad de Buenos Aires Galileo Galilei http://www.planetario.gov.ar/inst_historia.html consultada el 3 de noviembre de 2009.

Premios Nobel Argentinos, http://www.mincyt.gov.ar/indicadores97/nobel.htm consultada el 24 de septiembre y el 8 de noviembre de 2009.

Primer Congreso Nacional de Filosofía, http://www.filosofia.org/ave/001/a137.htm consultada el 20 de septiembre y el 3 de noviembre de 2009.

Primer Foro Latinoamericano de Comités Parlamentarios de Ciencia y Tecnología http://www.mincyt.gov.ar/noti_foro_parlamentario_cyt.htm consultada el 28 de noviembre de 2009.

Red de Argentinos Investigadores y Científicos en el Exterior (Raíces) http://www.raices.mincyt.gov.ar/ consultada el 14 de marzo de 2010.

Red de Editoriales de Universidades Nacionales, Argentinas (REUN) http://www.unreditora.unr.edu.ar/red_de_editoriales.htm consultada el 14 de noviembre de 2009.

Reunión Especializada de Ciencia y Tecnología del MERCOSUR (RECyT) http://www.recyt.mincyt.gov.ar/index.php?option=com_content&view=article&id=312&Itemid=68 consultada el 1 de diciembre de 2009.

Revista Dominguezia http://www.dominguezia.org.ar/acerca/index.php consultada el 4 de noviembre de 2009.

Revista Iberoamericana de Ciencia, Tecnología y Sociedad - CTS http://www.oei.es/cts.htm consultada el 24 de noviembre de 2009.

Secretaría de Cultura, Presidencia de la Nación http://www.cultura.gov.ar/direcciones/?info=organismo&id=14&idd=5 consultada el 15 de agosto de 2009.

Semana Nacional de la Ciencia y la Tecnología http://www.semanadelaciencia.mincyt.gov.ar/ consultada el 26 de noviembre de 2009.

Servicio Metereológico Nacional, http://www.smn.gov.ar/?mod=museo&id=1 consultada el 5 de septiembre de 2009.

Scielo http://www.scielo.org.ar/scielo.php/script_sci_serial/pid_1850-373X/lng_es/nrm_iso consultada el 18 de noviembre de 2009.

Siglo XXI Editores http://www.sigloxxieditores.com.ar/resultadosTemas.php?temasc=62 consultada el 28 de noviembre de 2009.

Sistema Regional de Información en Línea para Revistas Científicas de América Latina, el Caribe, España y Portugal (Latindex) http://www.latindex.org/larga.php?opcion=1&folio=11499 consultada el 18 de noviembre de 2009.

Sociedad Argentina de Análisis Filosófico (SADAF), http://www.sadaf.org.ar/ consultada el 3 de noviembre de 2009.

Sociedad Argentina de Antropología (SAA), http://www.saantropologia.com.ar/ consultada el 5 de septiembre de 2009.

Sociedad Argentina de Botánica, http://www.botanicargentina.com.ar/ consultada el 23 de septiembre y el 5 de noviembre de2009.

Sociedad Argentina de Endocrinología y Metabolismo (SAEM), http://www.saem.org.ar/ consultada el 10 de septiembre de 2009.

Sociedad Argentina de Estudios Geográficos (GAEA), http://www.gaea.org.ar/ consultada el 1 de septiembre de 2009.

Sociedad Argentina de Fisiología Vegetal (SAFV), http://www.safv.com.ar/objetivos.htm consultada el 5 de octubre de 2009.
Sociedad Argentina de Informática (SADIO), http://www.sadio.org.ar/modules.php?op=modload&name=News&file=article&sid=144 consultada el 18 de octubre de 2009.
Sociedad Argentina de Oftalmología (FAO) http://www.sao.org.ar/ consultada el 12 de agosto de 2009.
Sociedad Argentina de Pediatría (SAP), http://www.sap.org.ar/ consultada el 30 de agosto de 2009.
Sociedad Argentina de Periodismo Médico (SAPEM) http://www.sapem.org.ar/ consultada el 12 de noviembre de 2009.
Sociedad Argentina para el Estudio de los Mamíferos, SAREM http://www.sarem.org.ar/mediawiki/index.php/Libro_Rojo_de_los_Mamíferos_Amenazados consultada el 6 y el 22 de noviembre de 2009.
Sociedad Científica Argentina (SCA) http://cientifica.org.ar/ consultada el 8 de agosto y el 6 de septiembre de 2009.
Sociedad Entomológica Argentina (SEA), http://www.sea.org.ar/index.php?title=SEA consultada el 1 de septiembre de 2009.
Unión Industrial Argentina (UIA) http://www.uia.org.ar/institucional.do?id=1 consultada el 15 de agosto de 2009.
Universidad de Buenos Aires (UBA) http://www.uba.ar/institucional/uba/historia.php consultada el 15 de agosto y el 24 de septiembre de 2009.
Universidad de Buenos Aires. Facultad de Ciencias Económicas. http://web.econ.uba.ar/xhtml/ consultada el 16, el 25 y el 30 de agosto de 2009.

www.ingramcontent.com/pod-product-compliance
Lightning Source LLC
Chambersburg PA
CBHW031250230426
43670CB00005B/111